高等学校财经类专业核心课程教材

（第五版）
5

经济数学基础

第三分册：概率统计

主　编　龚德恩
副主编　范培华　胡显佑
编写者　范培华　袁荫棠

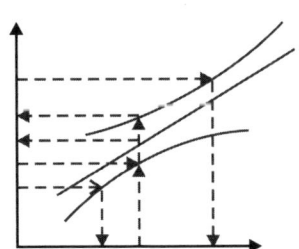

四川人民出版社

图书在版编目（CIP）数据

经济数学基础. 第3分册，概率统计／龚德恩主编. —5版.
成都：四川人民出版社，2016.4（2021.8 重印）
高等学校财经类专业核心课程教材
ISBN 978-7-220-09634-1

Ⅰ. 经… Ⅱ. 龚… Ⅲ. ①经济数学－高等学校－
教材②概率统计－高等学校－教材　Ⅳ. ①F224.0②O211

中国版本图书馆 CIP 数据核字（2015）第 214197 号

·高等学校财经类专业核心课程教材·

JINGJI SHUXUE JICHU

经济数学基础（第三分册：概率统计）（第五版）

主　编　龚德恩
副主编　范培华　胡显佑
编写者　范培华　袁荫棠

责任编辑	薛玉茹
封面设计	张迪茗
技术设计	戴雨虹
责任校对	蓝　海
责任印制	李　剑
出版发行	四川人民出版社（成都市槐树街2号）
网　址	http://www.scpph.com
E-mail	scrmcbs@sina.com
新浪微博	@四川人民出版社
发行部业务电话	(028)86259624　86259453
防盗版举报电话	(028)86259624
照　排	四川胜翔数码印务设计有限公司
印　刷	成都蜀通印务有限责任公司
成品尺寸	185mm×260mm
印　张	20.25
插　页	2
字　数	340千字
版　次	1992年10月第1版
	1995年7月第2版
	2000年2月第3版
	2005年7月第4版
	2016年4月第5版
印　次	2021年8月第32次
印　数	269001－273000册
书　号	ISBN 978-7-220-09634-1
定　价	26.00元

■版权所有·违者必究
本书若出现印装质量问题，请与我社发行部联系调换
电话：(028)86259453

第五版说明

我社编辑出版的高等学校财经类专业核心课程教材之《经济数学基础》一套三册,即《微积分》《线性代数》和《概率统计》,面市 20 多年,一路走来风雨兼程. 其间已做过三次修订再版和无数次加印,各分册累计印数都达几十万册. 为了更加符合教与学的需要,我们第四次约请原书作者对教材进行了全面修订,拟出版修订"第五版". 具体与第四版的区别如下:

1. 此次修订主要是依照《2009 年全国硕士研究生入学统一考试数学考试大纲》中"数学三"的规定内容来进行,因此,对此大纲中未作要求的内容大都予以删除(因重要性或经济应用的需要,有关部分内容仍保留,但加注"*"号),故难度有所减轻.

2. 对原书部分内容作了重写,增加了一些"注释"性质的东西,调整了部分例题.

3. 对在教学中发现的原书里的一些写作错误或排版错误均作了更正.

4. 排版上更加规范,以便于浏览,从而可以提高阅读效率.

如此,修订第五版更加适应市场的要求,质量较以前的版本也有较大的提升.

出版者

2015 年 11 月

第四版说明

这套统编教材是按照国家教委高等教育司 1989 年 10 月审定的"高等学校财经类专业核心课程《经济数学基础》教学大纲"的要求编写的. 作者均系北京大学、中国人民大学等著名高校的专家、学者. 该套教材分三册：《微积分》《线性代数》《概率统计》. 面市十多年来历经市场考验，表现出顽强的生命力，数次再版，多次增印，每个分册的累计印数均达到数十万册，有着广泛的社会需求和较大的市场份额，业已成为四川人民出版社的品牌读物.

目前市场上有关此类书籍品种繁多，良莠不齐. 为了更好地适应市场的变化，也为了更好地打造品牌，我们在编辑方面做了以下工作：第一，版面由 32 开增大到 16 开，让繁多的数学公式和符号表示或排列更加合理；第二，文字、符号加大一些，行距也增大一点，读者阅读和学习起来更赏心悦目；第三，纠正了若干编排错误，使全书质量更上一层楼；第四，封面改变以往的老面孔，从而更符合时代潮流；第五，封面的前勒口上增加了每册习题解答的书名，便于使用者更加全面地了解该套教材及教辅的情况.

尽管我们为出版这第四版教材已作出了最大的努力，但也难免百密一疏，恳请广大新老读者不吝赐教，以使该套教材更加趋于完美.

四川人民出版社

2005 年 5 月

第三版说明

此书初版于1992年,再版于1995年,经过多年来全国高等院校的广泛使用,反映良好.为使该教材更趋完善、规范和权威,我们特约请作者再次修订,并将该书(第一、二、三分册)的习题全部解答,汇编成册,单独出版,以配合广大师生教学使用.

出版者

2000年2月

再版说明

  本书系高等学校财经类专业核心课程教材之一，初版于1992年．该书出版后，各方反映较好．由于初版成书时时间紧迫，匆忙之中难免有错误疏漏之处．今特约请作者详细修订后重新照排，从而更具正确性和合理性，便于广大师生阅读使用．

出版者

1995年7月

出版说明

1990 年，财经类专业 10 门核心课程的教学大纲通过了审定并正式出版．当年暑期，国家教委根据教学大纲组织了全国性的师资培训工作，在此基础上，为了进一步加强财经类专业的核心课程建设，国家教委决定委托教学大纲的主编根据教学大纲的要求编写教材，并争取在今、明两年内使这 10 本教材出版，供普通高等学校财经类本科专业使用．

在着手组织编写教材时，我们确定的指导思想是：教材编写应以马克思主义为指导，坚持四项基本原则，贯彻理论联系实际的原则，反映和体现中国特色；注重本学科基本理论、基本知识的介绍以及基本技能的训练，注意吸收本学科新的、比较成熟的研究成果；教材内容应观点正确、鲜明，取材准确，起点、份量适中．在介绍外国经济理论时，应根据我国与外国在国情和意识形态上的差异，本着思想性与科学性统一的原则，作必要的评论和批判．

这套教材是基本按照教学大纲编写的，除包括本课程基本内容外，选学内容比较广泛．在使用时，各专业在保证基本内容讲授的前提下，可以根据各自的要求对教学内容作必要的调整和增删．教学大纲出版后，许多同志对教学大纲的修订提供了重要而中肯的意见，主编对这些意见进行了认真的研究，并在教材编写中予以相应采纳．因此，教材的体系和内容在教学大纲的基础上有了一些改进和调整．

编写教学大纲和教材是财经类专业核心课程建设的一项重要基础工作，有利于逐步深化教学改革，提高我国高等财经教育的教学质量．我们希望全国高等财经类专业的广大教师继续关心和支持这项工作，及时将使用这套教材中遇到的问题和改进意见向我司和作者反映，以供修订教学大纲和教材时参考．

这套《经济数学基础》教材由中国人民大学龚德恩副教授主编，北京大

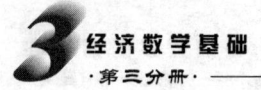

学范培华副教授和中国人民大学胡显佑副教授副主编．编写组成员有张学贞、靳云汇、袁荫棠．参加本教材审稿讨论的有：南开大学周概容教授，上海财经大学朱幼文副教授，江西财经学院刘序球副教授，（以下按姓氏笔画为序）内蒙古自治区财经学院马华副教授，山东经济学院王好民副教授，中国金融学院王新民副教授，陕西财经学院叶玉琴副教授，东北财经大学刘文龙副教授，天津财经学院张源教授，北京经济学院张广梵副教授，广东商学院郑万伏副教授，中央财政金融学院单立波副教授，湖南财经学院周江雄副教授，浙江财经学院周继高副教授，北京商学院顾瑾副教授，西南财经大学倪训芳副教授，中南财经大学彭勇行副教授，西北师范大学熊烈副教授．

国家教委社会科学
研究与艺术教育司
1992 年 1 月

编著者说明

受国家教委委托，中国人民大学和北京大学共同承担了编写核心课程《经济数学基础》教材的任务．这套教材是按照国家教委高等教育司 1989 年 10 月审定的"高等学校财经类专业核心课程《经济数学基础》教学大纲"的要求编写的，由龚德恩任主编，范培华、胡显佑任副主编．全套教材分为《微积分》《线性代数》和《概率统计》三个分册．《微积分》分册由张学贞（一、二、三、四、七章）和龚德恩（五、六、八、九、十章）编写，龚德恩统纂；《线性代数》分册由胡显佑（一、二、三章）和靳云汇（四、五、六章）编写，胡显佑统纂；《概率统计》分册由袁荫棠（一、二、三章）和范培华（四、五、六、七章）编写，范培华统纂．

在编写教材时，既要考虑到教学大纲对内容和学分的要求（学分减少而内容有所增加），又要考虑到数学学科的特点和目前国内财经类专业的实际教学情况．因此，要编写一套适合实际教学需要的高质量教材，其难度是很大的．为此，我们在编写教材时着重考虑了以下几个问题：

1. 在符合教学大纲规定的内容和学分要求的前提下，希望能尽可能多地介绍一些财经类专业所必需的数学知识．为此，教材对内容取舍、结构安排、程度要求和某些具体内容的处理等问题进行了认真的分析和研究，与现有教材相比较有所变化．另外，教材中有些内容注有"＊"号，是否讲授这些内容，各校可根据专业特点和实际教学情况决定．

2. 《经济数学基础》作为财经类专业的一门基础课，编写教材时既要考虑到财经类专业对数学知识的直接或间接需要，又要考虑到学习数学对培养学生逻辑思维能力的重要性．因此，为了使读者更好地理解和掌握教材中介绍的基本原理和方法，除一些超出大纲要求或过于繁琐的定理（法则）的证明外，教材对大多数定理（法则）都给出了严格的证明，而且尽量采用文科学生易于接受的证明方法，希望这样处理既能保持数学学科本身的系统性、逻辑严密性和科学性，又有利于培养学生的逻辑思维能力．

3. 目前国内已出版了不少《经济数学基础》教材，这些教材都是各兄弟院校数学教师在总结实际教学经验的基础上编写而成的，我们编写这套教材时，希望能将各兄弟院校编写《经济数学基础》教材的先进经验反映出来．为此，在编写教材过程中，我们听取了部分兄弟院校数学教师对编写教材的意见，也参考了不少兄弟院校编写的有关教材．

4. 为了使读者更好地理解和掌握教材中介绍的基本原理和方法，教材中选编了相当数量的典型例题．为了提高读者运用数学知识分析和处理实际经济问题的能力，教材中介绍了一定数量的经济应用例题．为了使读者有较多的练习机会，教材中选配了大量的习题，书后附有习题参考答案．授课教师可根据实际教学情况，布置习题中的一部分给学生练习，其余部分留给学有余力的学生自行练习．

1991年7月28日至8月2日，国家教委聘请有关专家对这套教材的初稿进行了评审．评审组的各位专家以高度负责的精神，对教材初稿进行了严肃认真的审核，认为教材初稿基本体现了教学大纲的要求，并提出了很多具体的宝贵修改意见，这些修改意见对保证和提高教材的质量，无疑是非常有益的，在此向参加评审会的各位专家表示衷心的感谢．

1991年7月中下旬，在国家教委委托中国人民大学举办的《经济数学基础》暑期师资研讨班上，各兄弟院校的老师也对教材初稿提出过很多宝贵的修改意见．在此向提出过修改意见的各校老师表示衷心的感谢．

西北师范大学熊烈副教授对《微积分》的编写曾提出过书面意见，中国人民大学莫颂清副教授曾仔细审阅过《微积分》初稿，南开大学周概容教授曾仔细审阅和修改过《概率统计》修改稿，在此向他们表示衷心的感谢．

虽然我们尽了很大的努力，希望能写出一套质量较高、适合实际教学需要的教材，但由于水平有限和时间仓促，教材中一定还会存在这样或那样的缺点和问题，敬请读者不吝指正，我们将万分感谢．

龚德恩　范培华　胡显佑
1992年1月10日于北京

目 录

第一章 随机事件与概率 （1）

§1.1 随机事件 （2）

    一、随机事件的概念 （2）

    二、样本空间与事件 （3）

    三、事件间的关系和运算 （4）

    四、事件的运算法则 （7）

§1.2 随机事件的概率 （8）

    一、古典概型 （9）

    二、几何概型 （11）

    三、概率的频率解释 （12）

    四、概率论的公理化结构 （14）

    五、概率的性质 （15）

§1.3 条件概率、乘法公式与全概率公式 （18）

    一、条件概率 （18）

    二、乘法公式 （21）

    三、全概率公式与贝叶斯（Bayes）公式 （23）

§1.4 事件的独立性与伯努利概型 （28）

    一、事件的独立性 （28）

    二、伯努利（Bernoulli）概型 （34）

习题一 （36）

第二章 随机变量的分布和数字特征 （41）

§2.1 随机变量及其分布 （41）

    一、随机变量的概念 （41）

    二、离散型随机变量的概率分布 （42）

    三、连续型随机变量的概率密度 （46）

四、随机变量的分布函数 ………………………………………（49）
§2.2 常用的离散型分布 ……………………………………………（55）
　　一、二项分布 ……………………………………………………（55）
　　二、超几何分布 …………………………………………………（58）
　　三、泊松分布（Poisson） ………………………………………（60）
　　四、几何分布 ……………………………………………………（62）
§2.3 常用的连续型分布 ……………………………………………（63）
　　一、均匀分布 ……………………………………………………（64）
　　二、指数分布 ……………………………………………………（64）
　　三、正态分布 ……………………………………………………（66）
　*四、Γ 分布 …………………………………………………（70）
　*五、对数正态分布 ………………………………………………（71）
§2.4 随机变量函数的分布 …………………………………………（72）
　　一、离散型随机变量函数的分布 ………………………………（73）
　　二、连续型随机变量函数的分布 ………………………………（75）
§2.5 随机变量的数字特征 …………………………………………（79）
　　一、随机变量的数学期望 ………………………………………（79）
　　二、随机变量的方差 ……………………………………………（86）
　　三、常用随机变量的数学期望与方差（见表2.20）……………（92）
　　四、随机变量的矩 ………………………………………………（93）
　习题二 ………………………………………………………………（93）
第三章　随机向量 ……………………………………………………（100）
§3.1 二维随机向量的分布 …………………………………………（100）
　　一、二维随机向量的概念及其联合分布函数 …………………（100）
　　二、二维离散型随机向量的概率函数 …………………………（101）
　　三、二维连续型随机向量的概率密度函数 ……………………（105）
　　四、两个常用分布 ………………………………………………（109）
§3.2 随机变量的独立性 ……………………………………………（111）
§3.3 两个随机变量函数的分布 ……………………………………（116）
　　一、离散型随机变量函数的分布 ………………………………（116）
　　二、连续型随机变量函数的分布 ………………………………（119）

§3.4　随机向量的数字特征 ……………………………………………（123）
　　一、随机向量的数学期望 …………………………………………（123）
　　二、两个随机变量的协方差 ………………………………………（126）
　　三、两个随机变量的相关系数 ……………………………………（127）
　　四、随机向量的协方差矩阵和相关矩阵 …………………………（130）

*§3.5　大数定律与中心极限定理 ……………………………………（134）
　　一、切比雪夫不等式 ………………………………………………（134）
　　二、大数定律 ………………………………………………………（135）
　　三、中心极限定理 …………………………………………………（138）

习题三 …………………………………………………………………（141）

第四章　抽样分布 ……………………………………………………（147）

§4.1　总体、样本与统计量 ……………………………………………（147）
　　一、总体与样本 ……………………………………………………（147）
　　二、样本的分布 ……………………………………………………（149）
　　三、统计量 …………………………………………………………（150）

§4.2　抽样分布 …………………………………………………………（152）
　　一、样本均值的分布 ………………………………………………（152）
　　二、χ^2 分布与服从 χ^2 分布的重要统计量 ……………………（153）
　　三、t 分布与服从 t 分布的重要统计量 ……………………………（156）
　　四、F 分布与服从 F 分布的重要统计量 …………………………（160）

习题四 …………………………………………………………………（166）

第五章　统计估计 ……………………………………………………（171）

§5.1　点估计 ……………………………………………………………（171）
　　*一、点估计的无偏性与有效性 ……………………………………（172）
　　二、期望与方差的点估计 …………………………………………（175）

§5.2　最大似然估计与矩估计 …………………………………………（178）
　　一、最大似然估计法 ………………………………………………（178）
　　二、矩估计法 ………………………………………………………（184）

*§5.3　正态总体参数的区间估计 ……………………………………（187）
　　一、区间估计的概念 ………………………………………………（187）
　　二、一个正态总体均值的区间估计 ………………………………（190）

三、一个正态总体方差的区间估计 ………………………………… (193)
　　　四、两个正态总体均值差与方差比的区间估计 ………………… (195)
　习题五 ……………………………………………………………………… (199)
* 第六章　假设检验 ………………………………………………………… (202)
　§6.1　问题的提法 ……………………………………………………… (202)
　　　一、假设检验基本问题的提法 ………………………………… (202)
　　　二、假设检验的基本思想 ………………………………………… (204)
　　　三、显著性水平与拒绝域 ………………………………………… (205)
　　　四、假设检验的两类错误 ………………………………………… (206)
　§6.2　一个正态总体的假设检验 ……………………………………… (208)
　　　一、已知方差 σ^2，关于期望 μ 的假设检验 …………………… (208)
　　　二、未知方差 σ^2，关于期望 μ 的假设检验 …………………… (212)
　　　三、未知期望 μ，关于方差 σ^2 的假设检验 …………………… (215)
　§6.3　两个正态总体的假设检验 ……………………………………… (220)
　　　一、已知 σ_1^2, σ_2^2，关于期望 μ_1, μ_2 的假设检验 ……………… (221)
　　　二、未知 σ_1^2, σ_2^2，但知 $\sigma_1^2 = \sigma_2^2$，关于期望 μ_1, μ_2 的假设检验 …… (224)
　　　三、未知期望 μ_1, μ_2，关于方差 σ_1^2, σ_2^2 的假设检验 …………… (225)
　　　四、成对数据期望的假设检验 …………………………………… (230)
　§6.4　非参数检验 ……………………………………………………… (231)
　习题六 ……………………………………………………………………… (235)
* 第七章　回归分析 ………………………………………………………… (239)
　§7.1　一元线性回归的经验公式与最小二乘法 …………………… (240)
　　　一、散点图与回归直线 …………………………………………… (240)
　　　二、最小二乘法 …………………………………………………… (241)
　§7.2　一元线性回归效果的显著性检验 …………………………… (245)
　　　一、平方和分解公式 ……………………………………………… (245)
　　　二、F检验法 ……………………………………………………… (247)
　　　三、相关系数检验法 ……………………………………………… (251)
　§7.3　一元线性回归的预测与控制 ………………………………… (252)
　　　一、预　测 ………………………………………………………… (252)
　　　二、控　制 ………………………………………………………… (255)

§7.4 非线性问题的线性化 …………………………………… (256)

§7.5 多元线性回归的最小二乘法 …………………………… (261)

 一、多元线性回归的数学模型 ……………………………… (261)

 二、最小二乘估计与正规方程 ……………………………… (262)

 三、平方和分解公式 ………………………………………… (263)

 四、相关性检验 ……………………………………………… (264)

 五、回归变量主次因素的判别 ……………………………… (264)

习题七 …………………………………………………………… (265)

常用概率统计数值表 …………………………………………… (268)

习题参考答案 …………………………………………………… (294)

第一章 随机事件与概率

引 言

  当我们对自然界和人类社会进行考察时,将会发现两类不同性质的现象.其中一类现象,它出现与否完全取决于它所依存的条件:当条件满足时,现象一定发生,反之则一定不会发生.比如像水的物理状态的变化,我们知道,在标准大气压下,液态水的温度超过100℃时就会汽化,这是一个必然出现的结果,而在同样的气压条件下,高于4℃的水结冰则是一个不可能出现的结果.这类现象,我们可以根据其赖以存在的条件,事先准确地断定它们未来的结果,称之为**确定现象**.另一类现象则表现为,在相同的可控制条件下进行观察或实验,有时出现这种结果,有时又会出现那种结果.就某一现象而言,在条件相同的一系列重复观察中,会时而出现时而不出现,呈现出不确定性,并且在每次观察之前不能准确预料其是否出现.这类现象我们称之为**随机现象**.比如,保险公司的年赔偿金额,抽样检验产品质量的结果,掷一颗骰子出现的点数等等,事先我们都无法确切预言它们的结果.但是,进一步更仔细地观察和研究,你又会发现,这些无法准确预料的现象,它们并非杂乱无章的,而是存在着某种宏观的规律.也就是说,当我们在相同的条件下多次重复某一个试验时,其各种结果会表现出一定的量的规律性,我们称之为**随机现象的统计规律性**.以掷骰子为例,尽管掷一次时,我们不能预言是否会出现4点,但是重复掷多次时,将会发现4点的出现次数与所掷总次数的比值接近1/6.

  上面这两种现象性质的差异,决定了人们必须建立不同的概念,运用不同的方法去描写和研究它们.概率论与数理统计就是用以研究随机现象统计规律性的一门数学学科,它是近代数学的重要组成部分,而且也是现代经济理论的研究与应用的重要工具.就其二者之间的关系来说,概率论是数理统计的理论基础,数理统计是概率论的应用.

§1.1 随机事件

在概率论里，我们把对随机现象进行的实验或观察统称为**随机试验**，简称**试验**，用字母 E 表示。例如，观察社会对某种商品的日需求量；观察某段时间内电话用户的呼叫次数；从一批产品中任取一个，检验其质量；测量一个人的身高；统计某时刻地球上的人口数量、人口组成；抛掷一枚匀称的硬币等等都是随机试验。这些试验的结果都是可以观测的，并且具有下列三个特点：

1. 在可控制条件相同的情况下，试验可以或原则上可以重复进行，即**重复性**。

2. 每次试验的结果具有多种可能性，但是在试验之前可以明确一切可能出现的基本结果，即**明确性**。

3. 在一次试验中，某种结果出现与否是不确定的，在试验之前不能准确地预言该次试验将会出现哪一种结果，即**随机性**。

一、随机事件的概念

试验的每一种可能的结果称为**事件**。在一次试验中可能出现也可能不出现的事件称为**随机事件**，简称为**事件**，用大写拉丁字母 $A, B, C, \cdots\cdots$ 表示，必要时加上下标。比如，$A=$ "正面向上"，$B=$ "抽到合格品"，$C=$ "掷出偶数点"等都是**随机事件**。在一个试验中，我们首先关心的是，它所有可能出现的基本结果，它们是试验中最简单的随机事件，称之为**基本事件**。

例1.1 设试验 E 为掷一颗骰子，观察其出现的点数，在这个试验中，记事件 $A_n=$ "n 点"，$n=1,2,3,4,5,6$。显然，$A_1, A_2, \cdots, A_6$ 都是基本事件。除此之外，若记 $A=$ "奇数点"，$B=$ "被3整除的点"，则 A, B 也都是随机事件。其中事件 A 是由 A_1, A_3, A_5 这三个基本事件组成的，我们说"奇数点这个事件出现，当且仅当 A_1, A_3, A_5 这三个基本事件中有一个出现，类似地，所谓事件 B 发生，当且仅当 A_3, A_6 这两个基本事件中有一个发生。

每次试验中一定出现的事件称为**必然事件**，用符号 Ω 表示；每次试验中一定不出现的事件称为**不可能事件**，用符号 Φ 表示。例1的试验 E 中，"点数大于0"是必然事件，它是由所有基本事件 $A_1,A_2,\cdots,A_6$ 组成．由于每次试验中，必然出现基本事件之一，因此必然事件在试验 E 中一定出现，而"点数大于7"在试验 E 中一定不会发生，是个不可能事件．

需要指出的是：必然事件与不可能事件是每次试验之前都可以准确预言的，其结果不是随机事件．但是为了讨论问题方便，把它们都看成是特殊的随机事件，作为随机事件的两个极端情况．再者，事件都是相对于一定的试验而言的，如果试验的条件变化了，事件的性质也将可能发生变化．例如，掷 m 颗骰子的试验，观察它们出现的点数之和，事件"点数之和小于15"，当 $m=2$ 时为必然事件，当 $m=3$ 时是随机事件，而在 $m=20$ 时则是不可能事件．

二、样本空间与事件

用点集的概念研究试验及其事件将有助于对它们的理解．

对于一个试验，首先需要知道它所有可能出现的基本结果，也就是试验的全部基本事件．我们把一个试验中每一个可能出现的基本结果，即每一个基本事件用只包含一个元素的单点集合表示，这样的元素称为**样本点**，通常用 ω 表示．由试验的全部基本事件对应的元素，即试验的所有样本点，组成的集合称为**样本空间**．由于任何一次试验必然出现全部基本事件之一，也就是一定有样本空间中的一个样本点出现，因此样本空间作为一个事件是必然事件，也用 Ω 表示．由一些基本事件复合而成的随机事件用由这些基本事件对应的样本点集合表示，它是样本空间的一个子集．我们称在一次试验中某随机事件出现，当且仅当该集合的一个样本点在这次试验中出现．例如，在例1.1的试验 E 中，样本空间 $\Omega=\{1点,2点,3点,4点,5点,6点\}$，简记为 $\Omega=\{1,2,3,4,5,6\}$，基本事件 $A_i=\{i点\}$，简记为 $A_i=\{i\}$，$i=1,2,\cdots,6$．事件 $A=\{1点,3点,5点\}$，简记为 $A=\{1,3,5\}$．在这里事件 A 是含三个样本点的集合，所谓事件 A 发生，即1,2,3这三个样本点中有一个发生．空集 Φ 作为一个事件，它在每次试验中都不会出现，因此空集 Φ 表示不可能事件．

为了直观，有时用图形表示事件，比如用平面上某一个方形（或矩形）区域表示必然事件，该区域中的一个子区域表示事件．

三、事件间的关系和运算

在研究随机现象时，我们看到同一个试验可以有很多随机事件，其中有些比较简单，有些则相当复杂．为了从较简单事件的规律中寻求较复杂事件出现的规律，我们需要研究同一试验的各种事件之间的关系和运算．

1. **事件的包含与相等**．如果事件 A 出现，一定导致事件 B 也出现，即 A 为 B 的子集，则称**事件 B 包含事件 A**，记作 $B \supset A$ 或 $A \subset B$．显然，对于任何事件 A，有

$$\Phi \subset A \subset \Omega$$

如果事件 B 包含事件 A，而且事件 A 也包含事件 B，则称**事件 A 与 B 相等**，或称 A 与 B 等价，记作 $A = B$．

2. **事件的和（并）**．两个事件 A 与 B 中至少有一个出现，即 "A 或 B"，也是一个事件，称为**事件 A 与 B 的和（并）**，记作 $A \cup B$ 或 $A + B$．

3. **事件的积（交）**．两个事件 A 与 B 同时发生，即 "A 且 B"，也是一个事件，称为**事件 A 和 B 的积（交）**，记作 $A \cap B$ 或 AB．

读者不难定义 n 个事件，乃至无穷可列个事件和与积的运算．

4. **事件的差**．事件 A 出现而事件 B 不出现，也是一个事件，称为**事件 A 与 B 的差**，记作 $A - B$．

5. **互不相容事件**．如果事件 A 与 B 不可能同时出现，即 $AB = \Phi$，则称**事件 A 和 B 互不相容**，又称 A 与 B 互斥，否则称 A 和 B 为相容事件．类似地，称 n 个事件 $A_1, A_2, \cdots A_n$ 是互不相容的，如果它们中任何两个事件 A_i 与 A_j ($i \neq j$, $i, j = 1, 2, \cdots, n$) 都互不相容；**称可列个事件 $A_1, A_2, \cdots, A_n \cdots$ 互不相容**，如果它们中任何两个事件 A_i 与 A_j ($i \neq j$, i、$j = 1、2 \cdots$) 都互不相容．

6. **对立事件**．事件 A 不出现，即事件 "非 A"，称为 **A 的对立事件**，又称为 A 的逆事件，记作 $\bar{A}$．由于 A 也是 $\bar{A}$ 的对立事件，因此称 A 与 $\bar{A}$ 互为对立事件．由定义可知，两个对立事件一定是互不相容事件；反之，两个互不相容的事件不一定为对立事件．对立事件满足下面的关系式：

$$\bar{\bar{A}} = A$$

$$A\bar{A} = \Phi$$

$$A \cup \bar{A} = \Omega$$

7. **完备事件组**. 如果 n 个事件 $A_1, A_2, \cdots, A_n$ 互不相容，并且它们的和是必然事件，则称这 n 个事件 $A_1, A_2, \cdots, A_n$ **构成一个完备事件组**. 它的实际意义是在每次试验中必然发生且仅能发生 $A_1, A_2, \cdots, A_n$ 中的一个事件. 当 $n=2$ 时，A_1 与 A_2 就是对立事件. 类似地，称**可列个事件** $A_1, A_2, \cdots A_n, \cdots$ **构成一个完备事件组**. 如果 $\cup_i A_i = \Omega$，并且对于任何的 $i \neq j (i, j = 1, 2, \cdots)$，有 $A_i A_j = \Phi$.

各事件间的关系及运算如图 1-1 所示.

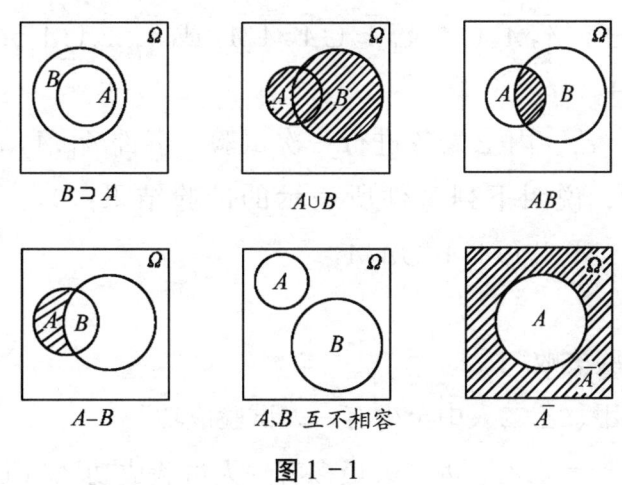

图 1-1

例 1.2 在例 1.1 的试验 E 中，已定义的事件 A、B 不变，再令 $C=$ "点数小于 2"，$D=$ "偶数点"，$F=$ "点数不超过 4"，写出试验 E 的样本空间及各事件间的关系.

解

$\Omega = \{1, 2, 3, 4, 5, 6\}$ $A = \{1, 3, 5\}$

$B = \{3, 6\}$ $C = \{1\}$

$D = \{2, 4, 6\}$ $F = \{1, 2, 3, 4\}$

$A \supset C, F \supset C$;

B 与 C，D 与 C，A 与 D 都是互不相容事件，其中 A 与 D 为对立事件.

例 1.3 在产品质量的抽样检验中，每次抽取一个产品，记事件 $A_n =$ "第 n 次取到正品"，$n = 1, 2, 3$. 用事件运算的关系式表示下列事件：

1. 前两次都取到正品，第三次未取到正品；

2. 三次都未取到正品；

3. 三次中只有一次取到正品；

4. 三次中至多有一次取到正品；

5. 三次中至少有一次取到正品．

解

1. $A_1 A_2 \bar{A}_3$；

2. $\bar{A}_1 \bar{A}_2 \bar{A}_3$ 或 $\overline{A_1 \cup A_2 \cup A_3}$；

3. $A_1 \bar{A}_2 \bar{A}_3 \cup \bar{A}_1 A_2 \bar{A}_3 \cup \bar{A}_1 \bar{A}_2 A_3$；

4. $\bar{A}_1 \bar{A}_2 \bar{A}_3 \cup A_1 \bar{A}_2 \bar{A}_3 \cup \bar{A}_1 A_2 \bar{A}_3 \cup \bar{A}_1 \bar{A}_2 A_3$ 或 $\bar{A}_1 \bar{A}_2 \cup \bar{A}_1 \bar{A}_3 \cup \bar{A}_2 \bar{A}_3$；

5. $A_1 \cup A_2 \cup A_3$．

例 1.4 甲、乙、丙三人各进行一次试验，事件 A_1, A_2, A_3 分别表示甲、乙、丙试验成功，说明下列事件所表示的试验结果：$\bar{A}_1$；$A_1 \cup A_2$；$\overline{A_2 A_3}$；$\bar{A}_2 \cup \bar{A}_3$；$A_1 A_2 A_3$；$A_1 A_2 \cup A_2 A_3 \cup A_1 A_3$．

解

$\bar{A}_1$ = "甲试验失败"；

$A_1 \cup A_2$ = "甲、乙二人中至少有一人试验成功"；

$\overline{A_2 A_3} = \bar{A}_2 \cup \bar{A}_3$ = "乙、丙二人最多有一人试验成功"，即乙、丙二人至少有一人试验失败；

$A_1 A_2 A_3$ = "甲、乙、丙三人均试验成功"；

$A_1 A_2 \cup A_2 A_3 \cup A_1 A_3$ = "甲、乙、丙三人中至少有两人试验成功"．

例 1.5 在掷两颗骰子的试验中，事件 $A、B、C、D$ 分别表示掷出两颗骰子点数之和为奇数、点数之积大于 20、两颗骰子点数相等、至少有一颗骰子点数为 3．写出试验的样本空间及事件 AB；$\bar{A}C$；BC；$A - B - C - D$ 的样本点集合．

解

$\Omega = \{(1,1),(1,2),\cdots,(1,6),(2,1),(2,2),\cdots,(2,6),\cdots,(6,1),$
$(6,2)\cdots,(6,6)\}$

$AB = \{(5,6),(6,5)\}$

如果掷出的两颗骰子点数相等，那么这两颗骰子的点数之和一定是偶数，即事件 $\bar{A} \supset C$，于是有

$\overline{A}C = C = \{(1,1),(2,2),(3,3),(4,4),(5,5),(6,6)\}$

$BC = \{(5,5),(6,6)\}$

$A - B - C - D = A\overline{B}\,\overline{C}\,\overline{D}$
$= \{(1,2),(1,4),(1,6),(2,1),(2,5),(4,1),(4,5),$
$(5,2),(5,4),(6,1)\}$

四、事件的运算法则

在随机试验中，随机事件就是试验的样本空间的子集，因此，事件运算的基本法则就与集合的运算法则完全相同. 我们不加证明地把常用法则列举于下：

1. 关于事件求和的运算

(1) $A \cup B = B \cup A$ （加法交换律）

(2) $(A \cup B) \cup C = A \cup (B \cup C)$ （加法结合律）

2. 关于事件求积的运算

(1) $A \cap B = B \cap A$，简记为 $AB = BA$ （乘法交换律）

(2) $(A \cap B) \cap C = A \cap (B \cap C)$，即 $(AB)C = A(BC)$ （乘法结合律）

3. 关于事件求和与积混合运算的分配律

(1) $A \cap (B \cup C) = (A \cap B) \cup (A \cap C)$ 简写为
$A(B \cup C) = AB \cup AC$ （第一分配律）

(2) $A \cup (B \cap C) = (A \cup B) \cap (A \cup C)$，简记为
$A \cup BC = (A \cup B)(A \cup C)$ （第二分配律）

4. 关于求逆运算的互反律

$\overline{\overline{A}} = A$

5. 关于求和与求积运算的对偶律

(1) $\overline{A \cup B} = \overline{A} \cap \overline{B}$，即 $\overline{A \cup B} = \overline{A}\,\overline{B}$ （第一对偶律）

(2) $\overline{A \cap B} = \overline{A} \cup \overline{B}$，即 $\overline{AB} = \overline{A} \cup \overline{B}$ （第二对偶律）

6. 关于有限与可列个事件求和与求积运算的对偶律

(1) $\overline{\bigcup_i A_i} = \bigcap_i \overline{A_i}$

(2) $\overline{\bigcap_i A_i} = \bigcup_i \overline{A_i}$

上述 1-6 中的 A、B、C、A_1、A_2，…均为随机事件．

例 1.6 设 A、B 是两个随机事件，化简下列各事件

(1) $AB \cup \overline{A}B \cup \overline{A}\overline{B} \cup A\overline{B}$；

(2) $AB \cup (A \cup B)(\overline{A} \cup \overline{B})$；

(3) $(A \cup B) \cap (A \cup \overline{B}) \cap (\overline{A} \cup B) \cap (\overline{A} \cup \overline{B})$．

解

(1) $AB \cup \overline{A}B \cup \overline{A}\overline{B} \cup A\overline{B}$

$= (AB \cup \overline{A}B) \cup (\overline{A}\overline{B} \cup A\overline{B}) = (A \cup \overline{A})B \cup (\overline{A} \cup A)\overline{B}$

$= B \cup \overline{B} = \Omega$；

(2) $AB \cup (A \cup B)(\overline{A} \cup \overline{B})$

$= AB \cup (A \cup B)\overline{A} \cup (A \cup B)\overline{B} = AB \cup A\overline{A} \cup B\overline{A} \cup A\overline{B} \cup B\overline{B}$

$= AB \cup \overline{A}B \cup A\overline{B} = A(B \cup \overline{B}) \cup \overline{A}B = A \cup \overline{A}B = A \cup B$；

(3) $(A \cup B)(A \cup \overline{B})(\overline{A} \cup B)(\overline{A} \cup \overline{B})$

$= [A(A \cup \overline{B}) \cup B(A \cup \overline{B})][A(\overline{A} \cup \overline{B}) \cup B(\overline{A} \cup \overline{B})]$

$= (A \cup A\overline{B} \cup AB \cup B\overline{B})(A\overline{A} \cup A\overline{B} \cup \overline{A}B \cup B\overline{B})$

$= [A \cup A(\overline{B} \cup B)][\overline{A} \cup A(\overline{B} \cup B)] = A\overline{A} = \Phi$．

或利用（2）中结果知

$(A \cup B)(\overline{A} \cup \overline{B}) = A\overline{B} \cup \overline{A}B$；$\quad$ $(A \cup \overline{B})(\overline{A} \cup B) = AB \cup \overline{A}\overline{B}$

$(A \cup B)(A \cup \overline{B})(\overline{A} \cup B)(\overline{A} \cup \overline{B}) = [(A \cup B)(\overline{A} \cup \overline{B})][(A \cup \overline{B})(\overline{A} \cup B)]$

$= (A\overline{B} \cup \overline{A}B)(AB \cup \overline{A}\overline{B}) = A\overline{B}(AB \cup \overline{A}\overline{B}) \cup \overline{A}B(AB \cup \overline{A}\overline{B})$

$= AB\overline{B} \cup A\overline{A}\overline{B} \cup \overline{A}AB \cup \overline{A}B\overline{B} = \Phi$．

§1.2 随机事件的概率

对于一个试验，我们不仅关心它可能出现哪些结果，更需要知道某些结果出现的可能性大小．例如，在开办学生平安保险业务中，保险公司按一定标准，将一个学生的平安情况分为平安、轻度意外伤害、严重意外伤害以及意外事故死亡等多种结果．由于这些结果都是随机事件，因此重要的是知道各个事件发生的可能性的大小．我们希望用一个数字度量试验中一个随机事件 A 发生

的可能性大小,这个数字记作 $P(A)$,称为 A 的概率,直观分析,它一定是非负的数. 由于必然事件 Ω 在试验中是一定发生的,我们约定其概率为1,即 $P(\Omega)=1$;由于不可能事件 Φ 在试验中肯定不会发生,我们约定 $P(\Phi)=0$;对于一般的随机事件 A,自然应有 $0 \leq P(A) \leq 1$.

概率既然是事件在一次试验中出现可能性大小的数值度量,于是就产生了如何合理地选择这种度量问题. 在实际应用中,确定事件发生的概率是非常重要但往往也是一件困难的事情. 不过计算概率的方法,大致可归纳为如下几种:(1)直接计算,如利用试验条件的某种对称性或均衡性,合理地计算事件的概率(见"古典概型",有些情形下也可以借助几何度量来计算概率);(2)根据频率的稳定性,在试验次数充分多的情形下,利用频率估计概率的值;(3)利用各种逻辑关系,比如利用概率的一些性质和一些基本公式,由简单事件的概率推算较复杂事件的概率. 我们首先讨论直接计算概率的最简单的模型. 在这个模型中,样本空间仅包含有限个基本事件,而且这有限个基本事件发生的可能性都相等,这样的概率模型称为**古典概型**.

一、古典概型

定义 1.1 如果试验的所有基本事件总数为有限个;并且每次试验中,各个基本事件发生的可能性都相等,则试验中随机事件 A 的概率定义为

$$P(A) = \frac{\text{有利于 } A \text{ 的基本事件数 } m}{\text{试验的基本事件总数 } n}$$
$$= \frac{\text{事件 } A \text{ 中所含的样本点数 } m}{\text{样本空间的样本点总数 } n} \triangleq \frac{\#A}{\#\Omega} \tag{1.1}$$

上述定义被称为**概率的古典定义**.

例 1.7 将一枚匀称的硬币连续掷两次,计算正面只出现一次及正面至少出现一次的概率.

解 设事件 $A=$ "正面只出现一次", $B=$ "正面至少出现一次". 该试验共有 4 个等可能的基本事件,即 $\Omega=\{(正,正),(正,反),(反,正),(反,反)\}$. 有利于 A、B 的基本事件分别为 2 个及 3 个,由古典概型公式 (1.1),有

$$P(A)=\frac{\#A}{\#\Omega}=\frac{2}{4}=0.5, \quad P(B)=\frac{3}{4}=0.75$$

例1.8 假设有100件产品,其中有60件一等品,30件二等品,10件三等品,从中一次随机地抽取两件,求恰好抽到m件($m=0,1,2$)一等品的概率.

解 设事件$A_m=$"两件中有m件一等品",$m=0,1,2$. 易见试验的基本事件总数为C_{100}^2个,而有利于A_m的基本事件数是$C_{60}^m C_{40}^{2-m}$个,因此有:

$$P(A_0)=\frac{C_{40}^2}{C_{100}^2}=\frac{26}{165}$$

$$P(A_1)=\frac{C_{60}^1 C_{40}^1}{C_{100}^2}=\frac{16}{33}$$

$$P(A_2)=\frac{C_{60}^2}{C_{100}^2}=\frac{59}{165}$$

例1.9 将4个球随机地放入标号为1、2、3、4、5的5个盒中,求下列各事件的概率:

(1) $A=$"指定的4个盒内各有1个球";

(2) $B=$"每个盒内最多只有1个球";

(3) $C=$"1、2号盒子中都有球且3、4、5号盒中均无球".

解 每个球都有机会放入5个盒子的任一个盒内,共有5种不同的等可能放法,4个球放入5个盒中共有5^4种不同的等可能放法,即样本空间中样本点总数$\#\Omega=5^4$.

(1) "指定的4个盒内各放1个球"就是将4个球全排列后放入指定的4个盒内,因此事件A中样本点数$\#A=P_4=4!$根据古典概型公式(1.1)

$$P(A)=\frac{\#A}{\#\Omega}=\frac{4!}{5^4}=\frac{24}{625}$$

(2) "每个盒中最多只有1个球",就是"4个盒中各有1个球且1个盒子无球",我们可以先从5个盒中指定4个盒子(共有C_5^4种不同的等可能指定方案),再将4个球分别放入这4个盒内(共有P_4种放法)即可. 因此事件B所含样本点数为$\#B=C_5^4 P_4=C_5^4 4!$

$$P(B)=\frac{\#B}{\#\Omega}=\frac{C_5^4 4!}{5^4}=\frac{24}{125}$$

(3) "3、4、5号3个盒子没有球"表示将4个球全放入1、2号两个盒中(共有2^4种不同的等可能放法),但事件C还要求1、2盒内都有球,因此应从

2^4 种放法中去掉 4 个球都放入 1 号盒或都放入 2 号盒两种情况．因此 $\#C = 2^4 - 2$，

$$P(C) = \frac{\#C}{\#\Omega} = \frac{2^4 - 2}{5^4} = \frac{14}{625}$$

二、几何概型

在计算古典概率时，必须满足两个条件：

(1) 样本空间 Ω 有限；

(2) 各基本事件在每次试验中发生的可能性都相等．

现在考虑这样一个随机试验：考虑一个在闭区间 $[0,1]$ 上作随机游动的质点位置 U，也就是在区间 $[0,1]$ 上随机地投点，由于 $0 \leq U \leq 1$，因此该试验的样本空间为

$$\Omega = \{\omega : 0 \leq \omega \leq 1\}$$

这个试验突破了古典概型所要求的第一个条件限制，因为该试验的样本空间包含无限个基本事件．但是由于质点是在 $[0,1]$ 上随机游动，我们可以保留古典概型中第二个假定，即质点位置 U 是在区间 $[0,1]$ 上"等可能"地选取的．在这里"等可能"的确切含义是：质点位置落入 $[0,1]$ 中任意一个子区间的可能性与该子区间的长度成正比，与该子区间在 $[0,1]$ 中的位置无关．

定义 1.2 假设 Ω 是 $R^n (n = 1, 2, 3)$ 中任何一个可度量的区域，从 Ω 中随机地，即"等可能"地选取一点，A 为 Ω 中任一可度量的子区域，则该点落入区域 A 的概率定义为

$$P(A) = \frac{\text{子区域 } A \text{ 的量度 } \mu(A)}{\Omega \text{ 的度量 } \mu(\Omega)}. \tag{1.2}$$

由上式定义的概率称为**几何概率**．符合上述假定的概率模型称为**几何概型**．其中量度 $\mu(A)$、$\mu(\Omega)$ 可以是长度、面积和体积．

几何概率是在 1868 年由克罗夫托恩提出的，称为概率的**几何定义**．

例 1.10（会面问题） 甲、乙二人相约在上午 9 点到 10 点之间的某地会面，规定先到者在等候另一人 20 分钟后可以离开，如果每人可在指定的 1 小时内的任意一个时刻到达，求二人能够会面的概率．

解 设事件 A 表示"两人能会面". 依题意, 这是一个几何型概率的计算问题, 如图 1-2 所示. 在 xOy 平面上分别以 x 轴和 y 轴表示甲、乙两人到达的时刻, 约定以 9 点作为计算时刻的零点, 并以 1 分钟作为单位长, 则样本空间 Ω 是一个边长为 60 的正方形平面区域, 即 $\Omega = \{(x, y): 0 \leqslant x \leqslant 60, 0 \leqslant y \leqslant 60\}$, 其面积 $S_\Omega = 60^2$, 区域 A 为图 1-2 中阴影部分, 且 $A = \{(x, y): (x, y) \in \Omega, |x-y| \leqslant 20\}$, 其面积为 $S(A) = 60^2 - 40^2$. 应用几何概率公式 (1.2) 有

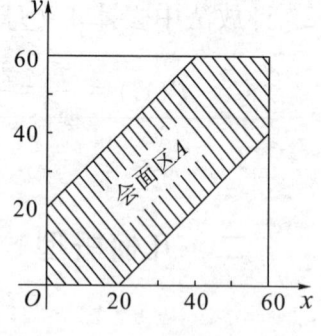

图 1-2 会面问题图示

$$P(A) = \frac{S(A)}{S(\Omega)} = \frac{60^2 - 40^2}{60^2} = \frac{5}{9}.$$

三、概率的频率解释

古典概型与几何概型在确定事件的概率时, 都假定了某种意义的等可能性. 这一假定限制了它们在实际应用中的范围, 因为实际情形往往并非如此, 一旦当等可能性的假定不成立时, 我们只能通过其他途径来确定事件的概率. 由于随机事件是随机试验的结果, 要确定事件的概率, 我们还是先从随机试验考虑, 如何通过重复试验来估计事件 A 的概率 $P(A)$.

以抛掷一枚硬币的试验为例, 设事件 A 表示"正面向上", 即徽花向上. 抛掷一次, A 出现与否, 事先不能准确预言. 如果将硬币重复抛掷 n 次, 可以发现 A 的出现是有其内在规律性的, 表 1.1 记录了笔者的试验结果, 每轮分别掷 $n = 10$、100、600 次, 且各进行 10 轮, A 出现的情况. 表 1.2 列举了历史上一些著名学者掷硬币试验的记录. 表中 $n(A)$ 是事件 A 在 n 次试验中出现的次数, 称为 A 在 n 次试验中出现的**频数**, $\mu_n(A)$ 是频数 $n(A)$ 与试验总次数 n 的比值, 即

$$\mu_n(A) = \frac{n(A)}{n}$$

称为 A 在 n 次试验中出现的**频率**.

从试验记录可以发现. 当试验次数 n 较小时, A 出现的频率波动性比较明

显,但是当 n 充分大时,频率的这种波动性明显减小. $\mu_n(A)$ 总是在常数 0.5 附近摆动,随着 n 的不断增大,稳定于常数值 0.5,我们称这种性质为**频率的稳定性**,它是随机现象统计规律性的典型表现. 表 1.1 及表 1.2 中频率的稳定值 0.5,反映了在掷硬币试验中事件 A,也就是正面出现的可能性大小的数值度量,即认为概率 $P(A) = 0.5$,而频率 $\mu_n(A)$ 是概率 $P(A)$ 的估计值,它随试验次数或试验序号的不同而有所不同. 为进一步建立概率的概念,我们需要讨论频率的性质.

表 1.1

实验序号	$n=10$		$n=100$		$n=600$	
	$n(A)$	$\mu_n(A)$	$n(A)$	$\mu_n(A)$	$n(A)$	$\mu_n(A)$
1	2	0.2	64	0.64	315	0.525
2	4	0.4	47	0.47	296	0.493
3	3	0.3	46	0.46	302	0.503
4	7	0.7	59	0.59	312	0.520
5	9	0.9	49	0.49	300	0.500
6	5	0.5	60	0.60	306	0.510
7	3	0.3	56	0.56	294	0.490
8	8	0.8	56	0.56	314	0.523
9	5	0.5	40	0.40	302	0.503
10	4	0.4	48	0.48	295	0.492

表 1.2

试 验 者	试验次数 n	频数 $n(A)$	频率 $\mu_n(A)$
迪 摩 根	2048	1061	0.5181
蒲 丰	4040	2048	0.5069
费 勒	10000	4979	0.4979
皮 尔 孙	12000	6019	0.5016
皮 尔 孙	24000	12012	0.5005
维 尼	30000	14994	0.4998

设试验 E 的样本空间为 Ω,在 n 次重复试验中,事件的频率具有如下性质:

1. **非负性** 对任何事件 A,有

$$0 \leq \mu_n(A) \leq 1$$

2. **正则性** $\mu_n(\Omega) = 1$

3. **可加性**   任意 m 个互不相容事件 $A_1, A_2, \cdots, A_m$，满足

$$\mu_n(\bigcup_{i=1}^{m} A_i) = \sum_{i=1}^{m} \mu_n(A_i)$$

证明

1. 对任何事件 A，它在 n 次试验中出现的频数 $n(A)$ 都满足 $0 \leq n(A) \leq n$，由于频率 $\mu_n(A) = \dfrac{n(A)}{n}$，因此有

$$0 \leq \mu_n(A) \leq \dfrac{n}{n} = 1$$

2. 必然事件 Ω 在每次试验中一定发生，因此 $n(\Omega) = n$，$\mu_n(\Omega) = \dfrac{n}{n} = 1$.

3. 事件 $\bigcup_{i=1}^{m} A_i$ 表示在试验中，m 个事件 $A_1, A_2, \cdots, A_m$ 中至少有一个出现. 由于它们互不相容，故在每次试验中，它们中的任何两个事件都不会同时出现. 因此，在 n 次试验中 $\bigcup_{i=1}^{m} A_i$ 出现的频数等于各事件出现频数之和，即

$$n(\bigcup_{i=1}^{m} A_i) = \sum_{i=1}^{m} n(A_i)$$

所以

$$\mu_n(\bigcup_{i=1}^{m} A_i) = \dfrac{n(\bigcup_{i=1}^{m} A_i)}{n} = \dfrac{\sum_{i=1}^{m} n(A_i)}{n} = \sum_{i=1}^{m} \mu_n(A_i)$$

四、概率论的公理化结构

事件的频率在一定程度上能反映事件出现的概率：一方面，频率的稳定性说明事件出现的可能性是可以用数值度量的，并且在试验次数充分大的情形下，提供了用频率估计概率的可靠依据；另一方面，由频率的基本性质，提出了对概率这种度量的基本要求. 但是，所有这一切都只有经验的性质. 概率作为事件在试验中出现可能性大小的数值度量，有必要把由经验归纳出来的、概率必须满足的一些基本性质，以公理形式提出，所谓"概率的公理"是指经

实践证实而无须逻辑证明的概率的最基本的性质,而概率的其他性质均可以由概率的公理推出.

定义1.3 设试验 E 的样本空间为 Ω,对于试验 E 的每一个事件 A,即对于样本空间 Ω 的每一个子集 A,都赋予一个实数 $P(A)$,如果 $P(A)$ 满足下面三条公理,称 $P(A)$ **为事件 A 的概率**.

公理1 对于任何事件 A,都有 $P(A) \geq 0$;

公理2 对于必然事件 Ω,$P(\Omega) = 1$;

公理3 对于任意可列个互不相容事件 $A_1, A_2, \cdots, A_n, \cdots$,有

$$P(\bigcup_i A_i) = \sum_i P(A_i) \tag{1.3}$$

这个定义通常称为概率的公理化定义,其中的三条公理是不需要证明的三条基本属性,它与频率的三个性质完全一致.(1.3)式称为概率的可列可加性,又称完全可加性.定义中的非负性与可加性,是诸如长度、面积、质量等度量的共同特性,也是概率的重要特性.概率的三条公理是我们研究概率的基础与出发点.

五、概率的性质

从概率定义1.3出发,可以得到概率的下列性质:

1. 不可能事件 Φ 的概率等于0,即

$$P(\Phi) = 0$$

2. 任意有限个互不相容事件 $A_1, A_2, \cdots, A_n$ 之和的概率,等于它们概率的和:

$$P(\bigcup_{i=1}^n A_i) = \sum_{i=1}^n P(A_i) \tag{1.4}$$

(1.4)式称为概率的有限可加性.特别常用的是两个互不相容事件 A 与 B 之和的概率为

$$P(A \cup B) = P(A) + P(B) \tag{1.5}$$

3. 如果事件 $A_1, A_2, \cdots, A_n, \cdots$ 构成一个完备事件组,则有

$$\sum_i P(A_i) = 1 \tag{1.6}$$

特别地,对立事件的概率有

$$P(\bar{A}) = 1 - P(A) \tag{1.7}$$

4. 减法公式 对任意两个事件 A, B

$$P(B-A) = P(B) - P(AB) \tag{1.8}$$

特别地，如果 $B \supset A$，则有

$$P(B-A) = P(B) - P(A) \tag{1.9}$$

5. 加法公式 对任意两个事件 A 与 B

$$P(A \cup B) = P(A) + P(B) - P(AB) \tag{1.10}$$

证明

1. 由于

$$\Phi = \Phi \cup \Phi \cup \cdots \cup \Phi \cup \cdots$$

由(1.3)式，有

$$P(\Phi) = P(\Phi) + P(\Phi) + \cdots + P(\Phi) + \cdots$$

因此，$P(\Phi) = 0$.

2. 由于

$$A_1 \cup A_2 \cup \cdots \cup A_n = A_1 \cup A_2 \cup \cdots \cup A_n \cup \Phi \cup \cdots$$

根据可列可加性(1.3)式及概率性质1，可得：

$$P(\bigcup_{i=1}^{n} A_i) = \sum_{i=1}^{n} P(A_i)$$

3. 由于 $A_1, A_2, \cdots, A_n, \cdots$ 为一个完备事件组，它们一定互不相容，且 $\bigcup_i A_i = \Omega$，因此根据可列可加性(1.3)式，有

$$\sum_i P(A_i) = P(\bigcup_i A_i) = P(\Omega) = 1$$

类似可证，对于有限个事件构成的完备事件组 $A_1, A_2, \cdots, A_n$，有

$$\sum_{i=1}^{n} P(A_i) = P(\bigcup_{i=1}^{n} A_i) = 1$$

特别地，当 $n=2$ 时，A_1 与 A_2 为对立事件，记 $A_1 = A$，$A_2 = \bar{A}$，有 $P(A) + P(\bar{A}) = 1$，移项可得到(1.7)式.

4. 由 $B \supset A$，有 $B = (B-A) \cup A$，且 $B-A$ 与 A 互不相容，由概率的可加性，有

$$P(B) = P(B-A) + P(A)$$

移项可得(1.9)式.

5. 由于事件 $A \cup B$ 可以写成两个互不相容事件 A 与 $B - AB$ 的和，且

$B \supset AB$，由性质 2 及性质 4，有：

$$P(A \cup B) = P(A) + P(B - AB)$$
$$= P(A) + P(B) - P(AB)$$

性质 5 可以推广到任意有限个事件的情形：

$$P(\bigcup_{i=1}^{n} A_i) = \sum_{i=1}^{n} P(A_i) - \sum_{1 \leq i < j \leq n} P(A_i A_j)$$
$$+ \sum_{1 \leq i < j < k \leq n} P(A_i A_j A_k) - \cdots$$
$$+ (-1)^{n-1} P(A_1 A_2 \cdots A_n) \tag{1.11}$$

(1.11)式称为**一般加法公式**，特别经常用到的是 $n=2$ [见(1.10)式] 及 $n=3$ 的情况，即当 $n=3$ 时，

$$P(A \cup B \cup C) = P(A) + P(B) + P(C) - P(AB)$$
$$- P(AC) - P(BC) + P(ABC) \tag{1.12}$$

例 1.11 设事件 A 与 B 互不相容，且 $P(A) = 0.6$，$P(A \cup B) = 0.8$，求 $P(\bar{B})$。

解 由可加性有 $P(A \cup B) = P(A) + P(B)$，即

$$P(B) = P(A \cup B) - P(A) = 0.8 - 0.6 = 0.2$$

由(1.7)式：

$$P(\bar{B}) = 1 - P(B) = 0.8$$

例 1.12 假设 $P(A) = \ln a$，$P(B) = 0.2$，$A \supset B$，求 a 的取值范围。

解 由于 $A \supset B$，有 $P(A) = P(B) + P(A - B)$；又由于 $P(A) \leq 1$，并且 $P(A-B) \geq 0$，知 $P(B) \leq P(A) \leq 1$，于是有

$$0.2 \leq \ln a \leq 1$$
$$e^{0.2} \leq a \leq e$$

例 1.13 假设 A 发生的概率为 0.6，A 与 B 都发生的概率为 0.1，A 与 B 都不发生的概率为 0.15，求 A 发生但是 B 不发生的概率，以及 B 发生而 A 不发生的概率。

解 依题意，有 $P(A) = 0.6$，$P(AB) = 0.1$，$P(\bar{A}\bar{B}) = 0.15$，事件"A 发生但 B 不发生"，即 $A - B$ 的概率为

$$P(A - B) = P(A - AB) = P(A) - P(AB) = 0.6 - 0.1 = 0.5$$

事件"B 发生但 A 不发生"，即 $B - A$ 的概率为

$$P(B-A) = P(B\bar{A}) = P(\bar{A}-\bar{A}B)$$
$$= P(\bar{A}) - P(\bar{A}\bar{B})$$
$$= 0.4 - 0.15 = 0.25$$

例1.14 计算例1.13中A与B至少有一个发生的概率.

解 $P(A \cup B) = 1 - P(\overline{A \cup B}) = 1 - P(\bar{A}\bar{B})$
$$= 1 - 0.15 = 0.85$$

或

$$P(A \cup B) = P[A \cup (B-A)] = P(A) + P(B-A)$$
$$= 0.6 + 0.25 = 0.85$$

§1.3 条件概率、乘法公式与全概率公式

一、条件概率

在概率论里,我们不仅需要研究某事件B发生的概率$P(B)$,有时还需要考察在另一个事件A已经出现的条件下,事件B发生的概率. 这样一种性质的概率通常称为事件B在A发生条件下的条件概率,为与无条件概率区别,我们记它为$P(B|A)$.

例1.15 设试验E的样本空间为Ω,A、B为试验E的事件. 我们将该试验重复进行n次,事件A发生的频数为$n(A)$,事件A、B同时发生的频数为$n(AB)$,在这里,$n(AB)$也是在A发生条件下B发生的频数,因此在A发生条件下,B发生的频率为

$$\mu_n(B|A) = \frac{n(AB)}{n(A)} = \frac{n(AB)/n}{n(A)/n} = \frac{\mu_n(AB)}{\mu_n(A)}$$

例1.16 掷一颗骰子,如果被告知掷出的不是最大点,求所掷点数为偶数的概率.

解 设事件$A =$"掷出的不是最大点",$B =$"掷出的点数是偶数". 在掷一颗骰子的试验中,样本空间$\Omega = \{1,2,3,4,5,6\}$,$A = \{1,2,3,4,5\}$,$B = \{2,4,6\}$,因此$P(A) = 5/6$,$P(B) = 3/6$. 在已知事件发生时,则只有属于A

的 5 个基本事件可能发生，而在这些基本事件中，只有两个基本事件{2 点}与{4 点}属于 B，所以在已知事件 A 发生的条件下，事件 B 发生的条件概率应等于

$$P(B|A) = \frac{2}{5}$$

上面的分析看出，本例中的条件概率 $P(B|A)$ 与无条件概率 $P(B)$ 不相等，另一方面我们看到 $AB = \{2,4\}$，即 $\#(AB) = 2$. 于是

$$P(AB) = \frac{\#(AB)}{\#\Omega} = \frac{2}{6}$$

$$P(B|A) = \frac{2}{5} = \frac{\frac{2}{6}}{\frac{5}{6}} = \frac{P(AB)}{P(A)}$$

受到例 1.15 与例 1.16 的启发，我们给出条件概率的定义.

定义 1.4　对于两个事件 A 与 B，如果 $P(A) > 0$，称

$$P(B|A) = \frac{P(AB)}{P(A)} \tag{1.13}$$

为在事件 A 发生的条件下，事件 B 发生的**条件概率**.

当 $A = \Omega$ 时，条件概率 $P(B|\Omega)$ 就是无条件概率 $P(B)$. 容易验证，条件概率 $P(B|A)$ 满足定义 1.3 中概率定义的三个条件（留给读者作为练习）.

古典概型中条件概率的计算　设试验 E 的基本事件总数为 n，且所有基本事件的概率都相等，即样本空间 Ω 由 n 个等可能的样本点组成，有利于事件 A 及 AB 的基本事件数，即样本点数，分别为 m 个及 k 个（$m > 0$），则由条件概率定义 (1.13) 式及古典型概率公式 (1.1) 式，有

$$P(B|A) = \frac{P(AB)}{P(A)} = \frac{\frac{k}{n}}{\frac{m}{n}} = \frac{k}{m}.$$

在这里，概率 $P(AB)$ 是在试验 E 的整个含有 n 个样本点的样本空间 Ω 中考虑的，而 $P(B|A)$ 是在得知事件 A 已经发生的信息之后，再考虑 B 发生的概率，$P(B|A)$ 是在缩减了的样本空间中讨论的.

例 1.17　一批产品 100 件，有 80 件正品，20 件次品，其中甲生产的为 60 件，有 50 件正品，10 件次品，余下的 40 件均由乙生产. 现从该批产品中任取

一件，记 $A =$ "正品"，$B =$ "甲生产的产品"，写出概率 $P(A)$，$P(B)$，$P(AB)$，$P(B|A)$，$P(A|B)$.

解 依题意，由古典概率公式，有

$$P(A) = \frac{80}{100} = 0.8 \qquad P(B) = \frac{60}{100} = 0.6$$

$$P(AB) = \frac{50}{100} = 0.5$$

当在已知 A 出现的条件下，考察 B 再出现的概率时，应把原来试验的 100 个基本事件总数缩减为 80 个，此时有利于事件 B 的基本事件总数不是 60 个，而是 50 个，所以

$$P(B|A) = \frac{50}{80} = 0.625$$

类似地，我们可以得到

$$P(A|B) = \frac{50}{60} = 0.83$$

要注意区别的是 $P(AB)$ 是从试验的全部 100 个基本事件出发，考察从 100 个产品中任取一个，它既是正品，同时又是甲生产的概率；而 $P(B|A)$ 是已得知取到的一个产品是正品这一信息后，再考察这个取到的正品是由甲生产的概率，二者所讨论的样本空间不同.

例 1.18 10 个产品中有 7 个正品，3 个次品，按不放回抽样，抽取两个，如果已知第一个取到次品，计算第二个又取到次品的概率.

解 设事件 $A_i =$ "第 i 个取到的是次品"，$i = 1, 2$，由于已知第一个取到了次品，即 A_1 已经发生，因此在抽取第二个产品检验时，剩余的产品共有 9 个，其中只剩有两个次品，因此，

$$P(A_2|A_1) = 2/9.$$

例 1.19 箱中装有 $4n-1$ 件同规格产品，其中甲厂生产的有 $2n-1$ 件，乙厂生产的 $2n$ 件. 一次取出 n 件产品，如果发现取出的产品均为同一厂家生产，计算它们是由乙厂生产的概率.

解 设事件 A、B 分别表示取出的 n 件产品都是甲厂、乙厂生产的；事件 C 表示取出的 n 件产品为同一厂生产的. 易见 A 与 B 互不相容，且 $C = A \cup B$. 因此有

$$P(C) = P(A \cup B) = P(A) + P(B)$$

又因 $C \supset B$，可知

$$BC = B, \quad P(BC) = P(B)$$

根据古典型概率的定义

$$P(A) = \frac{\#A}{\#\Omega} = \frac{C_{2n-1}^n}{C_{4n-1}^n}, \quad P(B) = \frac{\#B}{\#\Omega} = \frac{C_{2n}^n}{C_{4n-1}^n}$$

根据条件概率的定义

$$P(B \mid C) = \frac{P(BC)}{P(C)} = \frac{P(B)}{P(C)} = \frac{P(B)}{P(A) + P(B)}$$

注意到

$$C_{2n-1}^n = \frac{(2n-1)!}{n!\,(n-1)!} = \frac{(2n)!}{n!\,n!} \cdot \frac{n}{2n} = \frac{1}{2} C_{2n}^n$$

可以得到

$$P(A) + P(B) = \frac{C_{2n-1}^n}{C_{4n-1}^n} + \frac{C_{2n}^n}{C_{4n-1}^n} = \frac{3 C_{2n}^n}{2 C_{4n-1}^n}$$

$$P(B \mid C) = \frac{C_{2n}^n / C_{4n-1}^n}{\frac{3}{2} C_{2n}^n / C_{4n-1}^n} = \frac{2}{3}$$

二、乘法公式

由条件概率的定义，可以直接得到下面的式子：

对于两个事件 A、B，如果 $P(A) > 0$，则有

$$P(AB) = P(A) P(B \mid A) \tag{1.14}$$

上式称为概率的**乘法公式**.

利用数学归纳法，容易证明下面推广的概率乘法公式：

设 $A_1, A_2, \cdots, A_n$ 是 n 个随机事件，且 $P(A_1 A_2 \cdots A_{n-1}) > 0$，则有

$$P(A_1 A_2 \cdots A_n) = P(A_1) P(A_2 \mid A_1) \cdots P(A_n \mid A_1 A_2 \cdots A_{n-1}) \tag{1.15}$$

当 $n = 2$ 时 (1.15) 式就是 (1.14) 式.

例 1.20 对于三个事件 A、B、C，假设 $P(AB) > 0$，求证

$$P(ABC) = P(A) P(B \mid A) P(C \mid AB) \tag{1.16}$$

证明 由于 $A \supset AB$，所以 $P(A) \geq P(AB) > 0$，两次应用乘法公式，有

$$P(ABC) = P(AB)P(C|AB) = P(A)P(B|A)P(C|AB)$$

例 1.21 设试验 E 为投掷一颗骰子，事件 A 表示"奇数点"，B 表示"点数大于 1"，计算 $P(A)$，$P(B)$，$P(AB)$，$P(B|A)$，$P(A|B)$．

解 试验 E 的样本空间 $\Omega = \{1,2,3,4,5,6\}$，$A = \{1,3,5\}$，$B = \{2,3,4,5,6\}$，$AB = \{3,5\}$，由古典型概率公式(1.1)式，有

$$P(A) = \frac{3}{6}, \quad P(B) = \frac{5}{6}, \quad P(AB) = \frac{2}{6}$$

由条件概率定义，有

$$P(B|A) = \frac{P(AB)}{P(A)} = \frac{2}{3}, \quad P(A|B) = \frac{2}{5}$$

例 1.22 10 个产品中有 7 个正品，3 个次品，按不放回抽样，抽取两个产品，计算两次都取到次品的概率．

解 设 A_i 表示第 i 次取到次品，$i = 1, 2$．由乘法公式，有

$$P(A_1 A_2) = P(A_1)P(A_2|A_1) = \frac{3}{10} \times \frac{2}{9} = \frac{1}{15}$$

例 1.23 假设在空战中，若甲机先向乙机开火，则击落乙机的概率为 0.2；若乙机未被击落，就进行还击，击落甲机的概率是 0.3；若甲机亦未被击落，则再次进攻乙机，击落乙机的概率为 0.4，在这几个回合中，分别计算甲、乙被击落的概率．

解 记 $A_i =$ "乙机在第 i 次被击落"，$i = 1, 2$，$A =$ "乙机被击落"，$B =$ "甲机被击落"，显然 A_1 与 A_2 互不相容，且 $A = A_1 \cup A_2$，$\overline{A}_1 \supset B$，$\overline{A}_1 B \supset A_2$，依题意，有

$$P(A_1) = 0.2, \quad P(B|\overline{A}_1) = 0.3, \quad P(A_2|\overline{A}_1\overline{B}) = 0.4$$

由(1.14)式，可得

$$P(B) = P(\overline{A}_1 B) = P(\overline{A}_1)P(B|\overline{A}_1) = 0.8 \times 0.3 = 0.24$$

由(1.16)式，有

$$P(A_2) = P(\overline{A}_1 \overline{B} A_2)$$
$$= P(\overline{A}_1)P(\overline{B}|\overline{A}_1)P(A_2|\overline{A}_1\overline{B})$$
$$= 0.8 \times 0.7 \times 0.4 = 0.224$$

由概率的可加性，

$$P(A) = P(A_1 \cup A_2) = P(A_1) + P(A_2)$$
$$= 0.2 + 0.224 = 0.424$$

即甲机被击落的概率 $P(B)$ 为 0.24，乙机被击落的概率 $P(A)$ 为 0.424.

例 1.24 一个袋内装有 20 个球，其中完全涂成红色的球 3 个，简称为全红球；全黄、全黑、全白的单色球分别有 6 个、5 个和 4 个；另外还有两个球是涂有红、黄、黑、白四色的彩球. 今从袋中任意取出一个球，记 A = "取到的球上有红色"，B、C、D 分别表示取到的球上有黄色、黑色、白色. 求 $P(A)$，$P(B)$，$P(C)$，$P(D)$，$P(A|B)$，$P(A|C)$，$P(A|D)$.

解 该试验中含有 20 个等可能的基本事件，而事件 A 中只有 5 个基本事件（3 个全红球与两个彩色球），余类似. 由古典概型公式，有

$$P(A) = \frac{5}{20} = 0.25 \qquad P(B) = \frac{8}{20} = 0.4$$

$$P(C) = \frac{7}{20} = 0.35 \qquad P(D) = \frac{6}{20} = 0.3$$

$$P(A|B) = \frac{2}{8} = 0.25 \qquad P(A|C) = \frac{2}{7} = 0.29$$

$$P(A|D) = \frac{2}{6} = 0.33$$

三、全概率公式与贝叶斯（Bayes）公式

前面我们讨论了直接利用概率可加性及乘法公式计算一些简单事件的概率. 但是，对于有些复杂事件的概率经常要把它先分解为一些互不相容的较简单事件的和，通过分别计算这些较简单事件的概率，再利用概率的可加性，得到所需要的概率. 这样，可以从已知的较简单事件概率计算出未知的复杂事件概率. 全概率公式概括了这种方法. 我们先看两个例子.

例 1.25 一个袋内装有 10 个球，其中有 4 个白球，6 个黑球，采取不放回抽样，每次任取一个，求第二次取到白球的概率.

解 记 A = "第一次取到白球"，B = "第二次取到白球"，由于 $B = (A \cup \bar{A})B = AB \cup \bar{A}B$，且 AB 与 $\bar{A}B$ 互不相容，根据概率的可加性及乘法公式，有

$$P(B) = P(AB) + P(\bar{A}B)$$
$$= P(A)P(B|A) + P(\bar{A})P(B|\bar{A})$$
$$= \frac{4}{10} \times \frac{3}{9} + \frac{6}{10} \times \frac{4}{9} = 0.4$$

例1.26 例1.25中的10个球,若改为3个白球,2个黑球,5个红球,取法不变,求第二次取到白球的概率$P(B)$.

解 设$A_1 =$ "第一次取到白球", $A_2 =$ "第一次取到黑球", $A_3 =$ "第一次取到红球". 显然A_1, A_2, A_3构成一个完备事件组,并且有
$$B = (A_1 \cup A_2 \cup A_3)B = A_1B \cup A_2B \cup A_3B$$
A_1B, A_2B, A_3B两两互不相容,由概率的可加性及乘法公式,有
$$P(B) = \sum_{i=1}^{3} P(A_iB) = \sum_{i=1}^{3} P(A_i)P(B|A_i)$$
$$= \frac{3}{10} \times \frac{2}{9} + \frac{2}{10} \times \frac{3}{9} + \frac{5}{10} \times \frac{3}{9} = 0.3$$

概括以上二例中事件B的计算方法,有如下定理:

定理1.1(全概率公式) 如果事件$A_1, A_2, \cdots, A_n$构成一个完备事件组,而且$P(A_i) > 0, i = 1, 2, \cdots, n$,则对于任何一个事件$B$,有
$$P(B) = \sum_{i=1}^{n} P(A_i)P(B|A_i) \tag{1.17}$$

证明 已知$A_1, A_2, \cdots, A_n$构成一个完备事件组,故$A_1, A_2, \cdots, A_n$两两互不相容,且$A_1 \cup \cdots \cup A_n = \Omega$,对于任何的事件$B$,有
$$B = \Omega B = (A_1 \cup A_2 \cup \cdots \cup A_n)B$$
$$= A_1B \cup A_2B \cup \cdots \cup A_nB$$

由于$A_1, A_2, \cdots, A_n$两两互不相容,因而$A_1B, A_2B, \cdots, A_nB$也两两互不相容,根据概率的可加性及乘法公式,有
$$P(B) = P\left(\bigcup_{i=1}^{n}(A_iB)\right) = \sum_{i=1}^{n} P(A_iB)$$
$$= \sum_{i=1}^{n} P(A_i)P(B|A_i)$$

利用概率的可列可加性可以证明**推广的全概率公式**(1.18),即

(1) 如果可列个事件$A_1, A_2, \cdots, A_n, \cdots$是一个完备事件组;

(2) $P(A_i) > 0, i = 1, 2, \cdots$;则对任何事件$B$,都有
$$P(B) = \sum_{i} P(A_i)P(B|A_i) \tag{1.18}$$

使用全概率公式的关键，是找出与事件 B 的发生相联系的完备组 $A_1, A_2, \cdots, A_n, \cdots$. 我们经常遇到的比较简单的完备事件组由 2 个或 3 个事件组成，即 $n=2$ 或 $n=3$. 另外，从证明中可以看出，$A_1, A_2, \cdots A_n, \cdots$ 构成一个完备组并不是全概率公式的必要条件，事实上只要 $\bigcup_i A_i \supset B$，并且 $A_1B, A_2B, \cdots, A_nB, \cdots$ 两两互不相容或更弱的条件即可有全概率公式，但是实际应用中的 $A_1, A_2, A_n, \cdots$ 常常是一个完备事件组，限于篇幅，不详细讨论.

例 1.27 市场上某种商品由三个厂家同时供货，其供应量，第一个厂家为第二个厂家的 2 倍，第二、三两个厂家相等，而且各厂产品的次品率依次为 2%，2%，4%，求市场上供应的该种商品的次品率.

解 从市场上任意选购一件该种商品，设 $A_i=$ "选到第 i 厂家产品"，$i=1,2,3$，$B=$ "选到次品". 显然，A_1, A_2, A_3 为一个完备事件组，依题意有

$$P(A_1) = 0.5 \qquad P(A_2) = P(A_3) = 0.25$$
$$P(B|A_1) = 0.02 \qquad P(B|A_2) = 0.02$$
$$P(B|A_3) = 0.04$$

由全概率公式 (1.17) 式，有

$$\begin{aligned} P(B) &= \sum_{i=1}^{3} P(A_i) P(B|A_i) \\ &= 0.5 \times 0.02 + 0.25 \times 0.02 + 0.25 \times 0.04 \\ &= 0.025 \end{aligned}$$

容易计算，市场上该种商品的正品率为

$$P(\bar{B}) = 1 - P(B) = 0.975$$

例 1.28 10 个乒乓球中有 7 个新球与 3 个旧球，第一次随机地取出两个，用完后放回去，第二次又随机地取出两个，问第二次取到几个新球的概率最大？

解 设 $A_i=$ "第一次取到 i 个新球"，$B_i=$ "第二次取到 i 个新球"，$i=0,1,2$. 显然，A_0, A_1, A_2 构成一个完备事件组. 我们的问题是需要计算 $P(B_i)$，并且找出使 $P(B_i)$ 为最大的 i. 依题意，对于 $i=0,1,2$，有：

$$P(A_i) = \frac{C_7^i C_3^{2-i}}{C_{10}^2}$$

$$P(B_j | A_i) = \frac{C_{7-i}^j C_{3+i}^{2-j}}{C_{10}^2} \qquad j=0,1,2$$

具体计算可得

$$P(A_0) = \frac{1}{15}, \quad P(A_1) = \frac{7}{15}, \quad P(A_2) = \frac{7}{15}$$

$$P(B_0 | A_0) = \frac{1}{15}, \quad P(B_0 | A_1) = \frac{2}{15}, \quad P(B_0 | A_2) = \frac{2}{9}$$

$$P(B_1 | A_0) = \frac{7}{15}, \quad P(B_1 | A_1) = \frac{8}{15}, \quad P(B_1 | A_2) = \frac{5}{9}$$

$$P(B_2 | A_0) = \frac{7}{15}, \quad P(B_2 | A_1) = \frac{1}{3}, \quad P(B_2 | A_2) = \frac{2}{9}$$

重复使用全概率公式三次，可分别计算出 $P(B_i)$，$i=0,1,2$，即：

$$P(B_0) = \sum_{i=1}^{2} P(A_i) P(B_0 | A_i)$$

$$= \frac{1}{15} \times \frac{1}{15} + \frac{7}{15} \times \frac{2}{15} + \frac{7}{15} \times \frac{2}{9} = 0.17$$

$$P(B_1) = \frac{1}{15} \times \frac{7}{15} + \frac{7}{15} \times \frac{8}{15} + \frac{7}{15} \times \frac{5}{9} = 0.54$$

$$P(B_2) = \frac{1}{15} \times \frac{7}{15} + \frac{7}{15} \times \frac{1}{3} + \frac{7}{15} \times \frac{2}{9} = 0.29$$

从计算看到，第二次取到一个新球的概率最大．

例 1.29 在上面例 1.28 中，如果发现第二次取到的是两个新球，计算第一次没有取到新球的概率．

解 这是在已知事件 B_2 发生的条件下，求事件 A_0 发生的概率，需要计算条件概率 $P(A_0 | B_2)$．由条件概率定义，有

$$P(A_0 | B_2) = \frac{P(A_0 B_2)}{P(B_2)}$$

由于 $\quad P(A_0 B_2) = P(A_0) P(B_2 | A_0)$，

$$P(B_2) = \sum_{i=0}^{2} P(A_i) P(B_2 | A_i)$$

代入后，得到：

$$P(A_0 | B_2) = \frac{P(A_0) P(B_2 | A_0)}{\sum_{i=0}^{2} P(A_i) P(B_2 | A_i)}$$

$$= \frac{\frac{1}{15} \times \frac{7}{15}}{\frac{1}{15} \times \frac{7}{15} + \frac{7}{15} \times \frac{1}{3} + \frac{7}{15} \times \frac{2}{9}}$$

= 0.11

把例 1.29 中条件概率的计算问题概括为一般的模型,得到如下的贝叶斯公式:

定理 1.2(贝叶斯公式) 设事件 $A_1,A_2,\cdots,A_n$ 构成一个完备事件组,概率 $P(A_i)>0$, $i=1,2,\cdots,n$,对于任何一个事件 B,若 $P(B)>0$,有

$$P(A_m\mid B)=\frac{P(A_m)P(B\mid A_m)}{\sum_{i=1}^{n}P(A_i)P(B\mid A_i)} \quad m=1,2,\cdots,n \tag{1.19}$$

证明 仿照例 1.28,请读者作为练习自己完成.

公式(1.19)中,事件 $A_1,A_2,\cdots,A_n$ 看作是导致事件 B 发生的"因素",$P(A_m)$ 是在事件 B 已经出现这一信息得知前 A_m 出现的概率,通常称为**先验概率**,但是在试验中事件 B 的出现,有助于对导致事件 B 出现的各种"因素"发生的概率作进一步探讨,(1.19)式给出的 $P(A_m\mid B)$ 是在经过试验获得事件 B 已经发生这一信息之后,事件 A_m 发生的条件概率,称为**后验概率**,后验概率依赖于试验中得到的新信息的具体情况(比如事件 B 发生还是 $\bar{B}$ 发生),并且给出在获得新信息之后,导致 B 出现的各种因素 A_m 发生情况的新知识,因此贝叶斯公式又称**后验概率公式**或**逆概率公式**,用它进行的判断方法,称为**贝叶斯决策**,在鉴别废品来源等问题中,贝叶斯决策是一种常用方法.

例 1.30 甲、乙两台机床,生产数量很多的同一种产品,根据已有资料及经验知道各机床产量占总产量的比例及各机床产品的废品率,现在从这批产品中随机地抽取一件,发现它是废品,判断它是由哪台机床生产的.

解 记 $A_1=$ "取到产品为甲机床生产",$A_2=$ "产品为乙机床生产",$B=$ "取到废品",依题意,A_1,A_2 为对立事件,且 $P(A_i)$,$P(B\mid A_i)$ 均为已知,$i=1,2$. 由贝叶斯公式(1.22)可以计算后验概率 $P(A_1\mid B)$ 与 $P(A_2\mid B)$,如果计算结果 $P(A_1\mid B)$ 比 $P(A_2\mid B)$ 大,则作出决策:取到的废品为甲机床生产.

例 1.31 某地为 a 号病多发区,该地分南、北、中三个行政小区,其人口比为 $9:7:4$. 据统计资料,a 号病在该地三个小区内的发病率依次为 0.0004,0.0002,0.0005. 用一种检验方法对当地进行关于 a 号疾病的普查. 该检验法的效果是:对于 a 号病患者的漏查率(一个 a 号病患者用此检验法未被查出的概率)为 5%;对于没有 a 号病的人用此法被误诊为患有该病的概率为 1%.

(1) 求该地区 a 号疾病的发病率；

(2) 在普查时如果一位受检者被诊断为 a 号病患者，求该人确实患有此病的概率.

解 随机地从该地区抽一居民检验. 设事件 $B =$ "受检者确实患有 a 号病"，A_1, A_2, A_3 分别表示受检者来自南、北、中行政小区，A_1, A_2, A_3 是一个完备事件组. 依题意

$$P(A_1) = 9/(9+7+4) = 0.45, \quad P(A_2) = 0.35, \quad P(A_3) = 0.20.$$

$$P(B|A_1) = 0.0004, \quad P(B|A_2) = 0.0002, \quad P(B|A_3) = 0.0005.$$

(1) 应用全概率公式

$$P(B) = \sum_{i=1}^{3} P(A_i) P(B|A_i) = 0.45 \times 0.0004 + 0.35 \times 0.0002 + 0.2 \times 0.0005$$
$$= 0.00035;$$

(2) 设事件 $C =$ "受检者被诊断为 a 号病患者"，依题意

$$P(C|B) = 1 - P(\bar{C}|B) = 0.95, \quad P(C|\bar{B}) = 0.01,$$

应用贝叶斯公式

$$P(B|C) = \frac{P(B)P(C|B)}{P(B)P(C|B) + P(\bar{B})P(C|\bar{B})}$$
$$= \frac{0.00035 \times 0.95}{0.00035 \times 0.95 + 0.99965 \times 0.01} \approx 0.032.$$

[评注] 虽然此检验法相当可靠，但是在普查中经此检验法诊断为 a 号病患者中确实真有此病的概率很小（仅为3%左右），这是由于没有该病的人群所占比例很大，即便1%的误诊率也使普查被错诊的 a 号病患者占据了查为该病患者群体的很大比例（约为97%）.

§1.4 事件的独立性与伯努利概型

一、事件的独立性

我们发现在一个试验中，有些事件的发生影响了某个事件发生的概率，而

另一些事件的发生对某个事件发生的概率没有影响. 比如上节的例 1.24. $P(A) = 0.25$，但是 $P(A|C)$ 与 $P(A|D)$ 均与 $P(A)$ 不相等，而 $P(A|B)$ 与 $P(A)$ 相等. 此时条件概率与无条件概率相等，即 $P(A|B) = P(A)$. 根据乘法公式可知：$P(AB) = P(B)P(A|B) = P(A)P(B)$. 再从乘法公式 $P(AB) = P(A)P(B|A)$ 还可以得出 $P(B|A) = P(B)$. 这表明在 A、B 两个事件中，无论事件 A 还是事件 B 的发生都不会影响另一个事件发生的概率. 为此我们用两个事件乘积的概率等于概率相乘来定义两个事件的独立性，从而避开了条件概率要求作为条件的事件概率大于零的条件.

定义 1.5 如果两个事件 A 与 B 满足

$$P(AB) = P(A)P(B) \tag{1.20}$$

称事件 A 与 B 是相互独立的，简称 A 与 B 独立.

推论 1 设 A 与 B 为两个事件，$P(B) > 0$，则 A 与 B 独立的充分必要条件是

$$P(A|B) = P(A)$$

推论 2 设 A 与 B 为两个事件，则下列四对事件：A 与 B；$\bar{A}$ 与 B；A 与 $\bar{B}$；$\bar{A}$ 与 $\bar{B}$ 中，只要有一对事件独立，其余三对也独立.

推论 3 设两个事件 A 与 B 的概率都大于 0 且小于 1，则下面四个等式等价，即其中任何一个成立，另外三个也一定成立：

$$P(B|A) = P(B)$$
$$P(B|\bar{A}) = P(B)$$
$$P(A|B) = P(A)$$
$$P(A|\bar{B}) = P(A)$$

证明 对于推论 1，先证必要性：

由 A 与 B 独立及乘法公式，有

$$P(AB) = P(A)P(B)$$
$$P(AB) = P(B)P(A|B)$$

因此，

$$P(B)P(A|B) = P(A)P(B)$$

又已知 $P(B) > 0$，故有

$$P(A|B) = P(A)$$

充分性：把已知 $P(A|B) = P(A)$ 代入乘法公式中，有
$$P(AB) = P(B)P(A|B) = P(B)P(A)$$
由定义 1.5 可知 A 与 B 独立．

类似地，当 $P(A) > 0$ 时，A 与 B 独立的充分必要条件是 $P(B|A) = P(B)$．

对于推论 2，不妨设 A 与 B 独立（其他情况均可类似证明），先证 $\bar{A}$ 与 B 亦独立：

$\bar{A}B = B - AB$，且 $B \supset AB$，根据减法公式及独立性定义，有
$$P(\bar{A}B) = P(B) - P(AB) = P(B) - P(A)P(B)$$
$$= [1 - P(A)]P(B) = P(\bar{A})P(B)$$
由定义 1.5 可知 $\bar{A}$ 与 B 独立．其余均可类似证明，留给读者作为练习．

对于推论 3 的证明与推论 2 类同，亦留给读者作为练习．

推论 3 告诉我们，两个事件 A 与 B 独立，不仅事件 A 的发生与否不影响事件 B 发生的概率；而且事件 B 的发生与否也不影响事件 A 发生地的概率，因此我们可以给事件的独立性一个直观的定义：

定义 1.6 两个事件 A 与 B，如果其中任何一个事件发生的概率不受另外一个事件发生与否的影响，则称**事件 A 与 B 是相互独立的**．

例 1.32 甲、乙二人各投篮一次，设甲投中的概率为 0.7，乙投中的概率为 0.8，求甲、乙二人至少有一人投中的概率．

解 记 A = "甲投中"，B = "乙投中"，显然 A 与 B 相互独立，$A \cup B$ 表示至少有一人投中，由加法公式及独立性定义有：
$$P(A \cup B) = P(A) + P(B) - P(AB)$$
$$= P(A) + P(B) - P(A)P(B)$$
$$= 0.7 + 0.8 - 0.7 \times 0.8 = 0.94$$

另一种解法是根据 A 与 B 独立可知 $\bar{A}$ 与 $\bar{B}$ 也独立，于是有
$$P(A \cup B) = 1 - P(\overline{A \cup B}) = 1 - P(\bar{A}\bar{B}) = 1 - P(\bar{A})P(\bar{B}) = 0.94$$

例 1.33 一个袋内装有 4 个球，其中全红、全黑、全白色的球各一个，另一个是涂有红、黑、白三色的彩球．从中任取一个，记事件 A、B、C 分别表示取到的球上涂有红色、黑色、白色．试判断 A 与 B 的独立性．

解 该试验的样本空间中只含有 4 个等可能的样本点，用古典概型公式，计算可得

$$P(A) = P(B) = P(C) = \frac{2}{4} = 0.5, \quad P(AB) = \frac{1}{4} = 0.25$$

由于 $P(AB) = P(A) \cdot P(B)$，因此 A 与 B 独立，类似有 A 与 C 独立，B 与 C 也独立．即三个事件 A、B、C 中任何两个事件都是独立的，称为这三个事件两两独立．但是，进一步计算发现 $P(C) = 0.5$，$P(C|AB) = 1$，这表明事件 C 发生的概率受到了其余两个事件同时发生的影响，即 $P(C|AB) \neq P(C)$．因此，在涉及两个以上的多个事件的相互独立性时，我们还应要求任何几个事件发生与否都不影响其余事件发生的概率．

定义 1.7 设 $A_1, A_2, \cdots, A_n$ 为 n 个事件，如果对于任何正整数 m ($2 \leq m \leq n$) 以及 $1 \leq i_1 < i_2 < \cdots < i_m \leq n$，都有

$$P(A_{i_1} A_{i_2} \cdots A_{i_m}) = P(A_{i_1}) P(A_{i_2}) \cdots P(A_{i_m}) \tag{1.21}$$

则称**事件 $A_1, A_2, \cdots A_n$ 为相互独立的**．

如果 (1.21) 式仅对于 $m = 2$ 成立，称**事件 $A_1, A_2, \cdots, A_n$ 为两两独立的**．由此可见，n 个事件 ($n > 2$) 的相互独立性与两两独立性概念不能等同，前者比后者要求条件强，例 9 就是三个事件两两独立但不相互独立的典型例子．显然，如果 n 个事件相互独立，则它们中的任何 m ($2 \leq m \leq n$) 个事件也是相互独立的．

在很多实际应用中，判断一些事件的相互独立性，往往不是用定义 1.7 进行计算，而是根据问题的实际意义进行分析确定．关于 n 个事件的相互独立性，其直观定义可以如下叙述：

定义 1.8 设 $A_1, A_2, \cdots, A_n$ 为 n 个事件，如果它们中任何一个事件发生的概率都不受其余某一个或某几个事件发生与否的影响，则称**事件 $A_1, A_2, \cdots, A_n$ 是相互独立的**．

推论 1 设 n 个事件 $A_1, A_2, \cdots, A_n$ 相互独立，则有

$$P(A_1 A_2 \cdots A_n) = P(A_1) P(A_2) \cdots P(A_n) \tag{1.22}$$

证明 在 (1.21) 式中，取 $m = n, i_1 = 1, \cdots, i_n = n$ 即为 (1.22) 式．

推论 2 设 n 个事件 $A_1, A_2, \cdots, A_n$ 相互独立，则它们中的任意一部分事件换成各自事件的对立事件后，所得的 n 个事件也是相互独立的．

限于篇幅证明略．

推论 3 设 n 个事件 $A_1, A_2, \cdots, A_n$ 相互独立，则有

$$P(A_1 \cup \cdots \cup A_n) = 1 - P(\bar{A}_1) P(\bar{A}_2) \cdots P(\bar{A}_n) \tag{1.23}$$

证 根据推论2,$\bar{A}_1,\bar{A}_2,\cdots,\bar{A}_n$ 也是相互独立的. 再用 (1.22) 式有

$$P(A_1\cup\cdots\cup A_n)=1-P(\overline{A_1\cup\cdots\cup A_n})$$
$$=1-P(\bar{A}_1\cdots\bar{A}_n)$$
$$=1-P(\bar{A}_1)\cdots P(\bar{A}_n)$$

定义1.9 设 $A_1,A_2,\cdots,A_n,\cdots$ 为随机事件序列,如果它们中任何有限个事件都是相互独立的,则称该**随机事件序列** $A_1,A_2,\cdots A_n,\cdots$ **为相互独立的**.

例1.34 甲、乙、丙三人在同一时间分别破译某一个密码,设甲译出的概率为0.8,乙译出的概率为0.7,丙译出的概率为0.6,求密码能译出的概率.

解 记 $A=$ "甲译出密码",B、C 分别表示乙、丙译出密码,$D=$ "密码被译出". 显然 A、B、C 相互独立,并且 $D=A\cup B\cup C$,由(1.23)式,有

$$P(D)=P(A\cup B\cup C)=1-P(\bar{A})P(\bar{B})P(\bar{C})=1-0.2\times0.3\times0.4$$
$$=0.976$$

例1.35 上例中如果改为由 n 个人组成的小组,在同一时间内分别破译某一个密码,并假定每人能译出的概率都是0.7,若要以99.9999%的把握能够译出,问 n 至少为几?

解 记 $A_i=$ "第 i 人能译出",$i=1,2,\cdots,n$,$B=$ "密码能被译出",显然 $B=\bigcup_{i=1}^{n}A_i$,且 $A_1,A_2,\cdots,A_n$ 相互独立,

由定义1.8的推论2可知,$\bar{A}_1,\bar{A}_2,\cdots,\bar{A}_n$ 也相互独立,

根据(1.22)式,有

$$P(\bar{A}_1\bar{A}_2\cdots\bar{A}_n)=P(\bar{A}_1)P(\bar{A}_2)\cdots P(\bar{A}_n)=0.3^n$$

依题意,

$$P(\bar{A}_1\bar{A}_2\cdots\bar{A}_n)=P(\overline{A_1\cup A_2\cup\cdots\cup A_n})=P(\bar{B})=10^{-6}$$

即

$$0.3^n=10^{-6}$$

$$n=\frac{-6}{\lg 0.3}=11.47$$

因此 n 至少为12人才能保证以99.9999%的把握译出密码.

例1.36 甲、乙、丙三部机床独立工作,在同一段时间内它们不需要工人照管的概率分别为0.7、0.8和0.9,求在这段时间内,最多只有一台机床需

人照管的概率.

解 设 A_1, A_2, A_3 分别表示在这段时间内甲、乙、丙机床需要工人照管, B_i 表示在这段时间内恰有 i 台机床需要人照管, $i=0$, 1, 显然, B_0 与 B_1 互不相容, A_1, A_2, A_3 相互独立. 并且 $P(A_1) = 0.3$, $P(A_2) = 0.2$, $P(A_3) = 0.1$.

$$P(B_0) = P(\bar{A}_1 \bar{A}_2 \bar{A}_3) = P(\bar{A}_2)P(\bar{A}_2)P(\bar{A}_3)$$
$$= 0.7 \times 0.8 \times 0.9 = 0.504$$

$$P(B_1) = P(A_1 \bar{A}_2 \bar{A}_3) + P(\bar{A}_2 A_2 \bar{A}_3) + P(\bar{A}_2 \bar{A}_2 A_3)$$
$$= 0.3 \times 0.8 \times 0.9 + 0.7 \times 0.2 \times 0.9 + 0.7 \times 0.8 \times 0.1$$
$$= 0.398$$

所求概率为
$$P(B_0 \cup B_1) = P(B_0) + P(B_1) = 0.902$$

例 1.37 甲、乙、丙三人同时向一架飞机射击, 它们击中目标的概率分别为 0.4, 0.5, 0.7. 假设飞机只有一人击中时, 坠毁的概率为 0.2, 若有二人击中, 飞机坠毁的概率为 0.6, 而飞机被三人击中时一定坠毁. 现在如果发现飞机已被击中坠毁, 计算它是由三人同时击中的概率.

解 记 A_i = "3 个人中有 i 个人击中飞机", $i = 0, 1, 2, 3$. A_0, A_1, A_2, A_3 构成一个完备事件组. 设事件 B = "飞机被击中坠毁", 依题意, 有

$$P(B|A_0) = 0, \quad P(B|A_1) = 0.2, \quad P(B|A_2) = 0.6, \quad P(B|A_3) = 1$$

设事件 C_1, C_2, C_3 分别表示甲、乙、丙击中飞机, 显然它们是相互独立的, 由题设可知:

$$P(A_0) = P(\bar{C}_1 \bar{C}_2 \bar{C}_3) = P(\bar{C}_1)P(\bar{C}_2)P(\bar{C}_3)$$
$$= 0.6 \times 0.5 \times 0.3 = 0.09$$

$$P(A_1) = P(C_1 \bar{C}_2 \bar{C}_3) + P(\bar{C}_1 C_2 \bar{C}_3) + P(\bar{C}_1 \bar{C}_2 C_3)$$
$$= 0.4 \times 0.5 \times 0.3 + 0.6 \times 0.5 \times 0.3 + 0.6 \times 0.5 \times 0.7 = 0.36$$

$$P(A_3) = P(C_1 C_2 C_3) = 0.4 \times 0.5 \times 0.7 = 0.14$$

$$P(A_2) = 1 - P(A_0) - P(A_1) - P(A_3) = 0.41$$

由贝叶斯公式 (1.22) 式, 有

$$P(A_3|B) = \frac{P(A_3)P(B|A_3)}{\sum_{i=0}^{3} P(A_i)P(B|A_i)}$$

$$= \frac{0.14 \times 1}{0.09 \times 0 + 0.36 \times 0.2 + 0.41 \times 0.6 + 0.14 \times 1}$$

$$= 0.306$$

类似方法，可以计算出 $P(A_2 | B) = 0.537$，$P(A_1 | B) = 0.157$. 请读者分析一下，$P(A_2 | B)$ 为何大于 $P(A_3 | B)$？

二、伯努利（Bernoulli）概型

有时，我们讨论的问题不仅仅是一个试验，而是多个甚至无穷多个试验，即通常所称的一个试验序列.

定义 1.10 设有 n 个试验 $E_1, E_2, \cdots, E_n$，以 A_i 表示试验 E_i 中的任意事件，$i = 1, 2, \cdots, n$，如果所有这样得到的 n 个事件 $A_1, A_2, \cdots, A_n$ 都是相互独立的，则称这 n 个试验 $E_1, E_2, \cdots, E_n$ 是相互独立的. 简单地说，如果 n 个试验的各个试验之间的结果都是相互独立的，则我们称这 n 个试验是相互独立的.

定义 1.11 在无穷试验序列 $E_1, E_2, \cdots, E_n, \cdots$ 中，如果对于任意正整数 $n(n \geq 2)$，n 个试验 $E_1, E_2, \cdots, E_n$ 相互独立，则称无穷试验序列 $E_1, E_2, \cdots, E_n, \cdots$ 是**独立试验序列**.

定义 1.12 如果一个试验只有"成功"与"失败"两种对立结果，或者说只有事件 A 发生或 $\bar{A}$ 发生，则称这样的试验为**伯努利试验**. 独立重复进行 n 次伯努利试验，称为 n **重伯努利试验**. 显然它应满足下面三个条件：

（1）n 次试验是相互独立的；

（2）每次试验中只有"成功"与"失败"两种可能，即事件 A 发生或 $\bar{A}$ 发生；

（3）每次试验中事件 A 发生的概率都相同，即 $P(A) = p$，与试验序号无关.

我们称具备上述三个条件的 n 次试验为 n **重伯努利概型**. 在伯努利概型中可以直接计算事件 A 发生次数的概率.

定理 1.3（伯努利公式） 设在每次试验中，事件 A 发生的概率都是 $p(0 < p < 1)$，则在 n 重伯努利试验中，事件"A 恰好发生 k 次"（记作 B_k）的概率为

$$P(B_k) = C_n^k p^k q^{n-k}, \quad k = 0, 1, \cdots, n. \tag{1.24}$$

其中 $q = 1 - p$.

*证明 设 $A_i =$ "第 i 次试验中事件 A 发生", $i = 1, 2, \cdots, n$. 由 n 次伯努利试验的独立性可知 $A_1, A_2, \cdots, A_n$ 一定相互独立. 事件 B_k 是下列 C_n^k 个两两互不相容事件的和,即

$$B_k = (A_1 A_k \bar{A}_{k+1} \cdots \bar{A}_n) \cup (\bar{A}_1 A_2 \cdots A_{k+1} \bar{A}_{k+2} \cdots \bar{A}_n) \cup \cdots$$
$$\cup (\bar{A}_1 \bar{A}_2 \cdots \bar{A}_{n-k} A_{n-k+1} \cdots A_n)$$

上面等式中每一个加项都是 n 个相互独立事件的积, 它们中有 k 次试验 A 发生, $n-k$ 次试验 $\bar{A}$ 发生, 其概率为 $[P(A)]^k [1 - P(A)]^{n-k} = p^k q^{n-k}$, 根据概率的有限可加性

$$P(B_k) = C_n^k p^k q^{n-k}$$

例1.38 袋内装有100个球, 其中10个红球, 90个白球, 每次摸取1个球, 观察后放回袋内, 连续摸取3次, 求3次中最多有1次摸到红球的概率.

解 由于是有放回地摸取, 因此各次摸取情况可以认为是相互独立的, 且每次取到红球的概率都相同, 这是一个三重伯努利试验. 设事件 A 表示每次取到红球, 则 $P(A) = 0.1$, $P(\bar{A}) = 0.9$. 以 B_i 表示3次中有 i 次取到红球, 则所求的概率为

$$P(B_0 \cup B_1) = P(B_0) + P(B_1)$$
$$= 0.9^3 + C_3^1 (0.1)(0.9)^2 = 0.972$$

即三次中最多有一次取到红球的概率为 0.972.

例1.39 设某人连续投篮3次, 至少有1次投中的概率是 0.992, 求该人投篮4次至少有1次未中的概率 α.

解 设该人投篮命中率为 p, 则 $q = 1 - p$ 是投不中的概率, 在每次投篮中都有投中与否两种对立结果, 且各次投篮情况互不影响, 我们可以认为很少的几次投篮, 其技术水平没有变化, 即每次命中率都相同. 这是一个伯努利概型问题. 设事件 $B_0 =$ "投篮3次均未中"; $C_4 =$ "投篮4次全投中". 依题意

$$P(B_0) = 1 - P(\bar{B}_0) = 1 - 0.992 = 0.008$$

即

$$q^3 = 0.008, \quad q = 0.2, \quad p = 0.8$$
$$\alpha = P(\bar{C}_4) = 1 - P(C_4) = 1 - p^4$$

$$= 1 - 0.8^4 = 0.5904$$

例 1.40 每箱产品有 10 件,其次品数从 0 到 2 是等可能的,开箱检验时,从中任取 1 件,如果发现是次品,则认为该箱产品不合格而拒收.计算:

(1) 一箱产品通过验收的概率;

(2) 若某箱产品已通过验收,它确实没有次品的概率.

(3) 若连续检验 4 箱,求最多只有 1 箱未通过验收的概率.

解 设事件 B 表示"产品通过验收",A_i 表示"箱中有 i 件次品",$i = 0, 1, 2$. 易见 A_0, A_1, A_2 是一完备事件组,且

$$P(A_i) = \frac{1}{3}, \quad P(B|A_i) = \frac{10-i}{10}, \quad i = 0, 1, 2.$$

(1) 根据全概率公式,

$$P(B) = \sum_{i=0}^{2} P(A_i) P(B|A_i) = \frac{1}{3}\left(1 + \frac{9}{10} + \frac{8}{10}\right) = \frac{9}{10}.$$

(2) 应用贝叶斯公式,

$$P(A_0|B) = \frac{P(A_0)P(B|A_0)}{P(B)} = \frac{1/3}{9/10} = \frac{10}{27}.$$

(3) 在(1)中我们已计算出每箱产品通过验收的概率 $P(B) = 0.9$,$P(\bar{B}) = 0.1$. 设事件 $B_i = $ "4 箱中有 i 箱未通过验收",$i = 0, 1, 2, 4$. 由于每箱产品是否通过验收互不影响,且每箱通过验收的概率都是 0.9,因此这是一个 4 重伯努利概型的计算问题. 4 箱中最多只有 1 箱未通过验收的概率为

$$P(B_0 \cup B_1) = P(B_0) + P(B_1) = 0.9^4 + C_4^1 (0.1)(0.9)^3 = 0.9477$$

习 题 一

1. 写出下列事件的样本空间:

(1) 将一枚硬币抛掷一次;

(2) 将一枚硬币连续抛掷两次;

(3) 观察一条生产线在两次调整之间生产的合格品个数;

(4) 观察家用电器(如电视机、电冰箱等)的使用寿命.

2. 掷一颗骰子的试验,观察其出现的点数,事件 $A = $ "偶数点",$B = $

"奇数点"，C = "点数小于 5"，D = "小于 5 的偶数点"，讨论上述各事件间的关系．

3. 事件 A_i 表示某个生产单位"第 i 车间完成生产任务"，$i = 1,2,3$；B 表示"至少有两个车间完成生产任务"；C 表示"最多只有两个车间完成生产任务"．说明事件 $\bar{B}$ 及 $B - C$ 的含义，并且用 $A_i (i = 1,2,3)$ 表示出来．

4. 将一枚硬币连续抛掷 5 次，记事件 A_i 表示"第 i 次出现正面"，$i = 1,2,3,4,5$；B 表示"5 次中正面出现多于两次"，用文字叙述下列事件：$A = \bigcup_{i=1}^{5} A_i$；$\bar{A}$；$A_1 A_2 \cup A_1 A_3 \cup A_2 A_3$；$\bar{B}$．

5. 两个事件互不相容与两个事件对立的区别何在，举例说明．

6. 3 个事件 A、B、C 的积是不可能事件，即 $ABC = \Phi$，问这 3 个事件是否一定互不相容？画图说明．

7. 事件 A 与 B 相容，记 $C = AB$，$D = A \cup B$，$F = A - B$，说明事件 A、C、D、F 的关系．

8. 袋内装有 5 个白球，3 个黑球，从中一次任取两个，求取到的两个球颜色不同的概率．

9. 计算上题中取到的两个球中有黑球的概率．

10. 抛掷一枚硬币，连续 3 次，求既有正面又有反面出现的概率．

11. 10 把钥匙中有 3 把能打开一个门锁，今任取两把，求能打开门锁的概率．

12. 一副扑克牌有 52 张，不放回抽样，每次 1 张，连续抽取 4 张，计算下列事件的概率：

（1）4 张花色各异；

（2）4 张中只有两种花色．

13. 袋内装有 10 张卡片，其中有两张卡片上写有数字 5；3 张卡片上写有数字 2；5 张卡片上写有数字 1．从中一次取出 5 张卡片，求取出的 5 张卡片上数字总和超过 10 的概率．

14. 袋中有红、黄、黑色球各一个，每次任取一球，有放回地抽取 3 次，求下列事件的概率：

A = "3 次都是红球" △ "全红"，B = "全白"，C = "全黑"，D = "无红"，E = "无白"，F = "无黑"，G = "3 次颜色全相同"，H = "颜色全不相同"，I =

"颜色不全相同".

15. 一间宿舍内住有6位同学,求他们中有4个人的生日在同一个月份的概率.(假设人们的生日在任何一个月份的可能性都相同).

16. 假设从正方形区域 $\Omega = \{(x,y): 0 \leq x, y \leq 1\}$ 中随机地选择一点,求此点落在直线 $y = x$ 与曲线 $y = x^2$ 所围成的区域内的概率.

17. 事件 A 与 B 互不相容,计算 $P(\bar{A} \cup \bar{B})$.

18. 设事件 $B \supset A$,求证 $P(B) \geq P(A)$.

19. 已知 $P(A) = a$,$P(B) = b$,$ab \neq 0 (b > 0.3a)$,$P(A-B) = 0.7a$,求 $P(B \cup A)$,$P(B-A)$,$P(\bar{B} \cup \bar{A})$.

20. 50 个产品中有 46 个合格品与 4 个废品,从中一次抽取 3 个,计算取到废品的概率.

21. 已知事件 $B \supset A$,$P(A) = \ln b \neq 0$,$P(B) = \ln a$,求 a 的取值范围.

22. 设事件 A 与 B 的概率都大于 0,比较概率 $P(A)$,$P(AB)$,$P(A \cup B)$,$P(A) + P(B)$ 的大小(用不等号把它们连接起来).

23. 一个教室中有 100 名学生,求其中至少有一人的生日是在元旦的概率(设一年以 365 天计算).

24. 从 5 副不同的手套中任意取 4 只手套,求其中至少有两只手套配成一副的概率.

25. 某单位有 92% 的职工订阅报纸,93% 的人订阅杂志,在不订阅报纸的人中仍有 85% 的职工订阅杂志,从单位中任找一名职工求下列事件的概率:

(1)该职工至少订阅一种报纸或期刊;

(2)该职工不订阅杂志,但是订阅报纸.

26. 分析学生们的数学与外语两科考试成绩,抽查一名学生,记事件 A 表示数学成绩优秀,B 表示外语成绩优秀,若 $P(A) = P(B) = 0.4$,$P(AB) = 0.28$,求 $P(A|B)$,$P(B|A)$,$P(A \cup B)$.

27. 一间宿舍中有 4 位同学的眼镜都放在书架上,去上课时,每人任取一副眼镜,求每个人都没有拿到自己眼镜的概率.

28. 在 $1,2,\cdots,3000$ 这 3000 个数中任取一个数,设 A_m = "该数可以被 m 整除",$m = 2,3$,求概率 $P(A_2 A_3)$,$P(A_2 \cup A_3)$,$P(A_2 - A_3)$.

29. 某高校新生中,北京考生占 30%,京外其他各地考生占 70%,已知在北京学生中,以英语为第一外语的占 80%,而京外学生以英语为第一外语的占 95%,今从全校新生中任选一名学生,求该生以英语为第一外语的概率.

30. A 地为甲种疾病多发区,该地共有南、北、中 3 个行政小区,其人口比为 9∶7∶4,据统计资料,甲种疾病在该地 3 个小区内的发病率依次为 4‰,2‰,5‰,求 A 地的甲种疾病的发病率.

31. 一台机床有 1/3 的时间加工零件 A,其余时间加工零件 B,加工 A 时,停机的概率为 0.3,加工 B 时停机的概率为 0.4,求这台机床停机的概率.

32. 有编号为 Ⅰ、Ⅱ、Ⅲ 的 3 个口袋,其中 Ⅰ 号袋内装有两个 1 号球,1 个 2 号球与 1 个 3 号球,Ⅱ 号袋内装有两个 1 号球和 1 个 3 号球,Ⅲ 号袋内装有 3 个 1 号球与两个 2 号球,现在先从 Ⅰ 号袋内随机地抽取一个球,放入与球上号数相同的口袋中,第二次从该口袋中任取一个球,计算第二次取到几号球的概率最大,为什么?

33. 接 30 题,用一种检验方法,其效果是:对甲种疾病的漏查率为 5%(即一个甲种疾病患者,经此检验法未查出的概率为 5%);对无甲种疾病的人用此检验法误诊为甲种疾病患者的概率为 1%,在一次健康普查中,某人经此检验法查为患有甲种疾病,计算该人确实真患有此病的概率.

34. 甲、乙、丙 3 个机床加工一批同一种零件,其各机床加工的零件数量之比为 5∶3∶2,各机床所加工的零件合格率,依次为 94%,90%,95%,现在从加工好的整批零件中检查出 1 个废品,判断它不是甲机床加工的概率.

35. 某人外出可以乘坐飞机、火车、轮船、汽车 4 种交通工具,其概率分别为 5%,15%,30%,50%,乘坐这几种交通工具能如期到达的概率依次为 100%,70%,60% 与 90%,已知该旅行者误期到达,求他是乘坐火车的概率.

36. 接 32 题,若第二次取到的是 1 号球,计算它恰好取自 Ⅰ 号袋的概率.

37. 一箱产品 100 件,其次品个数从 0 到 2 是等可能的,开箱检验时,从中随机地抽取 10 件,如果发现有次品,则认为该箱产品不合要求而拒收,若已知该箱产品已通过验收,求其中确实没有次品的概率.

38. 设 A、B 是两个随机事件. $0 < P(A) < 1$,$0 < P(B) < 1$,$P(A|B) + P(\bar{A}|\bar{B}) = 1$. 求证 $P(AB) = P(A)P(B)$.

39. 设 A 与 B 独立,$P(A) = 0.4$,$P(A \cup B) = 0.7$,求概率 $P(B)$.

40. 设事件 A 与 B 的概率都大于 0,如果 A 与 B 独立,问它们是否互不相容,为什么?

41. 某种电子元件的寿命在1000小时以上的概率为0.8,求3个这种元件使用1000小时后,最多只坏了1个的概率.

42. 加工某种零件,需经过三道工序,假定第一、二、三道工序的废品率分别为0.3,0.2,0.2,并且任何一道工序是否出废品与其他各道工序无关,求零件的合格率.

43. 某单位电话总机的占线率为0.4,其中某车间分机的占线率为0.3,假定二者独立,现在从外部打电话给该车间,求一次能打通的概率;第二次才能打通的概率以及第m次才能打通的概率(m为任何正整数).

44. 甲、乙、丙三人进行投篮练习,每人一次,如果他们的命中率分别为0.8,0.7,0.6,计算下列事件的概率:

(1) 只有一人投中;

(2) 最多有一人投中;

(3) 最少有一人投中.

45. 甲、乙二人轮流投篮,甲先开始,假定他们的命中率分别为0.4及0.5,问谁先投中的概率较大,为什么?

46. 假设某种产品的合格率为60%,抽查10件,求至少有两件合格品的概率.

47. 不断进行独立重复试验,假设每次试验的成功率为p,求直到进行了第n次试验才取得m次($1 \leq m \leq n$)成功的概率.

48. 进行4次重复独立试验,每次试验中事件A发生的概率为0.3,如果事件A不发生,则事件B也不发生;如果事件A发生1次,则事件B发生的概率为0.4;如果事件A发生2次,则事件B发生的概率为0.6;如果事件A发生2次以上,则事件B一定发生.求事件B发生的概率.

*49. 设一条自动生产线连续生产n件产品不出故障的概率为

$$p_n = \frac{\lambda^n}{n!} e^{-\lambda}, \quad n = 0, 1, 2, \cdots$$

其中$\lambda = 0$.假定产品的合格率为$p(0 < p < 1)$,且各件产品是否合格互不影响,求生产线在两次故障之间共生产k件合格品的概率.

第二章 随机变量的分布和数字特征

§2.1 随机变量及其分布

一、随机变量的概念

前面一章建立了随机事件及其概率的概念．我们发现有些试验的结果，直接表现为数量．比如，在抽样检验产品中，出现废品的个数；在供电问题中，人们关心的是在某段时间内，同时工作的车床数目；射击时弹着点与目标的距离；某种消耗性产品的使用寿命以及掷骰子出现的点数等等；而也有一些试验的结果，尽管没有直接表现为数量，但是我们也可以用数量表示．比如，一次试验中，试验成功记为 1，试验失败记为 0；产品检验中，优质品记为 2，次品记为 1，废品记为 0 等等．由此可见，对于任何一个试验的各种基本结果，都可以用数量与之相对应．

尽管由于随机因素的作用，试验的结果有多种可能性，但是对于试验的每一个结果 ω，都可以用一个实数 $X(\omega)$ 来表征：试验的结果不同，$X(\omega)$ 可能取不同值，因而是一个变量，故 $X(\omega)$ 是试验结果的函数．我们称这种取值依赖于某个随机试验的结果，并由试验结果完全确定的变量 $X(\omega)$ 为**随机变量**，简记为 X．通常用 X、Y、Z 或 ξ、η、ζ 等表示随机变量．

随机变量作为样本点的函数，有两个基本特点，一是变异性：对于不同的试验结果，它可能取不同的值，因此是变量而不是常量；二是随机性：由于试验中究竟出现哪种结果是随机的，因此该变量究竟取何值是在试验之前事先无法确定的．直观上，随机变量就是取值具有随机性的变量．

例 2.1 一批产品的次品率是 15%，从中随机地抽取一个产品进行检验，正品记为0，次品记为1，抽取结果可以用一个随机变量 X 来描述．显然，X 可以取 0 或 1 两个实数值，并且它究竟取何值，事先无法确定，因此是随机变量．与 X 相联系的两个事件"$X=0$"及"$X=1$"，其概率分别为：

$$P\{X=0\}=0.85 \quad P\{X=1\}=0.15$$

例 2.2 在一组条件下，重复进行某项试验，直到首次成功为止，则试验次数是一个随机变量，若记为 X，它可以取一切正整数值，并且"$X=1$"，"$X=2$"，…，"$X=n$"，…都是随机事件．如，接连不断地射击，直到命中目标为止，X 表示射击的次数；一件一件地检验自动生产线生产的产品，直到发现不合格为止，X 表示所检验的产品件数……

例 2.3 一个公共汽车站，每隔 5 分钟有一辆汽车通过．一位乘客不知道汽车通过该站的时间，他在一个随机的时刻到达该站，那么该乘客的候车时间 X 是一个随机变量，显然 X 可以取 0 到 5 之间的任何一个实数值，"$X \geq 2$"，"$X \leq \sqrt{6}$"等等都是随机事件．

随机变量按其取值情况分为两大类：离散型和非离散型．离散型随机变量的所有可能值为有限个或至多为无穷可列个；非离散型随机变量的情况比较复杂，它的所有可能取值不能够一一列举出来．其中的一种对于实际应用最重要，称为连续型随机变量，其值域为一个或若干个有限或无限区间．今后我们主要研究离散型和连续型两种随机变量．

二、离散型随机变量的概率分布

定义 2.1 如果随机变量 X 只可能取有限个或至多可列个值，则称 X 为**离散型随机变量**．

定义 2.2 设 X 为离散型随机变量，它的一切可能取值为 $x_1, x_2, \cdots, x_n, \cdots$，记

$$p_n = P\{X = x_n\}, \quad n = 1, 2 \cdots \tag{2.1}$$

称（2.1）式为 X 的**概率函数**，又称为 X 的**概率分布**，简称**分布**．

为了直观，有时也将一个离散型随机变量的分布用一个表来表示（见表 2.1）．

表 2.1 离散型随机变量概率分布表

X	x_1	x_2	$\cdots$	x_n	$\cdots$
p	p_1	p_2	$\cdots$	p_n	$\cdots$

在这里,事件"$X=x_1$","$X=x_2$",$\cdots$,"$X=x_n$",$\cdots$构成一个完备事件组. 因此,离散型随机变量 X 的概率函数(2.1)式具有下面两条基本性质:

(1) $p_n \geq 0 \quad n=1,2,\cdots$ \hfill (2.2)

(2) $\sum_n p_n = 1$ \hfill (2.3)

凡满足(2.2)及(2.3)式的任意一组数 $\{p_n, n=1,2,\cdots\}$,都可以成为一个离散型随机变量的概率函数,我们称它为**离散型概率函数**,对于集合 $\{x_n, n=1,2,\cdots\}$ 中的任何一个子集 A,事件"X 在 A 中取值"即"$X \in A$"的概率为

$$P\{X \in A\} = \sum_{x_n \in A} p_n \tag{2.4}$$

例 2.4 列出例 2.1 中的随机变量 X 的概率分布表.

解 由例 2.1 可知,X 的概率分布如表 2.2 所示.

表 2.2

X	0	1
p	0.85	0.15

一般地,只取 x_1 与 x_2 两个可能值的随机变量,其概率函数为

$$\begin{aligned} P\{X=x_1\} &= p \quad (0<p<1) \\ P\{X=x_2\} &= 1-p \triangleq q \quad (0<p<1) \end{aligned} \tag{2.5}$$

称作**两点分布**. 特别地,如果 $x_1=0$,$x_2=1$,则得

$$\begin{aligned} P\{X=1\} &= p \\ P\{X=0\} &= q \end{aligned} \tag{2.6}$$

这时称 X 服从参数为 p 的 **0-1 分布**,它是离散型随机变量分布中最简单的一种. 0-1 分布的随机变量用来描述只有两种对立结果的试验,这类试验称为**伯努利试验**. 习惯上,把伯努利试验中的一种结果称作"成功",另一种结果称作"失败". 若用 X 表示一次伯努利试验中成功的次数,它有两个可能值 0 和 1,则 X 服从 0-1 分布,参数 p 是试验成功的概率. 例如,抛掷一枚硬币的试验,对新生儿男、女性别的观察,检验一个产品的合格与否等等都可以用 0-1 分布的随机变量描述.

例2.5 对于掷一颗骰子的试验，以 X 表示出现的点数，写出随机变量 X 的概率函数．

解 X 有 $1,2,3,4,5,6$ 等 6 个可能值．由于骰子是由均匀材料制成的正六面体，因此每个点数出现的机会都相同，即有

$$P\{X=n\} = \frac{1}{6} \quad (n=1,2,3,4,5,6)$$

例2.6 袋内有 5 张卡片，其中标有数字 1 的卡片有 1 张，标有数字 2 及数字 3 的卡片各有两张．从袋中一次随机地抽取 3 张，用 X 表示取到的 3 张卡片上的最大数字，求随机变量 X 的概率函数．

解 X 只能取 2 和 3 两个值，由古典概型公式，有

$$P\{X=2\} = \frac{1}{C_5^3} = 0.1$$

$$P\{X=3\} = \frac{C_2^1 C_3^2 + C_2^2 C_3^1}{C_5^3} = 0.9$$

或者

$$P\{X=3\} = 1 - P\{X=2\} = 0.9$$

例2.7 袋中有标号为 $1,2,3,4$ 的球若干个，从中任取一个，假设取到各个球的概率与球上的号码成反比，求取到的球上号码 X 这个随机变量的概率分布．

解 X 可以取 $1,2,3,4$ 共 4 个值，依题意，

$$P\{X=n\} = p_n = \frac{\lambda}{n} \quad n=1,2,3,4$$

其中 λ 是大于 0 的待定常数，由(2.3)式，有

$$\sum_{n=1}^{4} p_n = \lambda + \frac{\lambda}{2} + \frac{\lambda}{3} + \frac{\lambda}{4} = 1$$

即

$$\frac{25\lambda}{12} = 1 \quad \lambda = \frac{12}{25}$$

把 $\lambda = \frac{12}{25}$ 代入 p_n，得到 X 的概率分布，见表 2.3．

表 2.3

X	1	2	3	4
p	$\dfrac{12}{25}$	$\dfrac{6}{25}$	$\dfrac{4}{25}$	$\dfrac{3}{25}$

例 2.8 袋内有 5 个黑球，3 个白球，每次抽取 1 个，不放回，直到取得黑球为止．记 X 为取到白球的数目，求随机变量 X 的概率分布．

解 X 可以取 $0,1,2,3$ 等共 4 个值，事件"$X=0$"表示没有取到白球，即第 1 次就取到了黑球，其概率为 $5/8$，而"$X=1$"表示在取到黑球之前取到一个白球，即总共抽取两次，第 1 次取到白球，第 2 次取到黑球，其概率 $P\{X=1\}=\dfrac{3}{8}\times\dfrac{5}{7}=\dfrac{15}{56}$．类似地，可以计算出各有关概率值，其概率分布见表 2.4．

表 2.4

X	0	1	2	3
p	$\dfrac{5}{8}$	$\dfrac{15}{56}$	$\dfrac{5}{56}$	$\dfrac{1}{56}$

若用 Y 表示该例中的抽取次数，请读者自己求出随机变量 Y 的概率分布．

例 2.9 假定一个试验成功的概率为 p $(0<p<1)$，不断进行重复试验，直至首次成功为止，用随机变量 X 表示试验的次数，求 X 的分布．

解 X 可以取一切正整数值，事件"$X=1$"表示仅试验一次就停止了试验，即第一次试验就取得成功，其概率为 p，当 $n>1$ 时，事件"$X=n$"表示一共进行 n 次重复试验，前 $n-1$ 次均失败，第 n 次试验才首次取得成功，由于重复试验中，各次试验的结果是相互独立的，因此"$X=n$"的概率为 pq^{n-1} ($q=1-p$)，于是 X 的概率函数为

$$P\{X=n\}=pq^{n-1} \quad n=1,2,\cdots \tag{2.7}$$

由于 (2.7) 中的概率 $P\{X=n\}$，$n=1,2,\cdots$，恰好是一个几何数列，因此称 (2.7) 式是参数为 p 的**几何分布**．

三、连续型随机变量的概率密度

前面提到,连续型随机变量的取值充满一个或若干个有限或无限区间,甚至是整个数轴. 比如本节开始的例 2.3, X 可以取区间 $[0,5]$ 上的任何一个值,"$0 \leq X \leq 5$"为必然事件,其概率 $P\{0 \leq X \leq 5\} = 1$. 正如在几何中无法通过点的"长度"来度量线段的长度一样,对于连续型随机变量,也不能通过它取个别值的概率,来度量与其相联系的事件"在某个值域内取值"的概率. 因此,我们直接考察它在其值域各部分取值的概率.

定义 2.3 对于随机变量 X,如果存在一个非负可积函数 $f(x)$,$-\infty < x < +\infty$,使对于任意两个实数 a,$b(a<b)$ 都有

$$P\{a < X < b\} = \int_a^b f(x)\,\mathrm{d}x \tag{2.8}$$

则称 X 为**连续型随机变量**,称 $f(x)$ 为 X 的**概率分布密度函数**,简称**概率密度**或**分布密度**,简记为 $X \sim f(x)$.

X 的概率密度 $f(x)$ 具有下面两条基本性质:

(1) $f(x) \geq 0$,对任何 $x \in (-\infty, +\infty)$ \hfill (2.9)

(2) $\int_{-\infty}^{+\infty} f(x)\,\mathrm{d}x = 1$ \hfill (2.10)

凡满足 (2.9) 及 (2.10) 的函数 $f(x)$,均可以做概率密度函数.

从定义 2.3 可见,对于任何实数 c,$P\{X = c\} = 0$,由于一个连续型随机变量 X 取任何一个数值的概率都是 0,因此当讨论连续型随机变量 X 在某个区间上的取值情况时,由于该区间是否包含端点不影响其概率的值,这时对区间的开与闭不仔细区分. 而对于离散型随机变量,在考虑它在一个区间上取值时,不能忽略端点的有无.

例 2.10 设连续型随机变量 X 的概率密度为

$$f(x) = \begin{cases} \lambda, & 0 \leq x \leq 5, \\ 0, & \text{其他}, \end{cases}$$

求 λ 的值并计算概率 $P\{X \geq 2\}$ 与 $P\{X \leq \sqrt{6}\}$.

解 由概率密度的基本性质 (2.10) 式可得

$$1 = \int_{-\infty}^{+\infty} f(x) dx = \int_0^5 \lambda dx = 5\lambda,$$

解得 $\lambda = 1/5$；

$$P\{X \geq 2\} = \int_2^{+\infty} f(x) dx = \int_2^5 \frac{1}{5} dx = \frac{3}{5};$$

$$P\{X \leq \sqrt{6}\} = \int_{-\infty}^{\sqrt{6}} f(x) dx = \int_0^{\sqrt{6}} \frac{1}{5} dx = \frac{\sqrt{6}}{5}.$$

例 2.11 已知连续型随机变量 X 的概率密度为

$$f(x) = \begin{cases} ax + b & 0 \leq x \leq 2, \\ 0, & 其他. \end{cases}$$

又知 $P\{1 \leq X \leq 3\} = 0.25$，试确定 a，b 的值并计算概率 $P\{X > 1.5\}$ 与条件概率 $P\{X > 1.5 \mid 1 \leq X \leq 2\}$.

解 根据 (2.10) 式有

$$\int_{-\infty}^{+\infty} f(x) dx = \int_0^2 (ax + b) dx = 2a + 2b = 1.$$

根据题设条件有

$$P\{1 \leq X \leq 3\} = \int_1^3 f(x) dx = \int_1^2 (ax + b) dx = 1.5a + b = 0.25.$$

解以 a、b 为未知量的方程组

$$\begin{cases} 2a + 2b = 1, \\ 1.5a + b = 0.25, \end{cases}$$

得出 $a = -0.5$，$b = 1$，将其代入 $f(x)$，有

$$f(x) = \begin{cases} -0.5x + 1, & 0 \leq x \leq 2, \\ 0, & 其他, \end{cases}$$

$$P\{X > 1.5\} = \int_{1.5}^{+\infty} f(x) dx = \int_{1.5}^2 (-0.5x + 1) dx = 0.0625,$$

$$P\{1 \leq X \leq 2\} = \int_1^2 (-0.5x + 1) dx = 0.25,$$

$$P\{X > 1.5 \mid 1 \leq X \leq 2\} = \frac{P\{X > 1.5, 1 \leq X \leq 2\}}{P\{1 \leq X \leq 2\}} = \frac{P\{1.5 \leq X \leq 2\}}{P\{1 \leq X \leq 2\}}$$

$$= \frac{P\{X \geq 1.5\}}{P\{1 \leq X \leq 2\}} = \frac{0.0625}{0.25} = 0.25.$$

例 2.12 已知连续型随机变量 X 的概率密度为

$$f(x) = \begin{cases} \lambda e^{-2x} & x \geq 0 \\ 0 & x < 0 \end{cases}$$

确定常数 λ，并计算 $P\{X>2\}$，$P\{X>a^2+2 \mid X>a^2\}$ (a 为任意实数).

解 由概率密度的性质(2.10)式，有

$$\int_{-\infty}^{\infty} f(x)\,\mathrm{d}x = \int_{0}^{\infty} \lambda e^{-2x}\,\mathrm{d}x = \frac{\lambda}{2} = 1$$

从而 $\lambda = 2$.

$$P\{x>2\} = \int_{2}^{\infty} f(x)\,\mathrm{d}x = \int_{2}^{\infty} 2e^{-2x}\,\mathrm{d}x = e^{-4}$$

由于两个事件 $\{X>a^2\} \supset \{X>a^2+2\}$，可见概率 $P\{X>a^2, X>a^2+2\} = P\{X>a^2+2\}$，因此

$$P\{X>a^2+2 \mid X>a^2\} = \frac{P\{X>a^2, X>a^2+2\}}{P\{X>a^2\}}$$

$$= \frac{P\{X>a^2+2\}}{P\{X>a^2\}}$$

$$= \frac{\int_{a^2+2}^{\infty} 2e^{-2x}\,\mathrm{d}x}{\int_{a^2}^{\infty} 2e^{-2x}\,\mathrm{d}x}$$

$$= \frac{e^{-2(a^2+2)}}{e^{-2a^2}} = e^{-4}$$

例2.13 设连续型随机变量 X 的概率密度为

$$f(x) = \begin{cases} \sin x, & 0 \leq x \leq a, \\ 0, & \text{其他}. \end{cases}$$

确定常数 a.

解 由概率密度性质(2.10)式，有

$$\int_{-\infty}^{\infty} f(x)\,\mathrm{d}x = \int_{0}^{a} \sin x\,\mathrm{d}x = -\cos x \Big|_{0}^{a} = 1 - \cos a = 1$$

即 $\cos a = 0$，因此

$$a = m\pi + \frac{\pi}{2}, \quad m = 0, \pm 1, \pm 2, \ldots$$

如果 $m<0$，则 $a = m\pi + \frac{\pi}{2} < 0$ 与 $0 \leq x \leq a$ 相矛盾；

如果 $m>0$，则 $a>\pi$，不能保证在 $0 \leqslant x \leqslant a$ 上 $\sin x \geqslant 0$，与概率密度的非负性质(2.9)式相矛盾．

因此 $m=0$，即 $a=\dfrac{\pi}{2}$ 为所求．

四、随机变量的分布函数

离散型随机变量由其一切可能值和它取各个值的概率来描述，连续型随机变量由概率密度函数来描述．离散型和连续型，是实际中最重要的两类随机变量．但是除这两类随机变量外，还存在既不是离散型也不是连续型的随机变量．分布函数是概率论中重要的研究工具，它可以用于描述包括离散型和连续型在内的一切类型的随机变量．

定义 2.4 设 X 是任意一个随机变量，称函数
$$F(x)=P\{X\leqslant x\},\quad -\infty<x<+\infty \tag{2.11}$$
为随机变量 X 的**分布函数**[*)]．

$F(x)$ 具有下列性质(证明已超出本书范围，略)：

1. $0 \leqslant F(x) \leqslant 1 \quad(-\infty<x<+\infty)$；
2. $F(x)$ 是 x 的单调不减函数；
3. $F(-\infty)=\lim\limits_{x\to-\infty}F(x)=0$，
   $F(+\infty)=\lim\limits_{x\to+\infty}F(x)=1$；
4. $F(x)$ 至多有可列个间断点，并且在其间断点处也是右连续的，即对于任何实数 x，
   $$F(x+0)=F(x)$$

如果随机变量 X 的分布函数已知，则 X 取各种值的概率可以很方便地计算，比如：
$$P\{a<X\leqslant b\}=F(b)-F(a) \tag{2.12}$$
$$P\{X>a\}=1-P\{X\leqslant a\}=1-F(a)$$

[*)] 有的书上分布函数定义为：
$F(x)=P\{X<x\}$

$$P\{X=a\} = F(a) - F(a-0)$$

例 2.14 设随机变量 X 只取一个值 c，即

$$P\{X=c\} = 1 \qquad (2.13)$$

求 X 的分布函数 $F(x)$.

解 依题意，

$$F(x) = \begin{cases} 0 & x < c \\ 1 & x \geq c \end{cases}$$

$F(x)$ 的图形见图 2-1.

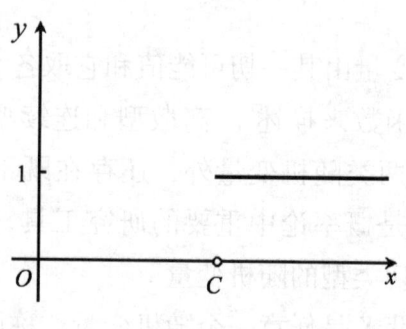

图 2-1

显然，X 不再是随机的，为了方便把它作为随机变量的退化情况，称 (2.13) 式为**退化分布**.

例 2.15 设 X 服从参数为 p $(0 < p < 1)$ 的 0-1 分布，求 X 的分布函数，并画出 $F(x)$ 的图形.

解 依题意 $P\{X=0\} = 1-p$， $P\{X=1\} = p$，因此

当 $x < 0$ 时， $F(x) = P\{X \leq x\} = 0$；

当 $0 \leq x < 1$ 时， $F(x) = P\{X < 0\} + P\{X=0\} + P\{0 < X \leq x\}$
$$= 0 + 1 - p + 0 = 1 - p;$$

当 $x \geq 1$ 时，$F(x) = P\{X < 0\} + P\{X=0\} + P\{0 < X < 1\} + P\{X=1\}$
$$+ P\{1 < X \leq x\}$$
$$= 0 + 1 - p + 0 + p + 0 = 1$$

于是 X 的分布函数为

$$F(x) = \begin{cases} 0, & x < 0, \\ 1-p, & 0 \leq x < 1, \\ 1, & x \geq 1. \end{cases}$$

图 2-2 是 $F(x)$ 的图形.

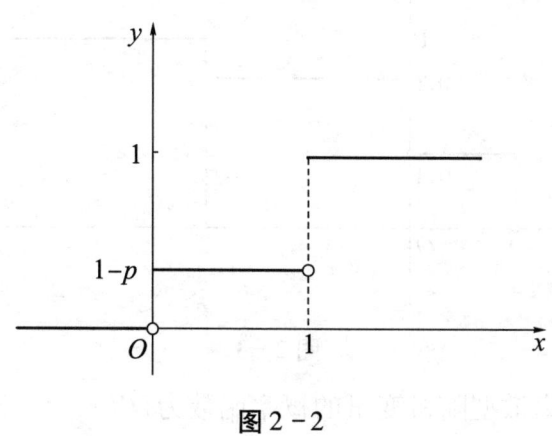

图 2-2

例 2.16 设 X 的概率分布由表 2.5 给出，写出 X 的分布函数并画出相应的分布函数图．

表 2.5

X	-1	0	2
p	0.4	0.4	0.2

解 当 $x < -1$ 时，$F(x) = P\{X \leqslant x\} = 0$；

当 $-1 \leqslant X < 0$ 时，$F(x) = P\{X \leqslant x\} = P\{X < -1\} + P\{X = -1\} + P\{-1 < X \leqslant x\}$
$= 0 + 0.4 + 0 = 0.4$；

类似地我们可以得出：当 $0 \leqslant X < 2$ 时，$F(x) = 0.4 + 0.4 = 0.8$；

当 $x \geqslant 2$ 时，$F(x) = 0.4 + 0.4 + 0.2 = 1$．于是 X 的分布函数为

$$F(x) = \begin{cases} 0, & x < -1, \\ 0.4, & -1 \leqslant x < 0, \\ 0.8, & 0 \leqslant x < 2, \\ 1, & x \geqslant 2. \end{cases}$$

分布函数图形见图 2-3．

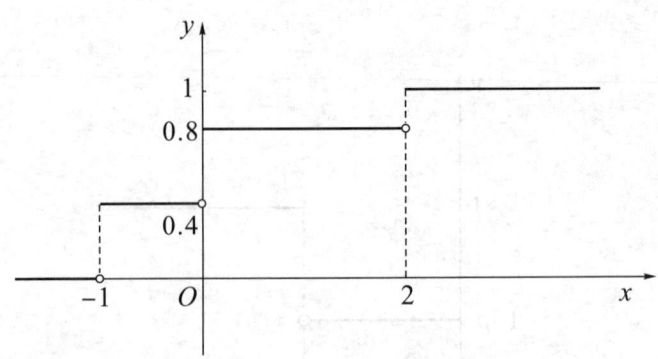

图 2-3

一般地，如果离散型随机变量的概率函数为 $\{P(x_i)\}$，则其分布函数为

$$F(x) = P\{X \leq x\} = P(\bigcup_{i:x_i \leq x} \{X = x_i\}) = \sum_{i:x_i \leq x} P\{X = x_i\} = \sum_{i:x_i \leq x} P(x_i). \quad (2.14)$$

按照 (2.14) 式画出的分布函数 $F(x)$ 的图形 (见图 2-4) 呈阶梯状，在 X 取正概率的点 x_i 处发生跳跃，其跃度为 X 在该点 x_i 取值的概率 $P(x_i)$，$i = 1, 2, \cdots$。反之，如果一个随机变量 X 的分布函数的图形呈阶梯状，则它一定是一个离散型随机变量，且 X 在每一个跳跃点 x_i 处具有正概率，其概率值恰好为其跳跃高度，显然一个分布函数最多只有可列个不连续的间断点。比如若已知 X 的分布函数为

$$F(x) = \begin{cases} 0, & x < -1, \\ 0.1, & -1 \leq x < 0, \\ 0.4, & 0 \leq x < 2, \\ 0.6, & 2 \leq x < 3.5, \\ 1, & x \geq 3.5. \end{cases}$$

我们可以判断 X 是一个离散型随机变量，其概率分布可以用表 2.6 表示。

表 2.6

X	-1	0	2	3.5
p	0.1	0.3	0.2	0.4

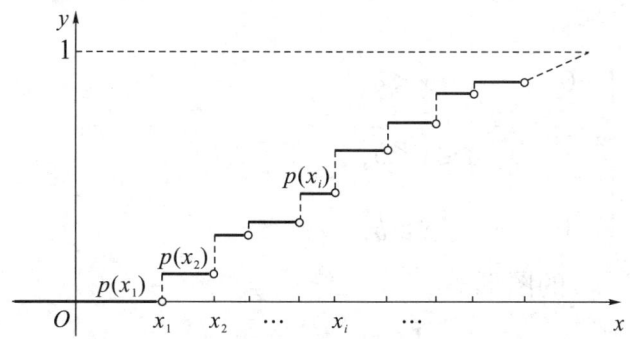

图 2-4 离散型随机变量分布函数的图形

对于连续型随机变量 X，如果概率密度为 $f(x)$，则由(2.11)式及(2.8)式可知，对任何实数 x，有

$$F(x) = P\{X \leq x\} = \int_{-\infty}^{x} f(t)\,dt \tag{2.15}$$

(2.15)式反映了连续型随机变量的分布函数与概率密度函数间的关系，有时也用(2.15)式作为连续型随机变量的定义. 事实上，它与(2.8)式是等价的. 从(2.15)式还可以看出，连续型随机变量的分布函数 $F(x)$ 是 $(-\infty, +\infty)$ 上的连续函数，对于任何实数 x，有 $P\{X = x\} = F(x) - F(x-0) = 0$.

由(2.15)式还可以得到，在 $f(x)$ 的连续点 x 处有：

$$f(x) = F'(x) \tag{2.16}$$

例 2.17 已知 X 的概率密度为

$$f(x) = \begin{cases} \dfrac{1}{b-a}, & a \leq x \leq b, \\ 0, & \text{其他}. \end{cases}$$

求 X 的分布函数 $F(x)$.

解 由 (2.15) 式，可得

当 $x < a$ 时，$F(x) = \int_{-\infty}^{x} 0 \cdot dt = 0$

当 $a \leq x < b$ 时，

$$F(x) = \int_{-\infty}^{x} f(t)\,dt = \int_{a}^{x} \frac{1}{b-a} dt = \frac{x-a}{b-a}$$

当 $x \geq b$ 时，$F(x) = \int_{a}^{b} f(t)\,dt = 1$

因此,

$$F(x) = \begin{cases} 0 & x < a, \\ \dfrac{x-a}{b-a} & a \leq x < b, \\ 1 & x \geq b, \end{cases}$$

图2-5为$F(x)$的图形.

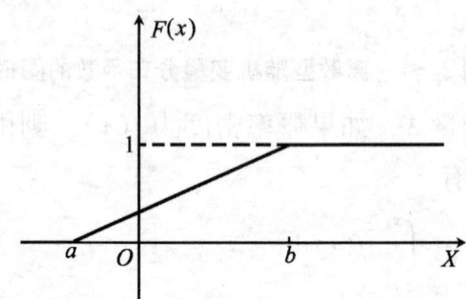

图2-5

例2.18 已知随机变量$X \sim f(x)$,

$$f(x) = \begin{cases} \dfrac{A}{\sqrt{x}}, & 0 < x < 1, \\ 0, & 其他. \end{cases}$$

确定系数A并求出X的分布函数$F(x)$.

解 由概率密度的性质(2.10)式,有

$$\int_0^1 \frac{A}{\sqrt{x}} dx = 2A = 1$$

得到$A = \dfrac{1}{2}$.

当$x \leq 0$时,$F(x) = 0$

当$0 < x < 1$时,

$$F(x) = \int_0^x \frac{1}{2\sqrt{t}} dt = \sqrt{x}$$

当$x \geq 1$时,$F(x) = \int_0^1 f(x) dt = 1$

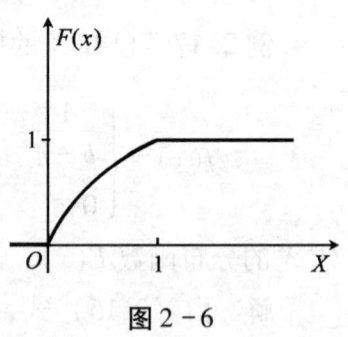

图2-6

因此

$$F(x) = \begin{cases} 0 & x < 0, \\ \sqrt{x} & 0 \leqslant x < 1, \\ 1 & x \geqslant 1. \end{cases}$$

$F(x)$ 的图形见图 2-6.

例 2.19　已知连续型随机变量 X 的分布函数为

$$F(x) = A + B\arctan x$$

确定系数 A 与 B，求 X 的概率密度 $f(x)$.

解　由分布函数性质 3，有

$$F(-\infty) = A - \frac{\pi}{2}B = 0, \quad F(+\infty) = A + \frac{\pi}{2}B = 1$$

解方程组，可得：$A = \dfrac{1}{2}$，$B = \dfrac{1}{\pi}$.

由 (2.16) 式，有

$$f(x) = F'(x) = \frac{1}{\pi(1+x^2)}$$

称具有上述分布的随机变量为服从**柯西分布**.

§2.2　常用的离散型分布

这一节集中介绍几种常用的离散型概率分布，下一节介绍常用的连续型分布. 每一种分布，描绘一类随机现象，前面提到的 0-1 分布，是常见离散型分布中最简单的一种，它描绘只有两种对立结果的随机试验. 这一节将要介绍的二项分布、超几何分布和泊松分布，是最重要的离散型概率分布，它们之间有着密切而深刻的内在联系.

一、二项分布

例 2.20　一批产品的合格率为 0.9，重复抽取（取出的每件产品在下次抽取前放回）3 件：每次 1 件，连续 3 次. 求 3 次中取到的合格品件数 X 的概率分布.

解 随机变量 X 可以取 0，1，2，3 共 4 个值，事件"$X=0$"表示 3 次均未取到合格品，由于是重复抽取，各次抽取结果不受其他次抽取情况的影响，即各次抽取结果是相互独立的，$P\{X=0\}=0.1^3=0.001$. 类似地，$P\{X=3\}=0.9^3=0.729$，事件"$X=1$"表示"3 次中只有 1 次取到合格品"，而 3 次中的任意一次取到合格品，另两次未取到合格品的概率都是 $0.9\times 0.1^2=0.009$，"$X=1$"是所有 C_3^1 个这样的互不相容事件的和，由概率的可加性，$P\{X=1\}=C_3^1\times 0.9\times 0.1^2=0.027$. 类似地，$P\{X=2\}=C_3^2\times 0.9^2\times 0.1=0.243$，表 2.7 为 X 的概率分布.

表 2.7

X	0	1	2	3
p	0.001	0.027	0.243	0.729

一般地，如果在一次试验中成功的概率为 $p(0<p<1)$，重复进行 n 次伯努利试验，(称为 n 重伯努利试验)，成功的次数 X 为一个随机变量，它可以取 $0,1,2,\cdots,n$ 共 $n+1$ 个值. 事件"$X=0$"表示 n 次试验都失败，由于试验是重复进行，任何一次试验的成功率(或失败率)都不受其他各次试验成、败的影响，即每次试验的成功率都相同. 因此，$P\{X=0\}=q^n$. 事件"$X=1$"为 n 个互不相容事件的和，其中每一个事件都表示某一次试验成功，其余 $n-1$ 次试验失败，每个这样事件的概率为 pq^{n-1}. 因此，$P\{X=1\}=C_n^1pq^{n-1}$. 对于 $0\leq m\leq n$，事件"$X=m$"为 n 次试验中有 m 次成功，$n-m$ 次失败，它是 C_n^m 个互不相容事件的和，每一个事件都是 n 次试验中某 m 次成功，其余 $n-m$ 次失败，其概率为 p^mq^{n-m}. 由概率的可加性，$P\{X=m\}=C_n^mp^mq^{n-m}$. 一般，在 n 重伯努利试验中，某事件 A 发生的次数 X 的分布，称为二项分布.

定义 2.5 如果随机变量 X 的概率分布为

$$P\{X=m\}=C_n^m p^m q^{n-m} \qquad m=0,1,\cdots,n \qquad (2.17)$$

其中 $0<p<1$，$q=1-p$，则称 X 服从参数为 n，p 的**二项分布**. 记为 $X\sim B(n,p)$.

显然 $p_m>0$，利用二项式展开公式容易验证：

$$\sum_{m=0}^n p_m = \sum_{m=0}^n C_n^m p^m q^{n-m} = (p+q)^n = 1$$

例 2.21 某人投篮的命中率为 0.8，若连续投篮 5 次，求最多投中 2 次的概率.

解 设 X 为 5 次中投中的次数,显然 X 是随机变量,且 $X \sim B(5, 0.8)$,由 (2.14) 式及 (2.17) 式,有

$$P\{X \leq 2\} = F(2) = \sum_{m=0}^{2} P\{X = m\}$$
$$= 0.2^5 + C_5^1 \times 0.8 \times 0.2^4 + C_5^2 \times 0.8^2 \times 0.2^3 = 0.05792$$

关于二项分布概率的计算,书后附表 1 给出了分布函数表. 对于较小的 n,p,可以直接查表得到 $F(x)$ 的值,如果 p 较大,利用下面定理先转化为 p 较小的二项分布再去查表计算(有些 p 的值表中没有列出).

定理 2.1 如果随机变量 $X \sim B(n,p)$,且 $Y = n - X$;则 $Y \sim B(n, q)$,其中 $q = 1 - p$.

证 对于 $m = 0, 1, \cdots n$,有

$$P\{Y = m\} = P\{n - X = m\} = P\{X = n - m\}$$
$$= C_n^{n-m} p^{n-m} q^m = C_n^m q^m p^{n-m}$$

由二项分布定义(2.17)式,得 $Y \sim B(n, q)$.

这个定理的换一种说法是,若 $X \sim B(n,p)$,$Y \sim B(n,q)$,$q = 1 - p$,则有

1. $P\{X = m\} = P\{Y = n - m\}$ (2.18)

2. $P\{X \leq m\} = P\{Y \geq n - m\}$ (2.19)

如果利用 (2.19) 式,上面例 2 中可以记 $Y = 5 - X$,则有 $Y \sim B(5, 0.2)$,且 $P\{X \leq 2\} = P\{Y \geq 3\} = 1 - P\{Y < 3\} = 1 - P\{Y \leq 2\}$,直接查附表 1,当 $n = 5$,$p = 0.2$ 时,$P\{Y \leq 2\} = 0.9421$,因此 $P\{X \leq 2\} = 0.0579$,与例 2.21 的计算结果完全一致.

例 2.22 某人射击的命中率为 0.8,今连续射击 30 次,计算命中率为 60% 的概率.

解 设 X 表示 30 次中命中目标的次数,它是一个随机变量,且 $X \sim B(30, 0.8)$,记 $Y = 30 - X$,由定理 2.1 知,$Y \sim B(30, 0.2)$. 并且有

$$P\left\{\frac{X}{30} = 0.6\right\} = P\{X = 18\} = P\{Y = 12\}$$
$$= P\{Y \leq 12\} - P\{Y \leq 11\}$$

= 0.9969 − 0.9905 = 0.0064

例2.23 计算机在进行加法运算时，每个加数按4舍5入取整数，假定X表示一个加数的取整误差，如果X的概率密度为

$$f(x) = \begin{cases} 1, & |x| \leq 0.5, \\ 0, & |x| > 0.5. \end{cases}$$

现有5个加数相加，计算它们中至少有3个加数的取整误差的绝对值不超过0.3的概率.

解 设随机变量Y表示5个加数中取整误差的绝对值不超过0.3的个数. 易见Y服从二项分布. 其中参数$n = 5$，$p = P\{|X| \leq 0.3\} = 0.6$. 即$Y \sim B(5, 0.6)$. 对于$p = 0.4$查二项分布表可得

$$P\{Y \geq 3\} = \sum_{m=3}^{5} C_5^m (0.6)^m (0.4)^{5-m} = P\{5 - Y \leq 2\} = 0.6826.$$

二、超几何分布

例2.24 一个袋内有10个球，其中6个红球，4个白球，采取不放回抽样，从中任取3个，设X为取到红球的个数，求X的概率分布.

解 X可以取0，1，2，3共4个值，由(1,1)式，有

$$P\{X = m\} = \frac{C_6^m C_4^{3-m}}{C_{10}^3} \qquad m = 0, 1, 2, 3$$

表2.8给出了计算结果. 一般地，如果有N个元素分为两大类，第一类有N_1个元素，第二类有N_2个元素（$N_1 + N_2 = N$），采取不重复抽取，从N个元素中取出n个不同元素，那么所取到的第一类元素个数X的分布称为超几何分布.

表2.8

X	0	1	2	3
p	$\frac{1}{30}$	$\frac{3}{10}$	$\frac{1}{2}$	$\frac{1}{6}$

定义2.6 对于给定的自然数n，N_1，N_2，其中$n \leq N_1 + N_2$，如果

$$P\{X = m\} = \frac{C_{N_1}^m C_{N_2}^{n-m}}{C_N^n} \qquad (m = 0, 1, \cdots, n) \qquad (2.20)$$

其中 $N = N_1 + N_2$，则称随机变量 X 服从**超几何分布**，称 n, N_1, N_2 为分布参数（$n < N_2$ 或 $n > N_1$ 时，X 取值另论）.

[**评注**] 当 $N_1 < n$ 时，X 的最大取值为 N_1；当 $N_2 < n$ 时，X 的最小取值为 $n - N_2$，但是由于组合公式中规定了当 $j > i$ 时，$C_i^j = 0$，因此无论 n 的大小如何，都与（2.20）式没有矛盾.

易见 $P\{X = m\} \geq 0$，且利用组合性质：$\sum_{m=0}^{n} C_{N_1}^m C_{N_2}^{n-m} = C_{N_1+N_2}^n$，可以证明

$$\sum_{m=0}^{n} P\{X = m\} = 1$$

超几何分布与二项分布有下列关系：

对于固定的 n，当 $N \to \infty$，$\dfrac{N_1}{N} \to p$ 时，有

$$P\{X = m\} = \frac{C_{N_1}^m C_{N_2}^{n-m}}{C_N^n} \to C_n^m p^m q^{n-m} \tag{2.21}$$

其中 $q = 1 - p$.

证 当 $N \to \infty$，$\dfrac{N_1}{N} \to p$ 时，

$$P\{X = m\} = \frac{C_{N_1}^m C_{N_2}^{n-m}}{C_N^n}$$

$$= \frac{N_1(N_1-1)\cdots[N_1-(m-1)]N_2(N_2-1)\cdots[N_2-(n-m-1)]n!}{N(N-1)\cdots[N-(n-1)]m!(n-m)!}$$

$$= \frac{n!}{m!(n-m)!}$$

$$\times \frac{N_1^m N_2^{n-m}\left(1 - \dfrac{1}{N_1}\right)\cdots\left(1 - \dfrac{m-1}{N_1}\right)\left(1 - \dfrac{1}{N_2}\right)\cdots\left(1 - \dfrac{n-m-1}{N_2}\right)}{N^n\left(1 - \dfrac{1}{N}\right)\left(1 - \dfrac{2}{N}\right)\cdots\left(1 - \dfrac{n-1}{N}\right)}$$

$$\to C_n^m p^m q^{n-m}$$

利用（2.21）式，当 N 很大，n 相对于 N 较小时，比如 $\dfrac{n}{N}$ 不超过 5%，则超几何分布可以用二项分布的公式近似计算.

例 2.25 一大批种子的发芽率为 90%，从中任取 10 粒，求播种后恰好有 8 粒发芽的概率.

解 设随机变量 X 为 10 粒中发芽的种子数目，它服从超几何分布，但是 N 很大，$n=10$ 相对于 N 很小，可按 X 近似服从二项分布 $B(10,0.9)$ 计算，即 $Y=10-X$ 近似服从二项分布 $B(10,0.1)$.

$$P\{X=8\}=P\{Y=2\}=P\{Y\leqslant 2\}-P\{Y\leqslant 1\}$$
$$=0.9298-0.7361=0.1937$$

例 2.26 一批产品 20 件，其中有 3 件优质品，从中一次抽取 4 件产品，被取到的优质品件数记为 X，求随机变量 X 的概率分布.

解 依题意，X 服从超几何分布，$N_1=3$，$N_2=7$，$n=4$，由 (2.20) 式可以计算 $P\{X=m\}$，$m=0,1,2,3$. 见表 2.9. 在这里，由于 $n>N_1$，因此 X 只能取 $0,1,\cdots,N_1$.

表 2.9

X	0	1	2	3
p	0.491	0.421	0.084	0.004

三、泊松分布(Poisson)

定义 2.7 如果随机变量 X 的概率函数为：

$$P\{X=m\}=\frac{\lambda^m}{m!}e^{-\lambda} \quad m=0,1,2,\cdots \tag{2.22}$$

其中 $\lambda>0$，则称 X 服从参数为 λ 的**泊松分布**.

显然 $P\{X=m\}>0$ 且利用函数 e^x 在 $x=0$ 处的幂级数展开式

$$e^x=1+x+\frac{x^2}{2!}+\cdots+\frac{x^n}{n!}+\cdots(-\infty<x<+\infty)$$

因此

$$\sum_{m=0}^{\infty}P\{X=m\}=\sum_{m=0}^{\infty}\frac{\lambda^m}{m!}e^{-\lambda}=e^{\lambda}\cdot e^{-\lambda}=1$$

泊松分布是应用最广的分布之一. 在实际中，很多"排队"问题都可以近似地用泊松分布来描绘. 如某段时间内交换台接到电话用户的呼叫次数，候车室内旅客人数，放射性分裂落到一个区域内的质点数目，纺纱机上的断头数…，都近似服从泊松分布. 另外，显微镜下，一个区域内的血球数目或微生物数目以及其他如各种事故、自然灾害、不常见病、不幸事件在一定时间内发生的次数等随机现象都可以用泊松分布描述.

泊松分布的方便之处在于，其概率的计算可以利用编好的泊松分布数值表（书后附表2）. 比如，参数为5的泊松分布变量X，从附表2可以直接查出：$P\{X=2\}=0.084224$，$P\{X=5\}=0.175467$，以及$P\{X=20\}=0$等等.

下面的泊松定理给出了二项分布与泊松分布的关系，同时给出了二项分布概率的近似计算公式. 限于篇幅，该定理证明略.

定理2.2（泊松定理） 在n重伯努利试验中，成功次数X服从二项分布，假设每次试验成功的概率为$p_n(0<p_n<1)$，并且$\lim\limits_{n\to\infty}np_n=\lambda>0$，则对于任何非负整数$m$，有

$$\lim_{n\to\infty}P\{X=m\}=\lim_{n\to\infty}C_n^m p_n^m(1-p_n)^{n-m}=\frac{\lambda^m}{m!}e^{-\lambda}$$

据此定理，对于成功率为p的n重伯努利试验，只要n充分大，而p充分小，则其成功次数X近似地服从参数$\lambda=np$的泊松分布. 即对于任何非负整数$m:0\leqslant m\leqslant n$，有

$$P\{X=m\}=C_n^m p^m(1-p)^{n-m}\approx\frac{(np)^m}{m!}e^{-np} \tag{2.23}$$

实际应用中，$n\geqslant 100$，$p<0.1$，不过，若$n\geqslant 200$，近似程度更好.

例2.27 一袋重量为500克的种子约1万粒，假设该袋种子的发芽率为98.5%，从中任取100粒进行试验，计算恰好有1粒没有发芽的概率.

解 设100粒中未发芽的种子有X粒，易知它服从超几何分布. $N=10000$，$N_1=150$，$n=100$，由于N很大，尽管n是100，本身并不小，但相对于N是很小的，因此X可以用二项分布近似计算：

$$P\{X=1\}=C_{100}^1\times 0.015\times 0.985^{99}=0.33595$$

另一方面，由于$n=100$较大，$p=0.015$很小，因此二项分布又可以用泊松分布近似计算，其中$\lambda=np=1.5$，查附表2可直接得到：

$$P\{X=1\}=0.334695$$

例2.28 检查了100个某型号铸件上的疵点数，把观察结果与泊松分布进行比较（见表2.10），看到疵点数目近似服从参数为2的泊松分布. 表中λ的计算如下：

$$\lambda = \frac{1}{100}(0\times 14 + 1\times 27 + 2\times 26 + 3\times 20 + 4\times 7 + 5\times 3 + 6\times 3) = 2$$

表 2.10

疵点数 X	0	1	2	3	4	5	6
频数 m	14	27	26	20	7	3	3
频率 $\mu = \dfrac{m}{100}$	0.14	0.27	0.26	0.20	0.07	0.03	0.03
$\lambda = 2$ 的泊松分布 p	0.14	0.27	0.27	0.18	0.09	0.04	0.01

例 2.29 设某城市的一个地区每年因交通事故死亡的人数服从泊松分布. 据统计在一年中因交通事故死亡一人的概率是死亡两人概率的 $\dfrac{1}{2}$. 计算一年中因交通事故至少死亡 3 人的概率.

解 设随机变量 X 表示一年内因交通事故死亡的人数. 首先求 X 的分布参数 λ. 依题意

$$P\{X=1\} = \frac{1}{2}P\{X=2\}$$

$$\lambda e^{-\lambda} = \frac{1}{2} \cdot \frac{\lambda^2}{2} e^{-\lambda} \qquad \lambda = 4$$

$$P\{X \geq 3\} = 1 - P\{X \leq 2\}$$

查附表 2，可得 $P\{X \geq 3\} = 0.7618$.

四、几何分布

定义 2.8 设离散型随机变量 X 的概率函数为

$$P\{X=n\} = pq^{n-1}, \quad n=1,2,\cdots, \tag{2.24}$$

其中 $0 < p < 1$，$q = 1 - p$，则称 X 服从参数为 p 的**几何分布**. 记作 $X \sim g(n;p)$. $g(n;p) > 0$ 是显而易见的，根据几何数列的求和公式可以验证

$$\sum_{n=1}^{\infty} P\{X=n\} = \sum_{n=1}^{\infty} pq^{n-1} = \frac{p}{1-q} = 1.$$

定理 2.3 设随机变量 X 服从参数为 p $(0 < p < 1)$ 的几何分布，则对于任

意正整数 m, n, 都有
$$P\{X = m + n \mid X > n\} = P\{X = m\}, \quad (2.25)$$
$$P\{X > m + n \mid X > n\} = P\{X > m\}. \quad (2.26)$$

证明 $P\{X > n\} = \sum_{i=n+1}^{\infty} pq^{i-1} = \frac{pq^n}{1-q} = q^n,$

$$P\{X = m + n, X > n\} = P\{X = m + n\} = pq^{m+n-1},$$

$$P\{X = m + n \mid X > n\} = \frac{P\{X = m + n, X > n\}}{P\{X > n\}} = \frac{P\{X = m + n\}}{P\{X > n\}} = \frac{pq^{m+n-1}}{q^n}$$
$$= pq^{m-1} = P\{X = m\},$$

$$P\{X > m + n \mid X > n\} = \frac{P\{X > m + n, X > n\}}{P\{X > n\}} = \frac{P\{X > m + n\}}{P\{X > n\}} = \frac{q^{m+n}}{q^n} = q^m$$
$$= P\{X > m\}.$$

该定理通常被称为几何分布的**无记忆性**. 这一性质说明它对过去的 m 次失败信息在后面的计算中被遗忘了.

例 2.30 设某项试验的成功率为 0.8, 重复试验直至取得首次成功为止, 假定试验 n 次, 取得首次成功的概率为 0.0064, 求 n 的值.

解 设随机变量 X 表示不断进行重复试验直至首次成功所需进行的试验次数, 则 X 服从 $p = 0.8$ 的几何分布, 依题意,
$$P\{X = n\} = 0.8 \times 0.2^{n-1} = 0.0064,$$

解方程
$$0.8 \times 0.2^{n-1} = 0.0064$$

得 $n = 4$.

§2.3 常用的连续型分布

连续型随机变量的概率分布, 完全取决于概率密度, 给出密度, 就等于给出了分布. 最常用的连续型分布, 有均匀分布、指数分布、正态分布、Γ 分布和对数正态分布. 均匀分布是几种常用的连续型随机变量中最简单的一种, 正态分布在各种连续型分布中居首要地位. 另外, χ^2 分布、t 分布和 F 分布, 都是在数理统计的理论和应用中占极重要地位的连续型分布, 它们都是服从正态分布的随机变量函数的分布, 将在第四章介绍.

一、均匀分布

定义2.9 如果连续型随机变量 X 的概率密度为

$$f(x) = \begin{cases} \dfrac{1}{b-a}, & a \leq x \leq b. \\ 0 & \text{其他}. \end{cases} \quad (2.27)$$

则称 X 服从区间 $[a,b]$ 上的**均匀分布**. 其中 $-\infty < a < b < +\infty$.

由定义看出服从均匀分布的随机变量，其概率密度函数在整个取值区间 $[a,b]$ 上恒等于一个常数，并且这个常数就是该区间长度的倒数 $(b-a)^{-1}$. 均匀分布是连续型随机变量中最简单的一种分布，也是常用的重要连续型分布之一.

易见，对任何实数 x，$f(x) \geq 0$，且

$$\int_{-\infty}^{+\infty} f(x)\,\mathrm{d}x = \int_a^b \frac{1}{b-a}\mathrm{d}x = 1$$

X 的分布函数为

$$F(X) = \begin{cases} 0, & x < a, \\ \dfrac{x-a}{b-a}, & a \leq x \leq b, \\ 1, & x > b. \end{cases} \quad (2.28)$$

例2.17中所给的随机变量服从均匀分布，从例2.17的计算看到，均匀分布随机变量的概率意义是，它在取值区间 $[a,b]$ 上任何一个子区间取值的概率，与该子区间长度成正比，与子区间在 $[a,b]$ 中的具体位置无关，比例系数 $(b-a)^{-1}$ 恰好是 $[a,b]$ 上的概率密度值.

二、指数分布

定义2.10 如果连续型随机变量 X 的概率密度为

$$f(x) = \begin{cases} \lambda e^{-\lambda x}, & x > 0, \\ 0, & x \leq 0. \end{cases} \quad (2.29)$$

其中 $\lambda > 0$,则称 X 服从参数为 λ 的**指数分布**.

显然对任何 x, $f(x) \geq 0$ 且

$$\int_{-\infty}^{+\infty} f(x)\,\mathrm{d}x = \int_0^{+\infty} \lambda \mathrm{e}^{-\lambda x}\,\mathrm{d}x = -\mathrm{e}^{-\lambda x}\Big|_0^{+\infty} = 1.$$

X 的分布函数为

$$F(x) = \int_{-\infty}^{x} f(t)\,\mathrm{d}t = \begin{cases} 1 - \mathrm{e}^{-\lambda x}, & x > 0, \\ 0, & x \leq 0. \end{cases} \tag{2.30}$$

指数分布常用作各种"寿命"分布的近似,比如随机服务系统中的服务时间,一些消耗性电子元件的使用寿命等都可以认为近似服从指数分布.如果产品的失效率为 λ,则产品在 $t(t>0)$ 时间内失效的概率为 $P\{X \leq t\} = 1 - \mathrm{e}^{-\lambda t}$,而产品的可靠度为

$$P\{X > x\} = 1 - F(x) = \begin{cases} 1, & x \leq 0, \\ \mathrm{e}^{-\lambda x}, & x > 0. \end{cases} \tag{2.31}$$

定理 2.4(指数分布的无记忆性) 设随机变量 X 服从参数为 $\lambda(\lambda > 0)$ 的指数分布,则对任意正数 s, t 都有

$$P\{X > s + t \mid X > s\} = P\{X > t\}. \tag{2.32}$$

证明 当 s, $t > 0$ 时,$\{X > s+t, X > t\} = \{X > s+t\}$.应用公式(2.31)及条件概率定义,有

$$P\{X > s+t \mid X > s\} = \frac{P\{X > s+t, X > s\}}{P\{X > s\}} = \frac{P\{X > s+t\}}{P\{X > s\}}$$

$$= \frac{\mathrm{e}^{-\lambda(s+t)}}{\mathrm{e}^{-\lambda s}} = \mathrm{e}^{-\lambda t} = P\{X > t\}.$$

如果我们把服从指数分布的随机变量 X 看作是部件或设备的使用寿命.则(2.32)式表明,该部件或设备在使用了 s 时间后仍然完好,那么再继续使用 t 时间的可能性与它们从崭新状态开始使用时间 t 的可能性是一样的.也就是说,该部件或设备以前曾经无故障(不损坏)使用的时间不影响它以后使用寿命的统计规律,它并不记忆自己过去的使用历史.因此我们称这个性质为指数分布的"无记忆性"或"无后效性".这一性质决定了指数分布在排队论及可靠性理论中的重要地位.

例 2.31 某元件使用寿命 X(单位:h)服从 $\lambda = 0.002$ 的指数分布.求该元件使用了 500 h 仍完好的概率以及该元件使用寿命不低于 –100 h 且不超过

第二章 随机变量的分布和数字特征 **65**

250 h 的概率.

解 依题意，X 的概率密度与分布函数分别为

$$f(x) = \begin{cases} 0.002\mathrm{e}^{-0.002x}, & x > 0, \\ 0, & x \leq 0, \end{cases} \quad F(x) = \begin{cases} 1 - \mathrm{e}^{-0.002x}, & x > 0, \\ 0, & x \leq 0. \end{cases}$$

根据公式（2.31），有

$$P\{X > 500\} = 1 - F(500) = \mathrm{e}^{-1}.$$

根据公式（2.12），有

$$P\{-100 \leq X \leq 250\} = P\{-100 < X \leq 250\} = F(250) - F(-100) = \mathrm{e}^{-0.5}.$$

或

$$P\{-100 \leq X \leq 250\} = P\{0 \leq X \leq 250\} = F(250) - F(0) = \mathrm{e}^{-0.5}.$$

三、正态分布

定义 2.11 如果连续型随机变量 X 的概率密度为

$$f(x) = \frac{1}{\sqrt{2\pi}\sigma} \mathrm{e}^{-\frac{(x-\mu)^2}{2\sigma^2}}, \quad -\infty < x < +\infty. \tag{2.33}$$

其中 $-\infty < \mu < +\infty$，$\sigma > 0$，则称 X 服从参数为 μ 与 σ^2 的**正态分布**，记作 $X \sim N(\mu, \sigma^2)$. 特别地，在（2.33）式中当 $\mu = 0$，$\sigma = 1$ 时，则称它服从**标准正态分布**，记为 $X \sim N(0, 1)$，其概率密度为

$$\varphi(x) = \frac{1}{\sqrt{2\pi}} \mathrm{e}^{-\frac{x^2}{2}}, \quad -\infty < x < +\infty. \tag{2.34}$$

易见，对任何 x，$f(x) > 0$，且根据泊松积分 $\int_{-\infty}^{+\infty} \mathrm{e}^{-x^2} \mathrm{d}x = \sqrt{\pi}$ 可以验证

$$\int_{-\infty}^{+\infty} f(x) \mathrm{d}x = \int_{-\infty}^{+\infty} \frac{1}{\sqrt{2\pi}\sigma} \mathrm{e}^{-\frac{(x-\mu)^2}{2\sigma^2}} \mathrm{d}x \quad 令 \, y = \frac{x - \mu}{\sqrt{2}\sigma}$$

$$= \int_{-\infty}^{+\infty} \frac{1}{\sqrt{\pi}} \mathrm{e}^{-y^2} \mathrm{d}y = \frac{1}{\sqrt{\pi}} \sqrt{\pi} = 1.$$

正态概率密度 $f(x)$ 的曲线（见图 2-7）呈钟形，直线 $x = \mu$ 是其对称轴，x 轴是它的水平渐近线. 参数 μ 的数值决定曲线的位置，而 σ 的大小决定曲线形状（图 2-8），在 $x = \mu$ 处 $f(x)$ 取到最大值 $\dfrac{1}{\sqrt{2\pi}\sigma}$.

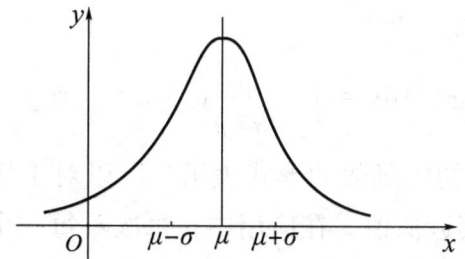

图 2-7 正态密度函数的图形

图 2-8 中，我们画出了 $\mu>0$，$\sigma_1^2<\sigma_2^2<\sigma_3^2$ 的三条正态密度函数曲线的示意图，对应于 σ_1^2 的那条曲线最陡，对应于 σ_3^2 的那条曲线最平缓，对应于 σ_2^2 的那条曲线则介于两者之间．

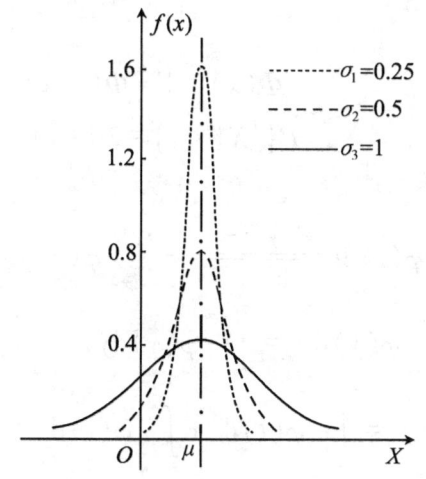

图 2-8 $\mu>0$，$\sigma_1<\sigma_2<\sigma_3$ 时
三条正态密度函数的图形

大量实践经验和理论分析表明测量误差和很多产品的物理指标如某种产品的长度、强度、强力等自然界和人类社会中的诸多现象都可以看作服从或近似服从正态分布．正态分布是最常见与最重要的概率密度函数之一，从概率论的发展历史上看，标准正态分布是作为极限分布首先由法国数学家棣莫弗和拉普拉斯发现的，此外德国数学家高斯在研究误差理论时，也发现了正态分布的随机变量并详尽地研究了正态分布随机变量的性质．因此有时也称正态分布为**高斯分布**．另外，正态分布在数理统计中也有广泛的应用，例如在数理统计中最重要且最常用的 χ^2 分布、t 分布和 F 分布，它们都是正态分布随机变量的函数分布．

1. 标准正态分布的分布函数

如果 X 服从标准正态分布 $N(0,1)$，通常用 $\varphi(x)$ 表示它的概率密度，

$\Phi(x)$ 表示 X 的分布函数, 即

$$\Phi(x) = \int_{-\infty}^{x} \varphi(t) \mathrm{d}t = \int_{-\infty}^{x} \frac{1}{\sqrt{2\pi}} \mathrm{e}^{-\frac{t^2}{2}} \mathrm{d}t. \tag{2.35}$$

由于 $\Phi(x)$ 不能用初等函数的形式表示, 所以对于任意给定的 x 需要利用数值计算方法来求得其近似值. 在应用中, 每次对每一个 x 值都进行近似计算很不方便. 为此将 $\Phi(x)$ 在某些间隔点的一些函数值计算出来列成表(见附表3), 在实际应用中, 可直接查表得到 $\Phi(x)$ 值. 在列表中注意到 $\varphi(x)$ 是偶函数. 根据定理2.5的(1), 只要知道了 $x>0$ 的 $\Phi(x)$ 值便可得到 $\Phi(-x)$ 值, 因此附表3只给出了 x 大于0的 $\Phi(x)$ 值.

定理2.5 如果随机变量 X 服从标准正态分布 $N(0,1)$, $\Phi(x)$ 是 X 的分布函数, 则

(1) 对于任何 x, $\qquad \Phi(x) = 1 - \Phi(-x)$, $\tag{2.36}$

(2) 对任何 $x>0$, $\qquad P\{|X|<x\} = 2\Phi(x) - 1.$ $\tag{2.37}$

证明

(1) $\Phi(-x) = \int_{-\infty}^{-x} \varphi(t) \mathrm{d}t \xrightarrow{\diamondsuit y = -t} -\int_{+\infty}^{x} \varphi(-y) \mathrm{d}y$

$\qquad = -\int_{+\infty}^{x} \varphi(y) \mathrm{d}y = \int_{x}^{+\infty} \varphi(y) \mathrm{d}y,$

$\Phi(x) + \Phi(-x) = \int_{-\infty}^{x} \varphi(t) \mathrm{d}t + \int_{-\infty}^{-x} \varphi(t) \mathrm{d}t = \int_{-\infty}^{x} \varphi(t) \mathrm{d}t + \int_{x}^{+\infty} \varphi(t) \mathrm{d}t$

$\qquad = 1,$

于是有

$$\Phi(x) = 1 - \Phi(-x).$$

(2) $P\{|X|<x\} = P\{-x<X<x\} = \Phi(x) - \Phi(-x)$

$\qquad = \Phi(x) - [1 - \Phi(x)] = 2\Phi(x) - 1.$

例2.32 设随机变量 $X \sim N(0,1)$, 求 $P\{1<X<2\}$, $P\{X<1.96\}$, $P\{X<-1.96\}$, $P\{|X|<1.96\}$.

解 $P\{1<X<2\} = \Phi(2) - \Phi(1)$, 直接查书后附表3, 有 $\Phi(2) = 0.9773$, $\Phi(1) = 0.8413$, 因而 $P\{1<X<2\} = 0.1360$.

直接查表可得 $P\{X<1.96\} = \Phi(1.96) = 0.975$

$\qquad P\{X<-1.96\} = \Phi(-1.96) = 1 - \Phi(1.96) = 0.025$

$\qquad P\{|X|<1.96\} = 2\Phi(1.96) - 1 = 0.95$

2. 一般正态分布与标准正态分布的关系

定理 2.6 设随机变量 X 服从一般正态分布 $N(\mu,\sigma^2)$，Y 服从标准正态分布 $N(0,1)$，$F(x)$，$\Phi(x)$ 与 $f(x)$，$\varphi(x)$ 分别是 X，Y 的分布函数与概率密度，则

$$F(x) = \Phi\left(\frac{x-\mu}{\sigma}\right), \tag{2.38}$$

$$f(x) = \frac{1}{\sigma}\varphi\left(\frac{x-\mu}{\sigma}\right). \tag{2.39}$$

证明 $F(x) = P\{X \leq x\} = \int_{-\infty}^{x} \frac{1}{\sqrt{2\pi}\sigma} e^{-\frac{(t-\mu)^2}{2\sigma^2}} dt \quad \left(\diamondsuit\ y = \frac{t-\mu}{\sigma}\right)$

$$= \int_{-\infty}^{\frac{x-\mu}{\sigma}} \frac{1}{\sqrt{2\pi}} e^{-\frac{y^2}{2}} dy = \Phi\left(\frac{x-\mu}{\sigma}\right),$$

$$f(x) = \frac{1}{\sqrt{2\pi}\sigma} e^{-\frac{(x-\mu)^2}{2\sigma^2}} = \frac{1}{\sigma} \cdot \frac{1}{\sqrt{2\pi}} e^{-\frac{1}{2}\left(\frac{x-\mu}{\sigma}\right)^2} = \frac{1}{\sigma}\varphi\left(\frac{x-\mu}{\sigma}\right).$$

定理 2.7 设随机变量 X 服从一般正态分布 $N(\mu,\sigma^2)$，则 $Y_1 = \frac{X-\mu}{\sigma}$ 与 $Y_2 = -\frac{X-\mu}{\sigma}$ 都服从标准正态分布 $N(0,1)$.

证明 设 $F(x)$，$F_i(y)$ 分别为随机变量 X 与 Y_i（$i=1,2$）的分布函数，则

$$F_1(y) = P\{Y_1 \leq y\} = P\left\{\frac{X-\mu}{\sigma} \leq y\right\} = P\{X \leq \sigma y + \mu\} = F(\sigma y + \mu).$$

根据定理 2.6 的 (2.38) 式，

$$F(\sigma y + \mu) = \Phi\left(\frac{\sigma y + \mu - \mu}{\sigma}\right) = \Phi(y),$$

于是 $F_1(y) = \Phi(y)$. 类似地，

$$F_{Y_2}(y) = P\left\{-\frac{X-\mu}{\sigma} \leq y\right\} = P\{X \geq -\sigma y + \mu\} = 1 - F(-\sigma y + \mu)$$

$$= 1 - \Phi\left(\frac{-\sigma y + \mu - \mu}{\sigma}\right) = 1 - \Phi(-y) = \Phi(y).$$

由于 Y_1 与 Y_2 的分布函数都是标准正态分布的分布函数，因此 Y_1 与 Y_2 都服从标准正态分布.

例 2.33 设随机变量 $X \sim N(10, 2^2)$，求 $P\{10 < X < 13\}$，$P\{X \geq 13\}$，

$P\{|X-10|<2\}$.

解 由(2.38)式,有

$$P\{10<X<13\}=F(13)-F(10)=\Phi\left(\frac{13-10}{2}\right)-\Phi\left(\frac{10-10}{2}\right)$$
$$=\Phi(1.5)-\Phi(0)=0.9332-0.5=0.4332$$
$$P\{X\geqslant 13\}=1-F(13)=1-\Phi(1.5)=0.0668$$

由定理2.7可知,随机变量$\frac{X-10}{2}\sim N(0,1)$因此

$$P\{|X-10|<2\}=P\left\{\left|\frac{X-10}{2}\right|<1\right\}=2\Phi(1)-1$$
$$=2\times 0.8413-1=0.6826$$

例 2.34 设随机变量$X\sim N(\mu,\sigma^2)$,已知$P\{X\leqslant -1.6\}=0.036$,$P\{X\leqslant 5.9\}=0.758$,求$\mu$,$\sigma$,$P\{X>0\}$.

解 $P\{X\leqslant -1.6\}=F(-1.6)=\Phi\left(\frac{-1.6-\mu}{\sigma}\right)=0.036$,由(2.36)式,有

$$\Phi\left(\frac{1.6+\mu}{\sigma}\right)=1-\Phi\left(\frac{-1.6-\mu}{\sigma}\right)=0.964$$

又已知,$P\{X\leqslant 5.9\}=F(5.9)=0.758$,即$\Phi\left(\frac{5.9-\mu}{\sigma}\right)=0.758$,查表可得

$$\begin{cases}\dfrac{1.6+\mu}{\sigma}=1.8\\[2mm]\dfrac{5.9-\mu}{\sigma}=0.7\end{cases}$$

解方程组,得到$\sigma=3$,$\mu=3.8$

$$P\{X\geqslant 0\}=1-F(0)=1-\Phi\left(\frac{0-3.8}{3}\right)$$
$$=1-\Phi(-1.27)=\Phi(1.27)$$
$$=0.898.$$

*四、Γ分布

定义 2.12 如果随机变量X的概率密度为

$$f(x) = \begin{cases} 0, & x \leq 0, \\ \dfrac{\lambda^r}{\Gamma(r)} x^{r-1} e^{-\lambda x}, & x > 0. \end{cases} \tag{2.40}$$

则称 X 服从 Γ 分布，简记作 $X \sim \Gamma(\lambda, r)$，其中 λ、r 均为大于 0 的常数，$\Gamma(r) = \int_0^\infty x^{r-1} e^{-x} dx$.

显然，对任何 x，$f(x) \geq 0$，并且根据 Γ 函数的定义及性质，不难验证：

$$\int_{-\infty}^\infty f(x) dx = \int_0^\infty \frac{\lambda^r}{\Gamma(r)} x^{r-1} e^{-\lambda x} dx = \frac{1}{\Gamma(r)} \int_0^\infty (\lambda x)^{r-1} e^{-\lambda x} d(\lambda x)$$

$$= \frac{1}{\Gamma(r)} \cdot \Gamma(r) = 1$$

在 (2.40) 式中，若 $r=1$，就是参数为 λ 的指数分布 (2.29) 式，即指数分布是 $r=1$ 时的 Γ 分布.

若 r 为正整数时，有 $\Gamma(r) = (r-1)!$，(2.40) 式可以写为

$$f(x) = \begin{cases} 0, & x \leq 0, \\ \dfrac{\lambda^r}{(r-1)!} x^{r-1} e^{-\lambda x}, & x > 0. \end{cases} \tag{2.41}$$

它是排队论中常用到的 **r 阶厄兰(*Erlang*)分布**.

若 $\lambda = \dfrac{1}{2}$，$r = \dfrac{n}{2}$，其中 n 是自然数，则 (2.40) 式可以写为

$$f(x) = \begin{cases} 0, & x \leq 0, \\ \dfrac{1}{2^{\frac{n}{2}} \Gamma\left(\dfrac{n}{2}\right)} x^{\frac{n}{2}-1} e^{-\frac{x}{2}}, & x > 0. \end{cases} \tag{2.42}$$

称 (2.42) 式为具有 n 个自由度的 χ^2 分布，简记为 $X \sim \chi^2(n)$，它是数理统计中最重要的几个常用统计量的分布之一，在第四章将详细介绍.

*五、对数正态分布

许多连续型随机变量虽然不服从正态分布，但经适当变换后就服从或近似服从正态分布. 有一类随机变量经过对数变换后服从正态分布，这就是下面要介绍的所谓"对数正态随机变量".

定义 2.13 如果随机变量 X 的概率密度为

$$f(x) = \begin{cases} \dfrac{1}{\sqrt{2\pi}\sigma x} e^{-\frac{(\ln x - \mu)^2}{2\sigma^2}}, & x > 0, \\ 0, & x \leq 0. \end{cases} \quad (2.43)$$

其中 $\sigma > 0$,则称 X 服从参数为 μ 和 σ^2 的**对数正态分布**.

显然,对任何 x, $f(x) \geq 0$,并且利用正态分布 $N(\mu, \sigma^2)$ 的概率密度在 $(-\infty, +\infty)$ 上积分值为 1,通过积分换元 $y = \ln x$,容易验证 (2.43) 式给出的 $f(x)$ 确实是密度函数:

$$\int_{-\infty}^{\infty} f(x) \mathrm{d}x = \int_{0}^{\infty} \frac{1}{\sqrt{2\pi}\sigma x} e^{-\frac{(\ln x - \mu)^2}{2\sigma^2}} \mathrm{d}x = \int_{-\infty}^{\infty} \frac{1}{\sqrt{2\pi}\sigma} e^{-\frac{(y-\mu)^2}{2\sigma^2}} \mathrm{d}y = 1$$

对数正态分布与正态分布有很紧密的关系. 可以证明:

1. 如果随机变量 $X \sim N(\mu, \sigma^2)$,则随机变量 $Y = e^X$ 服从参数为 μ 和 σ^2 的对数正态分布;

2. 如果随机变量 Y 服从参数为 μ 和 σ^2 的对数正态分布,则随机变量 $X = \ln Y$ 服从正态分布 $N(\mu, \sigma^2)$.

§2.4 随机变量函数的分布

在实际问题中,一方面有些随机变量的分布难于直接得到,而与它们有关系的另一些随机变量的分布则较容易得到,比如,生产的某种型号的滚珠体积 V 的分布可以通过其直径 D 的分布得到,某种商品的利润是其销量的函数等等;另一方面,很多重要分布都是作为具有一些常见分布的随机变量函数的分布得出,比如,在数理统计中三个最常用的重要分布(χ^2 分布、t 分布、F 分布),都是正态分布随机变量的函数.

一般地,设 X 是一个随机变量,$y = g(x)$ 是 x 的一个实值函数(一般为连续或分段连续函数),如果对于 X 的每一个可能取值 x,另一个随机变量 Y 取值 $g(x)$,则称随机变量 $Y = g(X)$ 是 X 的函数. 这一节的内容是如何根据已知的随机变量 X 的分布和给定的函数关系 $y = g(x)$,确定出 X 的函数 $Y = g(X)$ 的分布.

求随机变量函数分布的一般方法是所谓分布函数法:假设 $y = g(x)$ 是连续或分段连续函数,$Y = g(X)$ 是随机变量 X 的函数,其中 X 的分布为已知,则

Y 的分布函数为

$$F_Y(y) = P\{Y \leqslant y\} = P\{g(X) \leqslant y\}.$$

一、离散型随机变量函数的分布

由于离散型随机变量的全部可能取值最多为可列个，因此我们可以用列举法首先确定出 Y 的全部可能取值 $y_1, y_2, \cdots$，然后再依次计算出相应概率 $P\{Y = y_j\}$，$j = 1, 2, \cdots$．

例 2.35 已知随机变量 X 的概率分布由表 2.11 确定，并且随机变量 $Y = 4X + 1$，$Z = X^2$，分别求 Y、Z 的概率分布．

表 2.11

X	−1	0	1	2
p	0.2	0.1	0.3	0.4

解 依题意，随机变量 Y 也是离散型的，它可以取 −3，1，5，9 共 4 个值，由于事件"$Y = y_n$"与"$4X + 1 = y_n$"，即与"$X = \frac{1}{4}(y_n - 1)$"等价，所以有

$$P\{Y = -3\} = P\{4X + 1 = -3\} = P\{X = -1\} = 0.2$$

同样方法可以计算出 Y 取其他三个值的概率（见表 2.12）．

随机变量 Z 可以取 0，1，4 共 3 个值，并且有

$$P\{Z = 0\} = P\{X^2 = 0\} = P\{X = 0\} = 0.1$$
$$P\{Z = 1\} = P\{X^2 = 1\} = P\{X = -1\} + P\{X = 1\}$$
$$= 0.2 + 0.3 = 0.5$$
$$P\{Z = 4\} = P\{X^2 = 4\} = P\{X = 2\} = 0.4$$

Z 的概率分布表见表 2.13．

表 2.12

Y	−3	1	5	9
p	0.2	0.1	0.3	0.4

表 2.13

Z	0	1	4
p	0.1	0.5	0.4

在这里，由于 Z 的取值 1 对应 X 的两个不同的值 -1 与 1，因此事件 "$Z=1$" 等于两个互不相容事件 "$X=-1$" 与 "$X=1$" 的和，由概率的可加性，知 $P\{Z=1\}=P\{X=-1\}+P\{X=1\}=0.5$. 所以对于离散型随机变量函数的分布，当 $y=g(x)$ 的反函数 $x=g^{-1}(y)$ 是 y 的单值函数时，

$$P\{Y=y_n\} = P\{g(X)=y_n\} = P\{X=g^{-1}(y_n)\}$$
$$= P\{X=x_n\} = p_n$$

当 Y 的某一个取值 y_n，其反函数值 $g^{-1}(y_n)$ 可以有几个不同的取值时，应把 X 取这几个相应不同值的事件合并，利用概率的可加性，把相应的概率相加，得到 Y 的概率分布.

*例 2.36 已知随机变量 X 的分布为

$$P\{X=n\} = \frac{2}{3^n} \qquad n=1,2\cdots$$

$Y=\sin\left(\dfrac{\pi}{2}X\right)$，求随机变量 Y 的概率分布.

解 由于 X 只取正整数值，因此 $\dfrac{\pi}{2}X$ 的取值为 $\dfrac{\pi}{2}$ 的整数倍，随机变量 Y，即 $\sin\dfrac{\pi}{2}X$ 只取 $-1,0,1$ 共 3 个值. 表 2.14 为其概率分布表，具体计算过程中，用到几何级数求和：

$$P\{Y=-1\} = P\left\{\sin\frac{\pi}{2}X=-1\right\}$$
$$= P\sum_{n=1}^{\infty}\{X=4n-1\} = \sum_{n=1}^{\infty} P\{X=4n-1\}$$
$$= \sum_{n=1}^{\infty} \frac{2}{3^{4n-1}} = \frac{3}{40},$$

$$P\{Y=0\} = P\left\{\sin\frac{\pi}{2}X=0\right\} = \sum_{n=1}^{\infty} P\{X=2n\} = \frac{1}{4},$$

$$P\{Y=1\} = P\left\{\sin\frac{\pi}{2}X=1\right\} = \sum_{n=1}^{\infty} P\{X=4n-3\} = \frac{27}{40}.$$

或

$$P\{Y=1\} = 1 - P\{Y=-1\} - P\{Y=0\} = \frac{27}{40}.$$

表 2.14 例 2.36 中 Y 的概率分布

$Y=\sin\dfrac{\pi}{2}X$	-1	0	1
p	3/40	1/4	27/40

例 2.37 设随机变量 X 服从区间 $[-2,3]$ 上的均匀分布，设

$$Y=\begin{cases}a, & |X|\leqslant 1,\\ a+1, & 1<|X|\leqslant 2,\\ a+3, & X>2.\end{cases}$$

求 Y 的分布函数.

分析 尽管 X 是连续型随机变量，但其函数 Y 只取 a, $a+1$, $a+3$ 共 3 个可能值，因此 Y 是离散型随机变量，我们先求出 Y 的概率函数，继而写出它的分布函数.

解 $P\{Y=a\}=P\{|X|\leqslant 1\}=P\{-1\leqslant X\leqslant 1\}=\dfrac{1-(-1)}{3-(-2)}=0.4;$

$P\{Y=a+1\}=P\{1<|X|\leqslant 2\}=P\{-2\leqslant X<-1\}+P\{1<X\leqslant 2\}$
$=0.2+0.2=0.4$

$P\{Y=a+3\}=P\{X>2\}=0.2$

或

$P\{Y=a+3\}=1-P\{Y=a\}-P\{Y=a+1\}=0.2$

于是 Y 的分布函数 $F_Y(y)$ 为

$$F_Y(y)=\begin{cases}0, & y<a,\\ 0.4, & a\leqslant y<a+1,\\ 0.8, & a+1\leqslant y<a+3,\\ 1, & y\geqslant a+3.\end{cases}$$

二、连续型随机变量函数的分布

从例 2.37 我们看到连续型随机变量的函数不一定还是连续型随机变量，但是在这里我们要讨论的是连续型随机变量的函数仍是连续型随机变量的情

况,对于这种情况我们的任务是要根据 X 的概率密度求出作为 X 函数的连续型随机变量 Y 的概率密度或分布函数.

1. 分布函数法

根据事件 $\{Y \leqslant y\}$ 与 $\{g(X) \leqslant y\}$ 相等,首先把事件"随机变量 Y 在一个范围内的取值"转化为"随机变量 X 在相应范围内的取值",然后根据已知的 X 的分布计算出 Y 的分布函数 $F_Y(y)$. 这是关键的一步;下一步利用概率密度与分布函数间的关系,可以很容易得到所需求的概率密度 $f_Y(y)$. 此法称为**分布函数法**. 它是求连续型随机变量函数分布的基本方法.

设连续型随机变量 X 的概率密度函数为 $f_X(x)$,$y = g(x)$ 是 x 的一个实函数,则连续型随机变量 $Y = g(X)$ 的分布函数为

$$F_Y(y) = P\{Y \leqslant y\} = P\{g(X) \leqslant g\} = \int_{g(x) \leqslant y} f_X(x) \mathrm{d}x \qquad (2.44)$$

除个别点外,Y 的概率密度函数为

$$f_Y(y) = \frac{\mathrm{d}F_Y(y)}{\mathrm{d}y}$$

例 2.38 设随机变量 $X \sim f_X(x)$,$Y = 2X + 5$,求随机变量 Y 的概率密度 $f_Y(y)$,其中

$$f_X(x) = \frac{1}{\pi(1 + x^2)}$$

解 首先,将 Y 的分布函数 $F_Y(y)$ 通过 X 的分布函数 $F_X(x)$ 表示出:

$$F_Y(y) = P\{Y \leqslant y\} = P\{2X + 5 \leqslant y\}$$

$$= P\left\{X \leqslant \frac{y - 5}{2}\right\} = F_X\left(\frac{y - 5}{2}\right)$$

进一步求出 Y 的密度

$$f_Y(y) = \frac{\mathrm{d}}{\mathrm{d}y} F_Y(y) = \frac{\mathrm{d}}{\mathrm{d}y} F_X\left(\frac{y - 5}{2}\right)$$

$$= \frac{\mathrm{d}F_X\left(\frac{y-5}{2}\right)}{\mathrm{d}\left(\frac{y-5}{2}\right)} \cdot \frac{\mathrm{d}\frac{y-5}{2}}{\mathrm{d}y}$$

$$= \frac{1}{2} f_X\left(\frac{y-5}{2}\right) = \frac{2}{\pi[4 + (y-5)^2]}$$

2. 单调函数公式法

定理2.8 设连续型随机变量 X 的概率密度函数为 $f_X(x)$，$y=g(x)$ 是严格单调可导函数，(a,b) 是 $g(x)$ 的值域，$x=h(y)$ 是 $y=g(x)$ 的唯一反函数，则 $Y=g(X)$ 也是连续型随机变量，其概率密度函数为

$$f_Y(y) = \begin{cases} |h'(y)|f_X[h(y)], & a<y<b, \\ 0, & \text{其他}. \end{cases} \quad (2.45)$$

限于篇幅，证明略．

例 2.39 已知 $X \sim f_X(x)$，$Y=\mathrm{e}^X$，$Z=X^2$，分别求随机变量 Y 及 Z 的密度 $f_Y(y)$ 与 $f_Z(z)$．其中

$$f_X(x) = \frac{1}{\pi(1+x^2)}$$

解 $y=\mathrm{e}^x$ 是单调可导函数，并且 $y>0$，其反函数 $x=\ln y$ 可导且 $(\ln y)' = \frac{1}{y} > 0$，由(2.45)式，有

$$f_Y(y) = \begin{cases} \dfrac{1}{\pi y(1+\ln^2 y)}, & y>0, \\ 0, & y\leqslant 0. \end{cases}$$

在这里，由于"$Y\leqslant 0$"，即"$\mathrm{e}^X \leqslant 0$"是不可能事件，因此，当 $y\leqslant 0$ 时，有 $F_Y(y)=0$，$f_Y(y)=0$．

对于随机变量 $Z=X^2$，由于 $g(x)=x^2$ 不是 x 的单调函数，我们用分布函数法求其概率密度．

当 $z\leqslant 0$ 时，$F_Z(z) = P\{Z\leqslant z\} = P\{X^2 \leqslant z\} = 0$

当 $z>0$ 时，

$$F_Z(z) = P\{Z\leqslant z\} = P\{X^2 \leqslant z\} = P\{-\sqrt{z} \leqslant X \leqslant \sqrt{z}\}$$

$$= \int_{-\sqrt{z}}^{\sqrt{z}} f_X(x)\,\mathrm{d}x$$

在将 $F_Z(z)$ 对变量 z 求导数时，这是变限的定积分问题，注意到复合函数的求导法则，有

$$f_Z(z) = F_Z'(z)$$
$$= f_X(\sqrt{z})(\sqrt{z})' - f_X(-\sqrt{z})(-\sqrt{z})'$$

$$= \frac{1}{2\sqrt{z}}[f_X(\sqrt{z}) + f_X(-\sqrt{z})]$$

因此，Z 的概率密度为

$$f_Z(z) = \begin{cases} \dfrac{1}{\pi\sqrt{z}(1+z)}, & z > 0, \\ 0, & z \leqslant 0. \end{cases}$$

例 2.40 设随机变量 X 的概率密度函数 $f_X(x) = \begin{cases} \dfrac{1}{3}(4x+1), & 0 < x < 1, \\ 0, & 其他. \end{cases}$
$Y = \ln X$，求 Y 的概率密度函数．

解法一 分布函数法，记 $F_Y(y)$，$f_Y(y)$ 分别为 Y 的分布函数与概率密度函数，依题意，X 的分布函数为

$$F_X(x) = \int_{-\infty}^{x} f_X(t)\,\mathrm{d}t = \begin{cases} 0, & x < 0, \\ \dfrac{2}{3}x^2 + \dfrac{1}{3}x, & 0 \leqslant x < 1, \\ 1, & x \geqslant 1. \end{cases}$$

$$F_Y(y) = P\{\ln X \leqslant y\} = P\{X \leqslant \mathrm{e}^y\} = F_X(\mathrm{e}^y) = \begin{cases} \dfrac{2}{3}\mathrm{e}^{2y} + \dfrac{1}{3}\mathrm{e}^y, & y < 0, \\ 1, & y \geqslant 0. \end{cases}$$

$$f_Y(y) = \frac{\mathrm{d}F_Y(y)}{\mathrm{d}y} = \begin{cases} \dfrac{\mathrm{e}^y}{3}(4\mathrm{e}^y + 1), & y < 0, \\ 0, & y \geqslant 0. \end{cases}$$

解法二 单调函数公式法，在区间 $(0,1)$ 内，$y = \ln x$ 是 x 的严格单调可导函数，其值域为 $(-\infty, 0)$，反函数为 $x = h(y) = \mathrm{e}^y$．根据 (2.45) 式，

$$f_Y(y) = \begin{cases} |h'(y)|f_X[h(y)], & y < 0 \\ 0, & y \geqslant 0 \end{cases} = \begin{cases} \mathrm{e}^y \cdot \dfrac{1}{3}(4\mathrm{e}^y + 1), & y < 0, \\ 0, & y \geqslant 0. \end{cases}$$

$$= \begin{cases} \dfrac{1}{3}\mathrm{e}^y(4\mathrm{e}^y + 1), & y < 0, \\ 0, & y \geqslant 0. \end{cases}$$

例 2.41 设随机变量 X 服从标准正态分布 $N(0,1)$，$Y = X^2$，求 Y 的概率密度函数．

解 我们首先求 Y 的分布函数 $F_Y(y)$.

当 $y \leqslant 0$ 时，$F_Y(y) = 0$；当 $y > 0$ 时，
$$F_Y(y) = P\{Y \leqslant y\} = P\{X^2 \leqslant y\} = P\{|X| \leqslant \sqrt{y}\}$$
$$= 2\Phi(\sqrt{y}) - 1.$$

将 $F_Y(y)$ 对 y 求函数，得到 Y 的概率密度函数为

$$f_Y(y) = \begin{cases} \dfrac{1}{2\sqrt{y}} \cdot 2\varphi(\sqrt{y}), & y > 0, \\ 0, & y \leqslant 0, \end{cases} = \begin{cases} \dfrac{1}{\sqrt{2\pi y}} e^{-\frac{y}{2}}, & y > 0, \\ 0, & y \leqslant 0. \end{cases}$$

§2.5 随机变量的数字特征

前面所讨论的随机变量的分布，是对随机变量取值的概率规律的完整描述，然而在实际问题中，一方面求出随机变量的分布不是一件容易的事情；另一方面，在一些实际情况下，我们也不需要全面地去考察一个随机变量，而只是关心一些反映它分布某些特征的综合指标，况且，在许多场合，综合指标可以比其分布能更集中、更突出地反映随机变量的某些性质或特征．例如，棉花纤维的长度是棉花质量的一个重要指标，在检验一批棉花质量时，我们关心的是该批棉花纤维的平均长度及纤维长度对平均长度的偏离情况．显然，平均长度长、偏离程度小的棉花质量好，诸如平均数、偏离程度等与随机变量有关的指标，尽管不能完整地描述随机变量取值的概率规律，但是确能显示它在某些方面的重要特征，它们都是随机变量常用的数字特征．本节将介绍最重要和最常用的两个数字特征——随机变量的数学期望和方差．在本节中我们约定，在讨论中如果不明确指出随机变量所属的类型，则表明所述内容对离散型与连续型随机变量都成立．

一、随机变量的数学期望

1. 离散型随机变量的数学期望

对于一个随机变量 X，要确定一个常数作为 X 取值的平均水平．显然，当 X 取无穷多值时，无法用简单平均方法来确定这样的常数．即便 X 只取有限个

值，比如 $P\{X=1\}=0.1$，$P\{X=2\}=0.9$，但是 1 和 2 的算术平均值 1.5，并不能真实体现出 X 取值的平均水平．这是由于 X 取 1 与取 2 的概率不等所致．实际上，X 取 2 比取 1 的概率大得多．因此要真正体现 X 取值的平均，不能只看它的取值，还应考虑到它取各不同值的概率大小．

例 2.42 一个年级有 100 名学生，年龄组成为：17 岁的 2 人，18 岁的 2 人，19 岁的 30 人，20 岁的 56 人，21 岁的 10 人．求该年级学生的平均年龄．

解 显然不能用 17，18，19，20，21 这 5 个数的简单平均数 19 作为该年级学生的平均年龄．而应如下计算：

$$\frac{1}{100} \times (17 \times 2 + 18 \times 2 + 19 \times 30 + 20 \times 56 + 21 \times 10)$$

$$= 17 \times \frac{2}{100} + 18 \times \frac{2}{100} + 19 \times \frac{30}{100} + 20 \times \frac{56}{100} + 21 \times \frac{10}{100} = 19.7$$

实际上，我们是采取了以频率为权重的加权平均．对于随机变量，我们仿此定义其数学期望．

定义 2.14 设离散型随机变量 X 的概率分布为：

$$P\{X = x_n\} = p_n \qquad n = 1, 2, \cdots$$

如果级数 $\sum_n x_n p_n$ 绝对收敛，则称该级数的和为 X 的**数学期望**，记作 EX，即

$$EX = \sum_n x_n p_n \tag{2.46}$$

如果级数 $\sum_n x_n p_n$ 不是绝对收敛，即级数 $\sum_n |x_n| p_n$ 发散，称 X 为数学期望不存在．

对于离散型随机变量 X，它的期望 EX 就是 X 的可能取值与其对应概率乘积的和．形式上 EX 是 X 的各可能取值的加权平均．实质上，它确实刻画了 X 取值的真正的"平均"，因此，EX 也被称为 X 的**均值**或**分布的均值**．

例 2.43 设随机变量 X 服从参数为 p 的 0-1 分布，求 EX．

解 依题意，X 的概率分布由表 2.15 给定，由 (2.46) 式，有

$$EX = 0 \cdot q + 1 \cdot p = p.$$

例 2.44 一批产品中有一、二、三等品及废品 4 种，相应比例分别为 60%，20%，10% 及 10%，若各等级产品的产值分别为 6 元，4.8 元，4 元及 0 元，求产品的平均产值．

表 2.15

X	0	1
p	q	p

解 设一个产品的产值为 X 元,依题意,它的分布律为表 2.16 所示,

表 2.16

X	0	4	4.8	6
p	0.1	0.1	0.2	0.6

由（2.46）式,有:

$$EX = 4 \cdot 0.1 + 4.8 \cdot 0.2 + 6 \cdot 0.6 = 4.96 \text{（元）}$$

* **例 2.45** 设随机变量 X 的概率分布由表 2.17 给出,求证 EX 不存在,其中 $C = \left(\sum_{n=1}^{\infty} \frac{1}{n^2}\right)^{-1}$.

表 2.17

X	1	-2	3	-4	$\cdots$	$2n-1$	$-2n$	$\cdots$
p	C	$\dfrac{C}{2^2}$	$\dfrac{C}{3^2}$	$\dfrac{C}{4^2}$	$\cdots$	$\dfrac{C}{(2n-1)^2}$	$\dfrac{C}{(2n)^2}$	$\cdots$

证 由于调和级数 $\sum_{n=1}^{\infty} \frac{1}{n}$ 是发散级数,而级数

$$\sum_{n=1}^{\infty} |x_n| p_n = \sum_{n=1}^{\infty} n \cdot \frac{C}{n^2} = \sum_{n=1}^{\infty} \frac{C}{n}$$

因此,级数 $\sum_{n=1}^{\infty} |x_n| p_n$ 也是发散级数,即级数 $\sum_{n=1}^{\infty} x_n p_n$ 不是绝对收敛的,根据数学期望的定义 2.14, EX 不存在.

2. 连续型随机变量的数学期望

定义 2.15 设连续型随机变量 X 的概率密度为 $f(x)$,如果积分 $\int_{-\infty}^{\infty} x f(x) \mathrm{d}x$ 绝对收敛,则称该积分值为 X 的数学期望,记为 EX,即

$$EX = \int_{-\infty}^{\infty} x f(x) \mathrm{d}x \tag{2.47}$$

由定义看出,任何随机变量 X,只要数学期望 EX 存在,则一定是一个确定的常数,当 X 的分布为已知时,EX 可以由（2.46）式或（2.47）式唯一确定.

从形式上的对比来看,若参照离散型概率函数与连续型概率密度间的类比关系,可以认为用（2.47）式定义连续型随机变量的数学期望是很自然的,实际上连续型随机变量的期望可用离散型随机变量的期望值来逼近（限于篇幅,论证过程略）,即连续型随机变量的期望是它经离散化以后所得的离散型

随机变量期望的极限值，因此连续型随机变量的期望也是该随机变量取值的概率平均或加权平均．

例 2.46 设随机变量 X 的概率密度函数为

$$f(x) = \begin{cases} x, & 0 \leqslant x < 1, \\ 2-x, & 1 \leqslant x \leqslant 2, \\ 0, & 其他. \end{cases}$$

求 EX．

解 $EX = \int_{-\infty}^{+\infty} xf(x)\mathrm{d}x = \int_0^1 x^2 \mathrm{d}x + \int_1^2 x(2-x)\mathrm{d}x = \left.\dfrac{x^3}{3}\right|_0^1 + \left.\left(x^2 - \dfrac{x^3}{3}\right)\right|_1^2 = 1$．

例 2.47 设随机变量 X 的概率密度函数为

$$f(x) = \begin{cases} \dfrac{2}{\pi}\cos^2 x, & |x| \leqslant \dfrac{\pi}{2}, \\ 0, & 其他. \end{cases}$$

求 EX．

解法一

$$EX = \int_{-\infty}^{+\infty} xf(x)\mathrm{d}x = \int_{-\frac{\pi}{2}}^{\frac{\pi}{2}} \dfrac{2x}{\pi}\cos^2 x \mathrm{d}x$$

$$= \int_{-\frac{\pi}{2}}^{\frac{\pi}{2}} \dfrac{2}{\pi} x\left(\dfrac{1+\cos 2x}{2}\right)\mathrm{d}x = \dfrac{1}{\pi}\int_{-\frac{\pi}{2}}^{\frac{\pi}{2}} x\mathrm{d}x + \dfrac{1}{\pi}\int_{-\frac{\pi}{2}}^{\frac{\pi}{2}} x\cos 2x\mathrm{d}x$$

$$= \left.\dfrac{x^2}{2\pi}\right|_{-\frac{\pi}{2}}^{\frac{\pi}{2}} + \left.\dfrac{x}{2\pi}\sin 2x\right|_{-\frac{\pi}{2}}^{\frac{\pi}{2}} - \dfrac{1}{2\pi}\int_{-\frac{\pi}{2}}^{\frac{\pi}{2}}\sin 2x\mathrm{d}x = \left.\dfrac{1}{4\pi}\cos 2x\right|_{-\frac{\pi}{2}}^{\frac{\pi}{2}}$$

$$= 0.$$

解法二 根据微积分的知识，可积的奇函数在以原点为中心的对称区间 $[-a,a]$ 上的定积分为零，而由于 $x\cos^2 x$ 是奇函数，而积分区间为 $\left[-\dfrac{\pi}{2}, \dfrac{\pi}{2}\right]$，因此

$$EX = \int_{-\frac{\pi}{2}}^{\frac{\pi}{2}} \dfrac{2x}{\pi}\cos^2 x\mathrm{d}x = 0.$$

例 2.48 设随机变量 X 的概率密度函数为

$$f(x) = \begin{cases} \dfrac{1}{x^2}, & x \geqslant 1, \\ 0, & x < 1. \end{cases}$$

讨论 EX 的存在性.

解 由于 $EX = \int_{-\infty}^{+\infty} xf(x)\mathrm{d}x = \int_{1}^{+\infty} x \cdot \frac{1}{x^2}\mathrm{d}x = \int_{1}^{+\infty} \frac{1}{x}\mathrm{d}x = +\infty$，

因此 EX 不存在.

此例说明，并不是所有随机变量的期望都是存在的.

3. 随机变量函数的数学期望

定理 2.9 设随机变量 $Y = g(X)$ 是随机变量 X 的函数，其数学期望 $E[g(X)]$ 存在.

（1）如果 X 是离散型随机变量，则

$$EY = E[g(X)] = \sum_i g(x_i)P\{X = x_i\} = \sum_i g(x_i)p_i \tag{2.48}$$

（2）如果 X 是连续型随机变量，则

$$EY = E[g(X)] = \int_{-\infty}^{+\infty} g(x)f(x)\mathrm{d}x \tag{2.49}$$

其中 $\{p_i, i=1,2,\cdots\}$ 与 $f(x)$ 分别为离散型随机变量的概率函数与连续型随机变量的概率密度.

推论（1）设 a,b 为任意实数，随机变量 X 的两个函数 $g_1(X)$ 与 $g_2(X)$ 的数学期望都存在，则

$$E[ag_1(X) + bg_2(X)] = aE[g_1(X)] + bE[g_2(X)] \tag{2.50}$$

（2）对任意常数 a，都有 $Ea = a$

（3）如果 EX 存在，则对任意实数 a，都有

$$E(X + a) = EX + a;$$

$$E(aX) = aEX$$

（4）如果 $X_1, X_2, \cdots, X_n$ 的数学期望都存在，则对任意实数 $a_1, a_2, \cdots, a_n$ 都有

$$E\left(\sum_{i=1}^{n} a_i X_i\right) = \sum_{i=1}^{n} a_i EX_i$$

特别地

$$E\frac{1}{n}\sum_{i=1}^{n} X_i = \frac{1}{n}\sum_{i=1}^{n} EX_i$$

定理中（2）的证明超出本书范围，其余证明限于篇幅，略. 但是该定理的重要作用在于：当我们计算随机变量函数 $g(X)$ 的期望时，不必先求出 $g(X)$

的分布再求 $E[g(X)]$，而是可以直接从 X 的分布出发，利用公式（2.48）或（2.49）计算出期望 $E[g(X)]$.

例 2.49 随机变量 X 的概率分布由表 2.18 确定，$Y = \pi X^2$，$Z = \dfrac{4\pi X^3}{3}$，求 EX，EY 及 EZ.

表 2.18

X	1	2	3	4
p	0.4	0.3	0.2	0.1

解 由（2.46）及（2.48）式，有

$$EX = \sum_{n=1}^{4} x_n p_n = 1 \times 0.4 + 2 \times 0.3 + 3 \times 0.2 + 4 \times 0.1 = 2$$

$$EY = \sum_{n=1}^{4} \pi x_n^2 p_n = \pi \times 0.4 + 4\pi \times 0.3 + 9\pi \times 0.2 + 16\pi \times 0.1 = 5\pi$$

$$EZ = \sum_{n=1}^{4} \frac{4\pi x_n^3 p_n}{3} = \frac{4\pi}{3}(1 \times 0.4 + 8 \times 0.3 + 27 \times 0.2 + 64 \times 0.1)$$

$$= 19.47\pi$$

此例看到 $E(\pi X^2) \neq \pi(EX)^2$，$E\left(\dfrac{4\pi X^3}{3}\right) \neq \dfrac{4}{3}\pi(EX)^3$，即不能随便用 $g[E(X)]$ 来计算 $E[g(X)]$，但是定理 2.9 中的推论（3）是例外.

例 2.50 随机变量 X 服从区间 $[a,b]$ 上的均匀分布，求 EX 与 EX^2.

解 依题意，X 的概率密度为

$$f(x) = \begin{cases} \dfrac{1}{b-a}, & a \leq x \leq b, \\ 0, & \text{其他}. \end{cases}$$

$$EX = \int_{-\infty}^{+\infty} xf(x)\,dx = \int_a^b \frac{x}{b-a}dx = \frac{x^2}{2(b-a)}\bigg|_a^b = \frac{a+b}{2};$$

$$EX^2 = \int_{-\infty}^{\infty} x^2 f(x)\,dx = \int_a^b x^2 \cdot \frac{1}{b-a}dx$$

$$= \frac{1}{3}(a^2 + ab + b^2)$$

例 2.51 随机变量 X 服从区间 $[0, 2\pi]$ 上的均匀分布，求期望 $E(\sin X)$，EX^2，$E(X - EX)^2$.

解 由(2.49)式，有

$$E(\sin X) = \int_0^{2\pi} \sin x \cdot \frac{1}{2\pi} dx = 0$$

$$EX^2 = \int_0^{2\pi} x^2 \cdot \frac{1}{2\pi} dx = \frac{4}{3}\pi^2$$

上例中曾计算过均匀分布的数学期望是其取值区间的中点，故 $EX = \pi$，因此有

$$E(X - EX)^2 = E(X - \pi)^2 = \int_0^{2\pi} (x - \pi)^2 \cdot \frac{1}{2\pi} dx = \frac{\pi^2}{3}$$

例 2.52 假定世界市场对我国某种出口商品的需求量 X（单位：吨）是个随机变量，它服从区间 [2000,4000] 上的均匀分布，设该商品每售出一吨，可获利 3 万美元外汇，但若销售不出去积压于库，则每吨需支付保养费 1 万美元外汇，问如何计划年出口量，能使国家期望获利最多．

解 设计划年出口量为 y 吨，年创利额为 Y 万美元，显然 $y \in [2000, 4000]$，且有

$$Y = g(X) = \begin{cases} 3y, & X \geq y, \\ 3X - (y - X), & X < y. \end{cases} = \begin{cases} 3y, & X \geq y, \\ 4X - y, & X < y. \end{cases}$$

$$EY = \int_{-\infty}^{\infty} g(x) f(x) dx = \frac{1}{2000} \int_{2000}^{4000} g(x) dx$$

$$= \frac{1}{2000} \left[\int_{2000}^{y} (4x - y) dx + \int_{y}^{4000} 3y dx \right]$$

$$= \frac{1}{1000}(-y^2 + 7000y - 4000000)$$

这是 y 的一个二次函数，由微积分知识可以算出，当 $y = 3500$ 时，EY 最大．因此计划年出口量安排 3500 吨为最佳决策．

例 2.53 游客乘电梯从底层到电视塔顶层观光；电梯于每个整点的第 5 分钟、25 分钟和 55 分钟从底层运行，假设一游客在早 8 点的第 X 分钟到达底层候梯处，且在 X 在 [0,60] 上均匀分布，求该游客等候时间的数学期望．

解 依题意，X 的概率密度为

$$f(x) = \begin{cases} \dfrac{1}{60}, & 0 \leq x \leq 60, \\ 0, & \text{其他}. \end{cases}$$

设 Y 是游客的候梯时间（单位：分），则随机变量 Y 与 X 的关系为

$$Y = g(X) = \begin{cases} 5 - X, & 0 < X \leq 5, \\ 25 - X, & 5 < X \leq 25, \\ 55 - X, & 25 < X \leq 55, \\ 65 - X, & 55 < X \leq 60. \end{cases}$$

$$EY = E[g(X)] = \int_{-\infty}^{+\infty} g(x)f(x)\mathrm{d}x = \int_0^{60} \frac{1}{60} g(x)\mathrm{d}x$$

$$= \frac{1}{60}\Big[\int_0^5 (5-x)\mathrm{d}x + \int_5^{25}(25-x)\mathrm{d}x + \int_{25}^{55}(55-x)\mathrm{d}x + \int_{55}^{60}(65-x)\mathrm{d}x\Big]$$

$$= \frac{1}{60}(12.5 + 200 + 450 + 37.5) = 11\frac{2}{3}$$

计算得知该游客的等候时间的数学期望为 11 分 40 秒.

二、随机变量的方差

1. 方差的定义

随机变量的数学期望反映了随机变量取值平均的大小,但是往往期望相同的两个随机变量取值情况差异很大,进一步还需知道随机变量的取值对期望值的分散程度. 比如,某厂生产一批元件,平均使用寿命 $EX = 1000$ 小时,仅由此我们还很难了解这批元件的质量好坏,因为,有可能有一半的元件质量很高,寿命在 1500 小时以上,而另一半却质量很差,寿命多不足 500 小时,从而反映出产品质量不稳定. 可见应进一步考察元件寿命 X 对期望 EX 的偏离程度.

定义 2.16 设 X 是随机变量,期望 EX 存在. 称 $X - EX$ 为 X 的**离差**.

显然,任何一个随机变量离差的期望都是 0,即

$$E(X - EX) = EX - EX = 0$$

定义 2.17 设 X 是随机变量,$EX^2 < +\infty$,称 $E(X - EX)^2$ 为 X 的**方差**,记作 DX 或 $VarX$,即

$$DX = VarX = E(X - EX)^2 \tag{2.51}$$

称 $\sqrt{DX}$ 为 X 的**标准差**,也记作 σ_X.

对于离散型随机变量 X,若 $P\{X = x_n\} = p_n$,$n = 1, 2, \cdots$,则由 (2.48) 式,有

$$DX = \sum_n (x_n - EX)^2 p_n \tag{2.52}$$

对于连续型随机变量 X,若概率密度为 $f(x)$,则由(2.49)式,有

$$DX = \int_{-\infty}^{\infty} (x - EX)^2 f(x) \mathrm{d}x \tag{2.53}$$

由于方差 DX 是随机变量 $(X-EX)^2$ 的期望,因此方差 DX 也是一个确定的常数,并且 $DX \geq 0$.

2. **方差的性质**

设随机变量 X 的方差 DX 存在,则从定义 2.17 可以得到关于**方差的简单性质**:

1. $D(c) = 0$;
2. $D(cX) = c^2 DX$,特别地,$D(-X) = DX$;
3. $D(X+c) = DX$;
4. $DX = EX^2 - (EX)^2$. (2.54)

其中 c 为常数.

证 (1) 由于 $E(c) = c$,有
$$D(c) = E[c - E(c)]^2 = E(c-c)^2 = E(0) = 0;$$

(2) 由于 $E(cX) = cEX$,有
$$D(cX) = E[cX - E(cX)]^2 = E[c(X-EX)]^2$$
$$= c^2 E(X-EX)^2 = c^2 DX,$$
$$D(-X) = (-1)^2 DX = DX;$$

(3) 由于 $E(X+c) = EX + c$,有
$$D(X+c) = E[X+c-E(X+c)]^2 = E(X+c-EX-c)^2$$
$$= E(X-EX)^2 = DX;$$

(4) $DX = E(X-EX)^2 = E[X^2 - 2XEX + (EX)^2]$
$$= EX^2 - 2EX \cdot EX + (EX)^2 = EX^2 - (EX)^2.$$

例 2.54 设随机变量 X 服从参数为 $p(0 < p < 1)$ 的 0-1 分布,求 X 的方差.

解 依题意,X 的概率分布为 $X \sim \begin{pmatrix} 0 & 1 \\ 1-p & p \end{pmatrix}$.

$$EX = 0 \cdot (1-p) + p = p;\ EX^2 = 0(1-p) + p = p,$$
$$DX = EX^2 - (EX)^2 = p - p^2 = p(1-p).$$

若记 $q = 1-p$,则 $DX = pq$.

例 2.55 X 表示掷一颗均匀骰子掷出的点数，求 X 的期望与方差.

解 $P\{X=i\} = 1/6$，$i = 1, 2, \cdots, 6$.

$$EX = \sum_{i=1}^{6} i P\{X=i\} = \frac{1}{6} \sum_{i=1}^{6} i = \frac{7}{2},$$

$$EX^2 = \sum_{i=1}^{6} i^2 P\{X=i\} = \frac{1}{6} \sum_{i=1}^{6} i^2 = \frac{91}{6},$$

$$DX = EX^2 - (EX)^2 = \frac{91}{6} - \frac{49}{4} = \frac{35}{12}.$$

例 2.56 设连续型随机变量 X 的概率密度函数为

$$f(x) = \begin{cases} x, & 0 \leq x < 1, \\ 2-x, & 1 \leq x \leq 2, \\ 0, & \text{其他}. \end{cases}$$

求 X 的方差 DX.

解 在例 2.46 中我们已经计算出 $EX = 1$，现在再计算 EX^2.

$$EX^2 = \int_{-\infty}^{+\infty} x^2 f(x) \, dx = \int_0^1 x^3 \, dx + \int_1^2 x^2(2-x) \, dx$$

$$= \frac{x^4}{4} \bigg|_0^1 + \left(\frac{2x^3}{3} - \frac{x^4}{4} \right) \bigg|_1^2 = \frac{7}{6},$$

于是

$$DX = EX^2 - (EX)^2 = \frac{7}{6} - 1 = \frac{1}{6}.$$

例 2.57 计算下列随机变量的期望与方差.

（1）X 服从参数为 p 的二项分布；

（2）Y 服从参数为 λ 的泊松分布.

解 （1）$EX = \sum_{k=0}^{n} k P\{X=k\} = \sum_{k=0}^{n} k C_n^k p^k q^{n-k}$

$$= \sum_{k=1}^{n} \frac{kn!}{k!(n-k)!} p^k q^{n-k}$$

$$= np \sum_{k=1}^{n} \frac{(n-1)!}{(k-1)!(n-k)!} p^{k-1} q^{n-k}$$

$$= np \sum_{k=1}^{n} C_{n-1}^{k-1} p^{k-1} q^{n-k}$$

$$= np.$$

其中 $\sum_{k=1}^{n} C_{n-1}^{k-1} p^{k-1} q^{n-k} = \sum_{k-1=0}^{n-1} C_{n-1}^{k-1} p^{k-1} q^{n-1-(k-1)} = (p+q)^{n-1} = 1.$

同样方法再计算 EX^2.

$$\begin{aligned} EX^2 &= \sum_{k=0}^{n} k^2 C_n^k p^k q^{n-k} = \sum_{k=1}^{n} k^2 C_n^k p^k q^{n-k} \\ &= \sum_{k=1}^{n} [k(k-1) + k] C_n^k p^k q^{n-k} \\ &= \sum_{k=2}^{n} k(k-1) \frac{n!}{k!(n-k)!} p^k q^{n-k} + \sum_{k=1}^{n} k C_n^k p^k q^{n-k} \\ &= n(n-1) p^2 \sum_{k=2}^{n} C_{n-2}^{k-2} p^{k-2} q^{n-2-(k-2)} + np \\ &= n(n-1) p^2 + np = n^2 p^2 - np^2 + np, \end{aligned}$$

$DX = EX^2 - (EX)^2 = n^2 p^2 + np - np^2 - (np)^2 = np(1-p) = npq.$

(2) $EY = \sum_{n=0}^{\infty} n P\{Y=n\} = \sum_{n=0}^{\infty} n \cdot \frac{\lambda^n}{n!} e^{-\lambda} = \sum_{n=1}^{\infty} \frac{\lambda^n}{(n-1)!} e^{-\lambda}$

$= \lambda \sum_{n-1=0}^{\infty} \frac{\lambda^{n-1}}{(n-1)!} e^{-\lambda} = \lambda e^{\lambda} \cdot e^{-\lambda} = \lambda.$

类似方法可以计算出 $EY^2 = \lambda^2 + \lambda$（限于篇幅，计算过程略），于是

$DY = EY^2 - (EY)^2 = \lambda^2 + \lambda - \lambda^2 = \lambda.$

例 2.58 求下列随机变量的期望与方差.

(1) X_1 服从区间 $[a,b]$ 上的均匀分布；

(2) X_2 服从参数为 λ 的指数分布；

(3) X_3 服从参数为 μ, σ^2 的正态分布 $N(\mu, \sigma^2)$.

解 依题意，X_i 的概率密度函数 $f_i(x)$ $(i=1,2,3)$ 分别为

$$f_1(x) = \begin{cases} \dfrac{1}{b-a}, & a \leq x \leq b, \\ 0, & \text{其他}; \end{cases}$$

$$f_2(x) = \begin{cases} \lambda e^{-\lambda x}, & x > 0, \\ 0, & x \leq 0; \end{cases}$$

$$f_3(x) = \frac{1}{\sqrt{2\pi} \sigma} e^{-\frac{(x-\mu)^2}{2\sigma^2}}, \quad -\infty < x < +\infty.$$

(1) 在例 2.50 中我们已计算出

$$EX_1 = \frac{a+b}{2}, \quad EX_1^2 = \frac{a^2+ab+b^2}{3},$$

于是有

$$DX_1 = EX_1^2 - (EX_1)^2 = \frac{a^2+ab+b^2}{3} - \frac{(b+a)^2}{4} = \frac{(b-a)^2}{12}.$$

(2) $EX_2 = \int_{-\infty}^{+\infty} xf(x)\mathrm{d}x = \int_0^{+\infty} \lambda x e^{-\lambda x}\mathrm{d}x = \int_0^{+\infty} x\mathrm{d}(-e^{-\lambda x})$

$$= -xe^{-\lambda x}\Big|_0^{+\infty} + \int_0^{+\infty} e^{-\lambda x}\mathrm{d}x = \frac{1}{\lambda}.$$

等式最后一步是由于指数分布的概率密度积分 $\int_0^{+\infty} \lambda e^{-\lambda x}\mathrm{d}x = 1$，从而有

$$\int_0^{+\infty} e^{-\lambda x}\mathrm{d}x = \frac{1}{\lambda}\int_0^{+\infty} \lambda e^{-\lambda x}\mathrm{d}x = \frac{1}{\lambda}.$$

$$EX_2^2 = \int_0^{+\infty} \lambda x^2 e^{-\lambda x}\mathrm{d}x = \int_0^{+\infty} x^2 \mathrm{d}(-e^{-\lambda x})$$

$$= -x^2 e^{-\lambda x}\Big|_0^{+\infty} + \int_0^{+\infty} 2xe^{-\lambda x}\mathrm{d}x = \frac{2}{\lambda}EX_2 = \frac{2}{\lambda^2},$$

$$DX_2 = EX_2^2 - (EX_2)^2 = \frac{2}{\lambda^2} - \left(\frac{1}{\lambda}\right)^2 = \frac{1}{\lambda^2}.$$

(3) $EX_3 = \int_{-\infty}^{+\infty} xf(x)\mathrm{d}x = \int_{-\infty}^{+\infty} \frac{x}{\sqrt{2\pi}\sigma} e^{-\frac{(x-\mu)^2}{2\sigma^2}}\mathrm{d}x \quad \left(\text{令 } y = \frac{x-\mu}{\sigma}\right)$

$$= \int_{-\infty}^{+\infty} \frac{\sigma y + \mu}{\sqrt{2\pi}} e^{-\frac{y^2}{2}}\mathrm{d}y = \int_{-\infty}^{+\infty} \frac{\sigma y}{\sqrt{2\pi}} e^{-\frac{y^2}{2}}\mathrm{d}y + \mu\int_{-\infty}^{+\infty} \frac{1}{\sqrt{2\pi}} e^{-\frac{y^2}{2}}\mathrm{d}y$$

$$= \int_{-\infty}^{+\infty} \sigma y\varphi(y)\mathrm{d}y + \mu\int_{-\infty}^{+\infty} \varphi(y)\mathrm{d}y.$$

由于标准正态密度函数 $\varphi(y)$ 是偶函数，可知 $y\varphi(y)$ 是奇函数且积分 $\int_{-\infty}^{+\infty} y\varphi(y)\mathrm{d}y$ 收敛，因此其积分值为 0，而 $\mu\int_{-\infty}^{+\infty} \varphi(y)\mathrm{d}y = \mu$。于是有 $EX_3 = \mu$。

$$DX_3 = E(X_3 - EX_3)^2 = \int_{-\infty}^{+\infty} \frac{(x-\mu)^2}{\sqrt{2\pi}\sigma} e^{-\frac{(x-\mu)^2}{2\sigma^2}}\mathrm{d}x \quad \left(\text{令 } y = \frac{x-\mu}{\sigma}\right)$$

$$= \int_{-\infty}^{+\infty} \frac{\sigma^2 y^2}{\sqrt{2\pi}} e^{-\frac{y^2}{2}}\mathrm{d}y = \int_{-\infty}^{+\infty} \frac{\sigma^2 y}{\sqrt{2\pi}} \mathrm{d}(-e^{-\frac{y^2}{2}})$$

$$= -\frac{\sigma^2 y}{\sqrt{2\pi}} e^{-\frac{y^2}{2}}\Big|_{-\infty}^{+\infty} + \int_{-\infty}^{+\infty} \frac{\sigma^2}{\sqrt{2\pi}} e^{-\frac{y^2}{2}}\mathrm{d}y = \sigma^2.$$

[评注] 在有关指数分布及数字特征的计算中，用 Γ 函数的性质是很方便的.

$$\Gamma(r) = \int_0^{+\infty} x^{r-1} e^{-x} dx \quad (r > 0).$$

当 r 为正整数时，

$$\Gamma(n) = (n-1)\Gamma(n-1) = (n-1)!, \quad \Gamma(1) = 1.$$

具体到（2）中的计算

$$EX_2 = \int_0^{+\infty} x\lambda e^{-\lambda x} dx = \frac{1}{\lambda}\int_0^{+\infty} \lambda x e^{-\lambda x} d(\lambda x) = \frac{1}{\lambda}\Gamma(2) = \frac{1}{\lambda},$$

$$EX_2^2 = \int_0^{+\infty} x^2 \lambda e^{-\lambda x} dx = \frac{1}{\lambda^2}\int_0^{+\infty} (\lambda x)^2 e^{-\lambda x} d(\lambda x) = \frac{\Gamma(3)}{\lambda^2} = \frac{2}{\lambda^2},$$

$$DX_2 = EX_2^2 - (EX_2)^2 = \frac{1}{\lambda^2}.$$

例 2.59 已知随机变量 X 服从二项分布 $B(n,p)$，且 $EX = 2.4$，$DX = 0.48$，求 X 的概率函数与分布函数.

分析 欲求 X 的概率函数需知其分布参数 n,p，我们应依据题设条件列出以 n,p 为未知量的两个方程，解出 n,p 的值，这是本题的关健.

解 依题意，

$$EX = np = 2.4, \quad DX = npq = 0.48,$$

解得 $q = 0.2$，$p = 1 - q = 0.8$，$n = 3$. 于是 X 的概率函数与分布函数分别为

$$P\{X = k\} = C_3^k 0.8^k 0.2^{3-k}, \quad k = 0, 1, 2, 3.$$

表 2.19 二项分布 $B(3, 0.8)$ 的概率分布表

X	0	1	2	3
p	0.008	0.096	0.384	0.512

$$F(x) = \begin{cases} 0, & x < 0, \\ 0.008, & 0 \leq x < 1, \\ 0.104, & 1 \leq x < 2, \\ 0.488, & 2 \leq x < 3, \\ 1, & x \geq 3. \end{cases}$$

例 2.60 设随机变量 X 服从期望为 1 的指数分布，求概率 $P\{X \leq EX\}$，$P\{X \geq EX^2\}$.

解 由于 $EX=1/\lambda=1$,所以参数 $\lambda=1$, $EX^2=DX+(EX)^2=1/\lambda^2+(1/\lambda)^2=2$.

$P\{X\leqslant EX\}=P\{X\leqslant 1\}=1-e^{-1}$,

$P\{X\geqslant EX^2\}=P\{X\geqslant 2\}=e^{-2}$.

三、常用随机变量的数学期望与方差（见表2.20）

表2.20 常用随机变量的数学期望与方差

分布名称	概率函数或概率密度函数	期望	方差
0-1分布	$P\{X=k\}=p^k q^{1-k}$, $k=0,1$; $0<p<1$, $q=1-p$	p	pq
二项分布	$P\{X=k\}=C_n^k p^k q^{n-k}$, $k=0,1,\cdots,n$; $0<p<1$, $q=1-p$	np	npq
泊松分布	$P\{X=k\}=\dfrac{\lambda^k}{k!}e^{-\lambda}$, $k=0,1,\cdots,n,\cdots$; $\lambda>0$	λ	λ
几何分布	$P\{X=k\}=pq^{k-1}$, $k=1,2,\cdots$; $0<p<1$, $q=1-p$	$\dfrac{1}{p}$	$\dfrac{q}{p^2}$
超几何分布	$P\{X=m\}=\dfrac{C_M^m C_{N-M}^{n-m}}{C_N^n}$, $m=0,1,\cdots,n$; $n,M<N$	$\dfrac{nM}{N}$	$\dfrac{nM(N-M)(N-n)}{N^2(N-1)}$
均匀分布	$f(x)=\begin{cases}\dfrac{1}{b-a}, & a\leqslant x\leqslant b,\\ 0, & \text{其他,}\end{cases}$ $-\infty<a<b<+\infty$	$\dfrac{a+b}{2}$	$\dfrac{(b-a)^2}{12}$
指数分布	$f(x)=\begin{cases}\lambda e^{-\lambda x}, & x>0, \lambda>0\\ 0, & x\leqslant 0,\end{cases}$	$\dfrac{1}{\lambda}$	$\dfrac{1}{\lambda^2}$
正态分布	$f(x)=\dfrac{1}{\sqrt{2\pi}\sigma}e^{-\frac{(x-\mu)^2}{2\sigma^2}}$, $\sigma>0$, $-\infty<\mu<+\infty$	μ	σ^2
标准正态分布	$\varphi(x)=\dfrac{1}{\sqrt{2\pi}}e^{-\frac{x^2}{2}}$	0	1
*对数正态分布	$f(x)=\begin{cases}\dfrac{1}{\sqrt{2\pi}\sigma x}e^{-\frac{(\ln x-\mu)^2}{2\sigma^2}}, & x>0,\\ 0, & x\leqslant 0,\end{cases}$ $\sigma>0$, $-\infty<\mu<+\infty$	$e^{\mu+\frac{\sigma^2}{2}}$	$e^{2\mu+\sigma^2}(e^{\sigma^2}-1)$
*柯西分布	$f(x)=\dfrac{1}{\lambda\pi\left(1+\left(\dfrac{x-\theta}{\lambda}\right)^2\right)}$, $\lambda>0$; $-\infty<\theta<+\infty$	不存在	不存在

四、随机变量的矩

随机变量的矩是更广泛意义上的数字特征,它在概率论与数理统计中有许多应用,数学期望和方差都是特殊情况的矩,在这里,我们只介绍最常用的两种矩.

定义 2.18 设 X 是一个随机变量,如果 $E|X^n| < +\infty$,则称
$$\alpha_n(X) = EX^n, \quad n = 1, 2, \cdots \tag{2.55}$$
为 X 的 n **阶原点矩**,称
$$\beta_n(X) = E(X - EX)^n, \quad n = 1, 2, \cdots \tag{2.56}$$
为 X 的 n **阶中心矩**.

显然 $\alpha_n(X)$ 与 $\beta_n(X)$ 都是随机变量 X 的函数的数学期望,可以用随机变量函数的期望公式(2.48)或(2.49)计算 $\alpha_n(X)$ 与 $\beta_n(X)$. 其中 X 的一阶原点矩 $\alpha_1(X)$ 与二阶中心矩 $\beta_2(X)$ 分别是我们已经介绍的最常见的数字特征:数学期望与方差.

习 题 二

1. 已知随机变量 X 服从 $0-1$ 分布,并且 $P\{X \leq 0\} = 0.2$,求 X 的概率分布.

2. 一箱产品 20 件,其中有 5 件优质品,不放回地抽取,每次一件,共抽取两次,求取到的优质品件数 X 的概率分布.

3. 上题中若采用重复抽取,其他条件不变,设抽取的两件产品中,优质品为 X 件,求随机变量 X 的概率分布.

4. 第 2 题中若改为重复抽取,每次一件,直到取得优质品为止,求抽取次数 X 的概率分布.

5. 盒内有 12 个乒乓球,其中 9 个是新球,3 个为旧球,采取不放回抽取,每次一个直到取得新球为止,求下列随机变量的概率分布.

(1)抽取次数 X;

(2)取到的旧球个数 Y.

6. 上题盒中球的组成不变,若一次取出 3 个,求取到的新球数目 X 的概率分布.

7. 已知 $P\{X=n\}=p^n$, $n=1,2,3,\cdots$, 求 p 的值.

8. 已知 $P\{X=n\}=p^n$, $n=2,4,6,\cdots$, 求 p 的值.

9. 已知 $P\{X=n\}=cn$, $n=1,2,\cdots,100$, 求 c 的值.

10. 如果 $p_n=cn^{-2}$, $n=1,2,\cdots$, 问它是否能成为一个离散型概率分布,为什么?

11. 随机变量 X 只取 1,2,3 共 3 个值,其取各个值的概率均大于零、不相等且组成等差数列,求 X 的概率分布.

12. 已知 $P\{X=m\}=\dfrac{c\lambda^m}{m!}e^{-\lambda}$, $m=1,2,\cdots$, 且 $\lambda>0$, 求常数 c.

13. 甲、乙二人轮流投篮,甲先开始,直到有一人投中为止,假定甲、乙二人投篮的命中率分别为 0.4 及 0.5, 求:

(1)二人投篮总次数 Z 的概率分布;

(2)甲投篮次数 X 的概率分布;

(3)乙投篮次数 Y 的概率分布.

14. 一条公共汽车路线的两个站之间,有 4 个路口处设有信号灯,假定汽车经过每个路口时遇到绿灯可顺利通过,其概率为 0.6, 遇到红灯或黄灯则停止前进,其概率为 0.4, 求汽车开出站后,在第一次停车之前已通过的路口信号灯数目 X 的概率分布(不计其他因素停车).

15. $f(x)=\begin{cases}\sin x, & x\in[a,b],\\ 0, & \text{其他}.\end{cases}$

问 $f(x)$ 是否为一个概率密度函数,为什么?如果(1)$a=0$, $b=\dfrac{\pi}{2}$; (2)$a=0$, $b=\pi$; (3)$a=\pi$, $b=\dfrac{3}{2}\pi$.

16. $f(x)=\begin{cases}\dfrac{x}{c}e^{-\frac{x^2}{2c}}, & x>0,\\ 0, & x\leq 0.\end{cases}$

其中 $c>0$, 问 $f(x)$ 是否为密度函数,为什么?

17. $f(x)=\begin{cases}2x, & a<x<a+2,\\ 0, & 其他.\end{cases}$

问 $f(x)$ 是否为密度函数，若是，确定 a 的值；若不是，说明理由.

18. 设随机变量 $X\sim f(x)$

$$f(x)=\begin{cases}\dfrac{2}{\pi(1+x^2)}, & a<x<+\infty,\\ 0, & 其他.\end{cases}$$

确定常数 a 的值，如果 $P\{a<x<b\}=0.5$，求 b 的值.

19. 某种电子元件的寿命 X 是随机变量，概率密度为

$$f(x)=\begin{cases}\dfrac{100}{x^2}, & x\geq 100,\\ 0, & x<100.\end{cases}$$

3 个这种元件串联在一个线路中，计算这 3 个元件使用了 150 小时后仍能使线路正常工作的概率.

20. 设随机变量 $X\sim f(x)$，$f(x)=ae^{-|x|}$，确定系数 a，计算 $P\{|X|\leq 1\}$.

21. 设随机变量 Y 服从 $[0,5]$ 上的均匀分布，求关于 x 的二次方程 $4x^2+4xY+Y+2=0$ 有实数根的概率.

22. 随机变量 $X\sim f(x)$，

$$f(x)=\begin{cases}\dfrac{c}{\sqrt{1-x^2}}, & |x|<1,\\ 0, & 其他.\end{cases}$$

确定常数 c，计算 $P\left\{|X|\leq\dfrac{1}{2}\right\}$.

23. 设连续型随机变量 X 的分布函数 $F(x)$ 为

$$F(x)=\begin{cases}0, & x<0,\\ a\sqrt{x}, & 0\leq x<1,\\ 1, & x\geq 1.\end{cases}$$

确定系数 a，计算 $P\{0\leq X\leq 0.25\}$；求概率密度 $f(x)$.

24. 求第 20 题中 X 的分布函数 $F(x)$.

25. 函数 $(1+x^2)^{-1}$ 可否为连续型随机变量的分布函数，为什么？

26. 随机变量 $X\sim f(x)$，并且 $f(x)=\dfrac{a}{\pi(1+x^2)}$，确定 a 的值；求分布函数

$F(x)$；计算 $P\{|X|<1\}$.

27. 随机变量 X 的分布函数 $F(x)$ 为：

$$F(x) = \begin{cases} 1 - \dfrac{a}{x^2}, & x > 2, \\ 0, & x \leqslant 2. \end{cases}$$

确定常数 a 的值，计算 $P\{0 \leqslant X \leqslant 4\}$.

28. 随机变量 $X \sim f(x)$，$f(x) = \dfrac{a}{e^x + e^{-x}}$，确定 a 的值；求分布函数 $F(x)$.

29. 随机变量 $X \sim f(x)$，

$$f(x) = \begin{cases} \dfrac{2x}{\pi^2}, & 0 < x < a, \\ 0, & 其他. \end{cases}$$

确定 a 的值并求分布函数 $F(x)$.

30. 随机变量 X 的分布函数为

$$F(x) = \begin{cases} 0, & x \leqslant 0, \\ 1 - \dfrac{a^2 x^2 + 2ax + 2}{2} e^{-ax}, & x > 0. \end{cases} \quad (a > 0)$$

求 X 的概率密度并计算 $P\left\{0 < X < \dfrac{1}{a}\right\}$.

31. 随机变量 $Y_n \sim B\left(n, \dfrac{1}{4}\right)$，分别就 $n = 1, 2, 4, 8$，列出 Y_n 的概率分布表. 并画出概率函数图.

32. 设每次试验的成功率为 0.8，重复试验 4 次，失败次数记为 X，求 X 的概率分布.

33. 设每次投篮的命中率为 0.7，求投篮 10 次恰有 3 次命中的概率；至少命中 3 次的概率.

34. 随机变量 X 服从参数为 2 的泊松分布，查表写出概率 $P\{X=m\}$，$m = 0, 1, 2, 3, 4$，并与上题中的概率分布进行比较.

35. 从废品率是 0.001 的 10 万件产品中，一次随机抽取 500 件，求废品率不超过 0.01 的概率.

36. 设书籍中每页的印刷错误服从泊松分布，经统计发现在某本书上，有一个印刷错误的页数与有两个印刷错误的页数相同，求任意检验 4 页，每页上都没有印刷错误的概率.

37. 每个粮仓内老鼠数目服从泊松分布,若已知一个粮仓内有一只老鼠的概率为有两只老鼠的概率的两倍,求粮仓内无鼠的概率.

38. 上题中条件不变,求10个粮仓中有老鼠的粮仓不超过两个的概率.

39. 随机变量 X 服从标准正态分布,求概率 $P\{X \leq 3\}$,$P\{2.35 \leq X \leq 5\}$,$P\{X \leq 1\}$,$P\{X \leq -7\}$.

40. 随机变量 X 服从标准正态分布,确定下列各概率等式中的 a 的数值:

(1) $P\{X \leq a\} = 0.9$ (2) $P\{|X| \leq a\} = 0.9$

(3) $P\{X \leq a\} = 0.97725$ (4) $P\{|X| \leq a\} = 0.1$

41. 随机变量 X 服从正态分布 $N(5, 2^2)$,求概率 $P\{5 < X < 8\}$,$P\{X \leq 0\}$,$P\{|X-5| < 2\}$.

42. 随机变量 X 服从正态分布 $N(\mu, \sigma^2)$,若 $P\{X < 9\} = 0.975$,$P\{X < 2\} = 0.062$,计算 μ 和 σ 的值,求 $P\{X > 6\}$.

43. 已知随机变量 $X \sim N(10, 2^2)$,$P\{|X-10| < c\} = 0.95$,$P\{X < d\} = 0.023$,确定 c 和 d 的值.

44. 假定随机变量 X 服从正态分布 $N(\mu, \sigma^2)$,确定下列各概率等式中 a 的数值:

(1) $P\{\mu - a\sigma < X < \mu + a\sigma\} = 0.9$;

(2) $P\{\mu - a\sigma < X < \mu + a\sigma\} = 0.95$;

(3) $P\{\mu - a\sigma < X < \mu + a\sigma\} = 0.99$.

45. 某科统考的考试成绩 X 近似服从正态分布 $N(70, 10^2)$,第100名的成绩为60分,问第20名的成绩约为多少分?

46. 随机变量 X 服从参数为0.7的0-1分布,求 X^2,$X^2 - 2X$ 的概率分布.

47. 已知 $P\{X = 10^n\} = P\{X = 10^{-n}\} = \dfrac{1}{3^n}$,$n = 1, 2, \cdots$,$Y = \lg X$,求 Y 的概率分布.

48. X 服从 $[a, b]$ 上的均匀分布,$Y = aX + b$,$(a \neq 0)$,求证 Y 也服从均匀分布.

49. 随机变量 X 服从 $\left[0, \dfrac{\pi}{2}\right]$ 上的均匀分布,$Y = \cos X$,求 Y 的概率密

度 $f_Y(y)$.

50. 随机变量 X 服从（0,1）上的均匀分布，$Y = e^x$, $Z = |\ln X|$, 分别求随机变量 Y 与 Z 的概率密度 $f_Y(y)$ 及 $f_Z(z)$.

51. 随机变量 $X \sim f(x)$,
$$f(X) = \begin{cases} e^{-x}, & x > 0, \\ 0, & x \leq 0. \end{cases}$$
$Y = \sqrt{X}$, $Z = X^2$, 分别计算随机变量 Y 与 Z 的概率密度 $f_Y(y)$ 与 $f_Z(z)$.

52. 随机变量 $X \sim f(x)$, 当 $x \geq 0$ 时, $f(x) = \dfrac{2}{\pi(1+x^2)}$, $Y = \arctan X$, $Z = \dfrac{1}{X}$, 分别计算随机变量 Y 与 Z 的概率密度 $f_Y(y)$ 与 $f_Z(z)$.

53. 一个质点在半径为 R、圆心在原点的圆之上半圆周上随机游动. 求该质点横坐标 X 的密度函数 $f_X(x)$.

54. 计算第 2, 3, 5, 6, 11 各题中的随机变量的期望.

55. $P\{X = n\} = \dfrac{c}{n}$, $n = 1, 2, 3, 4, 5$, 确定 c 的值并计算 EX.

56. 随机变量 X 只取 -1, 0, 1 三个值, 且相应概率的比为 $1:2:3$, 计算 EX.

57. 随机变量 X 服从参数为 0.8 的 0 – 1 分布, 通过计算说明 EX^2 是否等于 $(EX)^2$?

58. 随机变量 $X \sim f(x)$, $f(x) = 0.5 e^{-|x|}$, 计算 EX^n, n 为正整数.

59. 随机变量 $X \sim f(x)$,
$$f(x) = \begin{cases} x, & 0 \leq x \leq 1, \\ 2 - x, & 1 < x < 2, \\ 0, & 其他. \end{cases}$$
计算 EX^n (n 为正整数).

60. 随机变量 $X \sim f(x)$,
$$f(x) = \begin{cases} cx^b, & 0 \leq x \leq 1, \\ 0, & 其他. \end{cases}$$
b、c 均大于 0, 问 EX 可否等于 1, 为什么？

61. 计算第 6, 55 各题中 X 的方差 DX.

62. 计算第 23, 29 各题中随机变量的期望和方差.

63. 计算第 49 题中随机变量 Y 的期望和方差.

64. 已知随机变量 X 的分布函数 $F(x)$ 为：

$$F(x) = \begin{cases} 0, & x < -1, \\ \dfrac{1}{2} + x + \dfrac{x^2}{2}, & -1 \leq x < 0, \\ \dfrac{1}{2} + x - \dfrac{x^2}{2}, & 0 \leq x < 1, \\ 1, & x \geq 1. \end{cases}$$

计算 EX 和 DX.

65. 已知随机变量 X 的期望 $EX = \mu$，方差 $DX = \sigma^2$，随机变量 $Y = \dfrac{(X-\mu)}{\sigma}$，求 EY 和 DY.

66. 已知随机变量 $X \sim B(n,p)$，并且 $EX = 3$，$DX = 2$，写出 X 的全部可能取值，并计算概率 $P\{X \leq 8\}$.

67. 随机变量 $X \sim B(n,p)$，$Y = e^{aX}$，计算随机变量 Y 的期望 EY 和方差 DY.

68. 从 1 副扑克牌(52 张)中每次抽取 1 张，连续抽取 4 次，随机变量 X，Y 分别表示采用不放回抽样及有放回抽样取到的黑花色张数，分别求 X，Y 的概率分布以及期望和方差.

69. 某种产品每件表面上的疵点数服从泊松分布，平均每件上有 0.8 个疵点，若规定疵点数不超过 1 个为一等品，价值 10 元；疵点数大于 1 不多于 4 为二等品，价值 8 元；4 个以上者为废品，求：

(1) 产品的废品率；

(2) 产品价值的平均值.

70. 设随机变量 X 服从 $[2,3]$ 上的均匀分布，计算 $E(2X)$，$D(2X)$，$D(2X)^2$.

71. 设随机变量 X 服从参数为 λ 的指数分布，$Y = aX + \dfrac{12}{\lambda}(a>0)$，试确定 a 的值，使二维向量 (EX, EY) 与 (DX, DY) 线性相关.

72. 设随机变量 X 的概率密度为 $f(x) = \begin{cases} \dfrac{1}{\sqrt{2\pi}} e^{-\frac{x^2}{2}}, & x \leq 0, \\ e^{-2x}, & x > 0. \end{cases}$ 试求：

(1) $Y = X^2$ 的概率密度 $f_Y(y)$；

(2) EY.

第三章 随机向量

§3.1 二维随机向量的分布

一、二维随机向量的概念及其联合分布函数

前面我们研究的是一个随机变量，但是实际中许多情况下，需要同时研究两个或两个以上的随机变量．比如，射击弹着点的两个坐标 X 和 Y；冶炼的钢水要求同时考察含碳量、含硫量以及某些稀有金属的含量等几个指标，在类似情形下，不仅要研究一个随机变量的统计规律，还要研究它们之间的统计相依关系．例如，居民的银行储蓄存款余额与国民收入、通货膨胀率等之间的关系．在诸如此类的问题中，同时涉及许多随机变量，而它们之间往往又有某种联系，因而有必要把这些随机变量作为一个整体来研究．

定义3.1 以 n 个随机变量 $X_1, X_2, \cdots, X_n$ 为分量的向量 $X = (X_1, X_2, \cdots, X_n)$，称做 n **维随机向量**，n 元函数

$$F(x_1, x_2, \cdots, x_n) = P\{X_1 \leqslant x_1, X_2 \leqslant x_2, \cdots, X_n \leqslant x_n\}$$

$$(x_1, x_2, \cdots x_n) \in R^n$$

称为 n 维随机向量 $(X_1, X_2, \cdots, X_n)$ 的**联合分布函数**．

本章主要讨论二维随机向量，它的很多结果都可以推广到 n 维情况．当 $n=2$ 时，二维随机向量 (X,Y) 的联合分布函数为

$$F(x,y) = P\{X \leqslant x, Y \leqslant y\}. \tag{3.1}$$

与一维随机变量类似，二维联合分布函数有下列性质：

（1）对任何实数 x, y 都有 $0 \leqslant F(x,y) \leqslant 1$；

(2) $F(-\infty, y) = \lim\limits_{x \to -\infty} F(x,y) = 0$, $F(x, -\infty) = \lim\limits_{y \to -\infty} F(x,y) = 0$,

$$F(-\infty, -\infty) = \lim\limits_{(x,y) \to (-\infty, -\infty)} F(x,y) = 0,$$

$$F(+\infty, +\infty) = \lim\limits_{(x,y) \to (+\infty, +\infty)} F(x,y) = 1.$$

例 3.1 设 $F(x,y)$ 是 (X,Y) 的分布函数,对任意实数 $-\infty < a < b < +\infty$,$-\infty < c < d < +\infty$,求证

$$P\{a < X \leq b, c < Y \leq d\} = F(b,d) - F(a,d) - F(b,c) + F(a,c). \quad (3.2)$$

证明 $P\{a < X \leq b, c < Y \leq d\} = P\{a < X \leq b, Y \leq d\} - P\{a < X \leq b, Y \leq c\}$

$= P\{X \leq b, Y \leq d\} - P\{X \leq a, Y \leq d\} - [P\{X \leq b, Y \leq c\} - P\{X \leq a, Y \leq c\}]$

$= F(b,d) - F(a,d) - F(b,c) + F(a,c).$

二、二维离散型随机向量的概率函数

1. 联合分布

定义 3.2 如果 (X,Y) 的全部可能取值(数对)为有限个或至多可列个,则称 (X,Y) 是**二维离散型随机向量**. 记 (X,Y) 的取值集合为 $\{(x_i, y_j) : i, j = 1, 2, \cdots\}$,并记

$$p_{ij} = P\{X = x_i, Y = y_j\}, \quad i, j = 1, 2, \cdots. \quad (3.3)$$

称 (3.3) 式为 X 与 Y 的**联合概率分布**或 (X,Y) 的**概率分布**或 (X,Y) 的**概率函数**.

与一维离散型随机变量类似,二维离散型随机向量的概率函数具有下列两条基本性质:

(1) $p_{ij} \geq 0$, $i, j = 1, 2, \cdots$; (3.4)

(2) $\sum\limits_i \sum\limits_j p_{ij} = 1.$ (3.5)

为了直观,有时也用概率分布表表示离散型随机向量的概率分布(见表 3.1).

表 3.1　离散型随机向量 (X,Y) 的概率分布表

X \ Y	y_1	y_2	$\cdots$	y_j	$\cdots$
x_1	p_{11}	p_{12}	$\cdots$	p_{1j}	$\cdots$
x_2	p_{21}	p_{22}	$\cdots$	p_{2j}	$\cdots$
$\vdots$	$\vdots$	$\vdots$		$\vdots$	
x_i	p_{i1}	p_{i2}	$\cdots$	p_{ij}	$\cdots$
$\vdots$	$\vdots$	$\vdots$		$\vdots$	

对于集合 $E=\{(x_i,y_j),i,j=1,2,\cdots\}$ 的任意一个子集 A，事件 $\{(X,Y)\in A\}$ 的概率为

$$P\{(X,Y)\in A\}=\sum_i\sum_{\substack{j \\ (x_j,y_j)\in A}}p_{ij}.$$

X 与 Y 的联合分布函数为

$$F(x,y)=\sum_{\substack{i \\ x_i\leqslant x}}\sum_{\substack{j \\ y_j\leqslant y}}p_{ij}. \tag{3.6}$$

2. 边缘分布

定义 3.3　随机向量 (X,Y) 中每个随机变量 X（或 Y）的分布称为关于 X（或 Y）的**边缘分布**.

从 (X,Y) 的联合概率分布 $\{p_{ij},i,j=1,2,\cdots\}$ 容易求出其边缘概率分布. 由于 $P\{X=x_i\}=P\{\bigcup_j(X=x_i,Y=y_j)\}=\sum_j P\{X=x_i,Y=y_j\}=\sum_j p_{ij}$，因此关于 X 的边缘概率分布为

$$p_{i\cdot}\stackrel{\triangle}{=\!=\!=}P\{X=x_i\}=\sum_j p_{ij},i=1,2,\cdots. \tag{3.7}$$

类似地，关于 Y 的边缘概率分布为

$$p_{\cdot j}\stackrel{\triangle}{=\!=\!=}P\{Y=y_j\}=\sum_i p_{ij},j=1,2,\cdots. \tag{3.8}$$

容易验证　$p_{i\cdot}\geqslant 0,i=1,2,\cdots$ 且 $\sum_i p_{i\cdot}=\sum_i\sum_j p_{ij}=1$ 与 $p_{\cdot j}\geqslant 0,j=1,2,\cdots$，且 $\sum_j p_{\cdot j}=1$.

3. 条件分布

定义 3.4　设 (X,Y) 的概率分布为 $\{p_{ij},i,j=1,2,\cdots\}$，如果 $p_{\cdot j}\neq 0$，则称

$$P_{X|Y}(x_i|y_j) = P\{X=x_i | Y=y_j\} = \frac{p_{ij}}{p_{\cdot j}}, \quad i=1,2,\cdots \tag{3.9}$$

为在 $Y=y_j$ 已知条件下，关于 X 的**条件分布**. 容易验证 $P_{X|Y}(x_i|y_j) \geq 0$，且

$$\sum_i P_{X|Y}(x_i|y_j) = \sum_i \frac{p_{ij}}{p_{\cdot j}} = \frac{\sum_i p_{ij}}{p_{\cdot j}} = \frac{p_{\cdot j}}{p_{\cdot j}} = 1.$$

类似地，当 $p_{i\cdot} \neq 0$ 时，称

$$P_{Y|X}(y_j|x_i) = \frac{p_{ij}}{p_{i\cdot}}, \quad j=1,2,\cdots \tag{3.10}$$

为在 $X=x_i$ 已知条件下，关于 Y 的**条件分布**.

例3.2 表3.2给出了 (X,Y) 的概率分布，求关于 X 与关于 Y 的边缘概率分布与边缘分布函数.

表3.2

X \ Y	−2	0	1
−1	0.2	0.1	0.2
2	0.2	0.3	0

解 分别对表3.2中各行与各列中的 p_{ij} 求和，得到关于 X 与关于 Y 的边缘概率分布（见表3.3与3.4）.

表3.3

X	−1	2
p	0.5	0.5

表3.4

Y	−2	0	1
p	0.4	0.4	0.2

根据表3.3和表3.4可写出关于 X 与 Y 的边缘分布函数分别为

$$F_X(x) = \begin{cases} 0, & x < -1, \\ 0.5, & -1 \leq x < 2, \\ 1, & x \geq 2, \end{cases} \quad F_Y(y) = \begin{cases} 0, & y < -2, \\ 0.4, & -2 \leq y < 0, \\ 0.8, & 0 \leq y < 1, \\ 1, & y \geq 1. \end{cases}$$

例3.3 设随机变量 (X,Y) 只取 $(-1,-1)$，$(0,1)$，$(1,0)$，$(1,1)$ 4组值，相应概率依次为 0.3，0.1，0.4，0.2. 求关于 X 的边缘概率分布；并计算概率 $P\{X \leq 0, Y \geq 0\}$，$P\{X \neq 0 | Y \geq 0\}$，$F(0,0)$.

解 首先根据题设条件列出 (X,Y) 的概率分布表（见表 3.5）. 对表 3.5 中各行求和得到关于 X 的边缘概率分布（列于表 3.5 最右一列）.

表 3.5

X \ Y	-1	0	1	$P\{X=x_i\}$
-1	0.3	0	0	0.3
0	0	0	0.1	0.1
1	0	0.4	0.2	0.6

$P\{X \leq 0, Y \geq 0\} = 0.1$；

$P\{Y \geq 0\} = P\{Y=0\} + P\{Y=1\} = 0.4 + 0.1 + 0.2 = 0.7$，

$P\{X \neq 0, Y \geq 0\} = P\{X \neq 0, Y=0\} + P\{X \neq 0, Y=1\}$

$\qquad = P\{X=1, Y=0\} + P\{X=1, Y=1\} + P\{X=-1, Y=0\}$

$\qquad + P\{X=-1, Y=1\}$

$\qquad = 0.4 + 0.2 + 0 + 0 = 0.6$，

$P\{X \neq 0 \mid Y \geq 0\} = \dfrac{P\{X \neq 0, Y \geq 0\}}{P\{Y \geq 0\}} = \dfrac{0.6}{0.7} = \dfrac{6}{7}$；

$F(0,0) = P\{X \leq 0, Y \leq 0\} = P\{X=-1, Y=-1\} = 0.3$.

例 3.4 10 个产品中有 3 件次品，7 件正品，每次任取 1 件，连续取两次，记

$$X_i = \begin{cases} 0, & \text{第 } i \text{ 次取到正品,} \\ 1, & \text{第 } i \text{ 次取到次品,} \end{cases} \quad i=1,2.$$

分别就不放回抽样与有放回抽样两种情况，求随机向量 (X_1, X_2) 的联合概率分布.

解 随机向量的可能取值为 (0,0)，(0,1)，(1,0)，(1,1).

(1) 不放回抽取

$P\{X_1=0, X_2=0\} = P\{X_1=0\} P\{X_2=0 \mid X_1=0\} = \dfrac{7}{10} \times \dfrac{6}{9} = \dfrac{7}{15}$.

同样方法，可以计算出

$P\{X_1=0, X_2=1\} = \dfrac{7}{30}$，$P\{X_1=1, X_2=0\} = \dfrac{7}{30}$，$P\{X_1=1, X_2=1\} = \dfrac{1}{15}$.

(2) 有放回抽取

由于事件$\{X_1=i\}$与$\{X_2=j\}$相互独立，因此有

$$P\{X_1=0,X_2=0\}=P\{X_1=0\}\cdot P\{X_2=0\}=\left(\frac{7}{10}\right)^2=\frac{49}{100},$$

$$P\{X_1=0,X_2=1\}=P\{X_1=1,X_2=0\}=\frac{7}{10}\times\frac{3}{10}=\frac{21}{100},$$

$$P\{X_1=1,X_2=1\}=P\{X_1=1\}\cdot P\{X_2=1\}=\left(\frac{3}{10}\right)^2=\frac{9}{100}.$$

表 3.6 与表 3.7 列出了 (X_1,X_2) 的联合概率分布.

表 3.6 不放回抽取

X_1 \ X_2	0	1
0	$\frac{7}{15}$	$\frac{7}{30}$
1	$\frac{7}{30}$	$\frac{1}{15}$

表 3.7 有放回抽取

X_1 \ X_2	0	1
0	$\frac{49}{100}$	$\frac{21}{100}$
1	$\frac{21}{100}$	$\frac{9}{100}$

三、二维连续型随机向量的概率密度函数

1. 联合概率密度函数

定义 3.5 设 (X,Y) 是二维随机向量，如果存在二元非负可积函数 $f(x,y)$，使得对于平面上的任意可度量的区域 D，都有

$$P\{(X,Y)\in D\}=\iint\limits_{(x,y)\in D}f(x,y)\mathrm{d}x\mathrm{d}y, \tag{3.11}$$

则称 (X,Y) 为**二维连续型随机向量**，称 $f(x,y)$ 为 (X,Y) 的**联合概率密度函数**，简记为 $(X,Y)\sim f(x,y)$.

容易看出，联合概率密度函数具有下列两条基本性质：

(1) 对任何实数 x，y，$f(x,y)\geqslant 0$; \hfill (3.12)

(2) $\int_{-\infty}^{+\infty}\int_{-\infty}^{+\infty}f(x,y)\mathrm{d}x\mathrm{d}y=1.$ \hfill (3.13)

设 $f(x,y)$, $F(x,y)$ 分别是 (X,Y) 的概率密度与分布函数，则对任何实数 x,y 都有

$$F(x,y) = P\{X \leq x, Y \leq y\} = \int_{-\infty}^{y}\int_{-\infty}^{x} f(s,t)\,\mathrm{d}s\mathrm{d}t. \tag{3.14}$$

2. 边缘概率密度

定义 3.6 设 $f(x,y)$ 是连续型随机向量 (X,Y) 的概率密度，则关于 X 与关于 Y 的边缘概率密度函数分别为

$$f_X(x) = \int_{-\infty}^{+\infty} f(x,y)\,\mathrm{d}y, \tag{3.15}$$

$$f_Y(y) = \int_{-\infty}^{+\infty} f(x,y)\,\mathrm{d}x. \tag{3.16}$$

3. 条件概率密度

定义 3.7 设 $f(x,y)$ 是连续型随机向量 (X,Y) 的联合概率密度函数，如果 $f_Y(y) \neq 0$，则称

$$f_{X|Y}(x|y) = \frac{f(x,y)}{f_Y(y)} \tag{3.17}$$

为在 $Y=y$ 已知条件下，关于 X 的条件概率密度函数．同样地，如果 $f_X(x) \neq 0$，称

$$f_{Y|X}(y|x) = \frac{f(x,y)}{f_X(x)} \tag{3.18}$$

为在 $X=x$ 已知条件下，关于 Y 的条件概率密度函数．

推论 称下面 (3.19) 与 (3.20) 式为概率密度的乘法公式

$$f(x,y) = f_X(x) f_{Y|X}(y|x), \quad f_X(x) > 0, \tag{3.19}$$

$$f(x,y) = f_Y(y) f_{X|Y}(x|y), \quad f_Y(y) > 0. \tag{3.20}$$

例 3.5 设二维随机向量 $(X,Y) \sim f(x,y)$，

$$f(x,y) = \begin{cases} \lambda & (x,y) \in D \\ 0 & (x,y) \notin D \end{cases}$$

其中 D 为平面上一个可度量的有界闭区域，确定 λ 的值．

解 由 (3.13) 式，有

$$\int_{-\infty}^{\infty}\int_{-\infty}^{\infty} f(x,y)\,\mathrm{d}x\mathrm{d}y = \iint_D \lambda\,\mathrm{d}x\mathrm{d}y = \lambda S_D = 1$$

因此，$\lambda = 1/S_D$，其中 S_D 为区域 D 的面积．

比如，若 $D = \{(x,y), x^2 + y^2 \leq 9\}$，则 $S_D = 9\pi^2$，$\lambda = \dfrac{1}{9\pi^2}$；若 $D = \{(x,y), 0 \leq x \leq 2, 0 \leq y \leq 5\}$，则 $S_D = 10$，$\lambda = \dfrac{1}{10}$.

例 3.6 设二维连续型随机向量 (X, Y) 的联合概率密度为
$$f(x,y) = \begin{cases} a\mathrm{e}^{-(2x+3y)} & x, y \geq 0, \\ 0 & \text{其他}. \end{cases}$$
确定系数 a，求分布函数 $F(x, y)$，并计算概率 $P\{(X, Y) \in D\}$，其中 D 是图 3-1 中的阴影部分.

解 由 (3.13) 式，有
$$\int_{-\infty}^{\infty} \int_{-\infty}^{\infty} f(x, y) \mathrm{d}x \mathrm{d}y$$
$$= \int_0^{\infty} \int_0^{\infty} a\mathrm{e}^{-(2x+3y)} \mathrm{d}x \mathrm{d}y$$
$$= a \int_0^{\infty} \mathrm{e}^{-2x} \mathrm{d}x \int_0^{\infty} \mathrm{e}^{-3y} \mathrm{d}y = 1$$

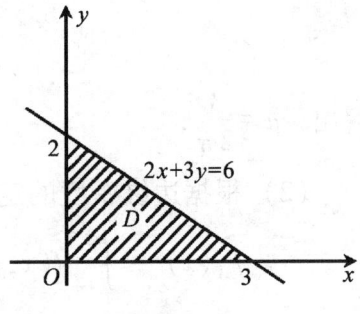

图 3-1

即
$$\frac{a}{6} = 1 \quad a = 6$$

当 $x, y \geq 0$ 时
$$F(x, y) = P\{X \leq x, Y \leq y\}$$
$$= \int_0^x \int_0^y 6\mathrm{e}^{-(2s+3t)} \mathrm{d}t \mathrm{d}s = (1 - \mathrm{e}^{-2x})(1 - \mathrm{e}^{-3y})$$

因此，
$$F(x, y) = \begin{cases} (1 - \mathrm{e}^{-2x})(1 - \mathrm{e}^{-3y}) & x, y \geq 0 \\ 0 & \text{其他} \end{cases}$$

$$P\{(X, Y) \in D\} = \iint_D f(x, y) \mathrm{d}x \mathrm{d}y$$
$$= \int_0^3 \mathrm{d}x \int_0^{\frac{1}{3}(6-2x)} 6\mathrm{e}^{-(2x+3y)} \mathrm{d}y$$
$$= \int_0^3 2(\mathrm{e}^{-2x} - \mathrm{e}^{-6}) \mathrm{d}x = 1 - 7\mathrm{e}^{-6}$$

例 3.7 设连续型随机向量 (X, Y) 的概率密度为

$$f(x,y) = \frac{ay^2}{1+x^2}, \quad -\infty < x < +\infty, \quad |y| \leq 1 \quad (a>0).$$

求：

(1) 常数 a 的值；

(2) 关于 X 与关于 Y 的边缘概率密度；

(3) $P\{|X| \leq 1, |Y| \leq 1\}$.

解 (1) 根据 (3.13) 式，

$$\int_{-\infty}^{+\infty}\int_{-\infty}^{+\infty} f(x,y)\,dxdy = \int_{-1}^{1} dy \int_{-\infty}^{+\infty} \frac{ay^2}{1+x^2}dx = \int_{-1}^{1} \left(ay^2 \arctan x \Big|_{-\infty}^{+\infty}\right) dy$$

$$= \int_{-1}^{1} a\pi y^2 dy = \frac{2}{3}a\pi = 1,$$

解出 $a = \frac{3}{2\pi}$.

(2) 根据边缘密度的定义，

$$f_X(x) = \int_{-\infty}^{+\infty} f(x,y)\,dy = \int_{-1}^{1} \frac{3y^2}{2\pi(1+x^2)}dy$$

$$= \frac{1}{\pi(1+x^2)}, \quad -\infty < x < +\infty,$$

$$f_Y(y) = \int_{-\infty}^{+\infty} f(x,y)\,dx = \begin{cases} \int_{-\infty}^{+\infty} \frac{3y^2}{2\pi(1+x^2)}dx, & |y| \leq 1, \\ 0, & |y| > 1. \end{cases}$$

$$= \begin{cases} \frac{3}{2}y^2, & |y| \leq 1, \\ 0, & |y| > 1. \end{cases}$$

(3) $P\{|X| \leq 1, |Y| \leq 1\} = \iint\limits_{|x|\leq 1, |y|\leq 1} f(x,y)\,dxdy$

$$= \int_{-1}^{1} dy \int_{-1}^{1} \frac{3y^2}{2\pi(1+x^2)}dx$$

$$= \int_{-1}^{1} \left(\frac{3y^2}{2\pi}\arctan x \Big|_{-1}^{1}\right)dy$$

$$= \int_{-1}^{1} \frac{3}{4}y^2 dy = \frac{1}{2}.$$

四、两个常用分布

1. 二维均匀分布

定义 3.8 如果 (X,Y) 的联合概率密度函数为

$$f(x,y) = \begin{cases} \lambda, & (x,y) \in D, \\ 0, & (x,y) \notin D, \end{cases} \quad (3.21)$$

其中 D 为平面上一个可度量的有界区域，则称 (X,Y) 服从区域 D 上的**二维均匀分布**，并且 $\lambda = 1/S_D$，S_D 是区域 D 的面积．

例 3.8 设 (X,Y) 在以点 $(0,0)$，$(2,0)$，$(2,1)$ 为顶点的直角三角形区域内服从二维均匀分布．求关于 X 与关于 Y 的边缘概率密度函数．

解 如图 3-2，区域 D 是一个直角三角形，其面积 $S_D = 1$．(X,Y) 的联合概率密度为

$$f(x,y) = \begin{cases} 1, & (x,y) \in D, \\ 0, & (x,y) \notin D. \end{cases}$$

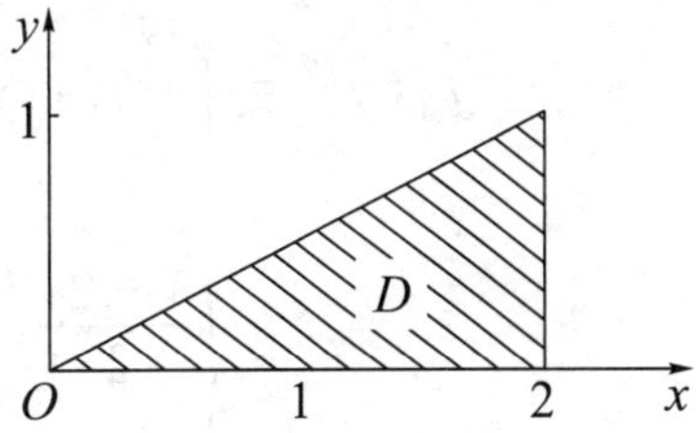

根据边缘密度定义，

$$f_X(x) = \int_{-\infty}^{+\infty} f(x,y) \, dy$$

图 3-2

$$= \begin{cases} \int_0^{\frac{x}{2}} dy, & 0 \leq x \leq 2, \\ 0, & 其他, \end{cases} = \begin{cases} \dfrac{x}{2}, & 0 \leq x \leq 2, \\ 0, & 其他. \end{cases}$$

$$f_Y(y) = \int_{-\infty}^{+\infty} f(x,y) \, dx = \begin{cases} \int_{2y}^{2} dx, & 0 \leq y \leq 1, \\ 0, & 其他, \end{cases}$$

$$= \begin{cases} 2(1-y), & 0 \leq y \leq 1, \\ 0, & 其他. \end{cases}$$

例 3.9 设 (X,Y) 在由四条直线：$y=0$，$y=x$，$y=1$，$y=3-x$ 围成的梯形区域 D 内服从二维均匀分布，(1) 求关于 X 与关于 Y 的边缘概率密度函数；(2) 给定 $X=x$ 时，求 Y 的条件概率密度．

解 如图 3-3，区域 D 是一个梯形，其面积 $S_D = 2$．(X,Y) 的联合概率

密度为

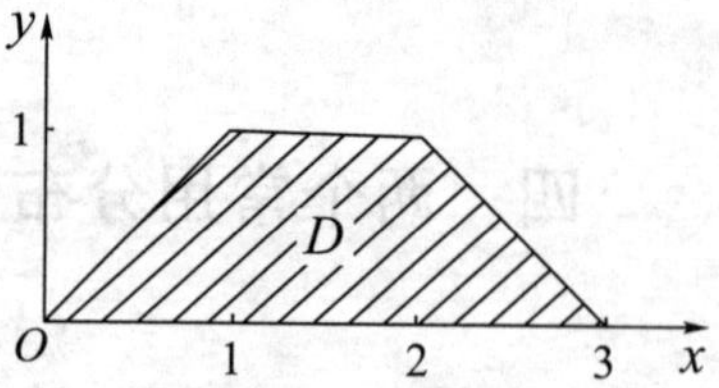

$$f(x,y) = \begin{cases} \dfrac{1}{2}, & (x,y) \in D, \\ 0, & (x,y) \in D. \end{cases}$$

图 3-3

(1) $f_X(x) = \displaystyle\int_{-\infty}^{+\infty} f(x,y)\,\mathrm{d}y$

$$= \begin{cases} \displaystyle\int_0^x \dfrac{1}{2}\mathrm{d}y, & 0 \leqslant x \leqslant 1, \\ \displaystyle\int_0^1 \dfrac{1}{2}\mathrm{d}y, & 1 < x < 2, \\ \displaystyle\int_0^{3-x} \dfrac{1}{2}\mathrm{d}y, & 2 \leqslant x \leqslant 3, \\ 0, & \text{其他}, \end{cases} = \begin{cases} \dfrac{x}{2}, & 0 \leqslant x \leqslant 1, \\ \dfrac{1}{2}, & 1 < x < 2, \\ \dfrac{3-x}{2}, & 2 \leqslant x \leqslant 3, \\ 0, & \text{其他}. \end{cases}$$

$$f_Y(y) = \int_{-\infty}^{+\infty} f(x,y)\,\mathrm{d}x = \begin{cases} \displaystyle\int_y^{3-y} \dfrac{1}{2}\mathrm{d}x, & 0 \leqslant y \leqslant 1, \\ 0, & \text{其他}, \end{cases}$$

$$= \begin{cases} \dfrac{3-2y}{2}, & 0 \leqslant y \leqslant 1, \\ 0 & \text{其他}. \end{cases}$$

(2) 当 $0 < x \leqslant 1$ 时, $0 \leqslant y \leqslant x$, 且 $f_X(x) = x/2 \neq 0$, 因此

$$f_{Y|X}(y|x) = \dfrac{f(x,y)}{f_X(x)} = \begin{cases} \dfrac{1/2}{x/2}, & 0 \leqslant y \leqslant x, \\ 0, & \text{其他}, \end{cases}$$

$$= \begin{cases} \dfrac{1}{x}, & 0 \leqslant y \leqslant x, \\ 0, & \text{其他}; \end{cases}$$

当 $1 < x < 2$ 时, $0 \leqslant y \leqslant 1$, $f_X(x) = 1/2$. 因此

$$f_{Y|X}(y|x) = \begin{cases} \dfrac{1/2}{1/2}, & 0 \leqslant y \leqslant 1, \\ 0, & \text{其他}, \end{cases}$$

$$= \begin{cases} 1, & 0 \leqslant y \leqslant 1, \\ 0, & \text{其他}; \end{cases}$$

当 $2 \leqslant x < 3$ 时, $0 \leqslant y \leqslant 3-x$, $f_X(x) = (3-x)/2$, 因此

$$f_{Y|X}(y|x) = \begin{cases} \dfrac{1/2}{(3-x)/2}, & 0 \leq y \leq 3-x, \\ 0, & 其他, \end{cases}$$

$$= \begin{cases} \dfrac{1}{3-x}, & 0 \leq y \leq 3-x, \\ 0, & 其他. \end{cases}$$

当 $x \leq 0$ 或 $x \geq 3$ 时，$f_X(x) = 0$，条件概率密度 $f_{Y|X}(y|x)$ 不存在．

2. 二维正态分布

定义 3.9 如果 (X,Y) 的联合概率密度函数为

$$f(x,y) = \frac{1}{2\pi\sigma_1\sigma_2\sqrt{1-\rho^2}} e^{-\frac{1}{2(1-\rho^2)}\left[\left(\frac{x-\mu_1}{\sigma_1}\right)^2 - 2\rho\frac{x-\mu_1}{\sigma_1}\cdot\frac{y-\mu_2}{\sigma_2} + \left(\frac{y-\mu_2}{\sigma_2}\right)^2\right]}, \quad (3.22)$$

则称 (X,Y) 服从**二维正态分布**，其中 μ_1, μ_2, σ_1, σ_2, ρ 都是常数，且 $\sigma_1 > 0$, $\sigma_2 > 0$, $|\rho| < 1$.

可以验证，对任何实数 x, y, $f(x,y) > 0$，且 $\int_{-\infty}^{+\infty}\int_{-\infty}^{+\infty} f(x,y)\mathrm{d}x\mathrm{d}y = 1$.

推论 （1）二维正态分布 (X,Y) 的边缘分布是一维正态分布，即如果 $(X,Y) \sim f(x,y)$，且 $f(x,y)$ 由 (3.22) 式确定，则

$$X \sim N(\mu_1, \sigma_1^2), \quad Y \sim N(\mu_2, \sigma_2^2).$$

（2）二维正态分布 (X,Y) 的条件分布仍是一维正态分布．即 $(X,Y) \sim f(x,y)$，$f(x,y)$ 由 (3.22) 式确定，则

在 $Y = y$ 为已知时，X 的条件分布为 $N\left(\mu_1 + \dfrac{\sigma_1}{\sigma_2}\rho(y-\mu_2),\ \sigma_1^2(1-\rho^2)\right)$；对称地，在 $X = x$ 为已知时，Y 的条件分布为 $N\left(\mu_2 + \dfrac{\sigma_2}{\sigma_1}\rho(x-\mu_1),\ \sigma_2^2(1-\rho^2)\right)$．

需要注意的是：两个边缘分布都是正态分布的随机变量，它们的联合分布不一定是二维正态分布．

§3.2 随机变量的独立性

独立性的概念是概率论中的基本概念，又是许多概率模型的基本前提条件．在第一章中我们讨论了随机事件的独立性．现在要研究两个随机变量 X 与 Y 的独立性，我们自然想到要求对于任意实数 a, b，事件 $\{X \leq a\}$ 与 $\{Y \leq b\}$ 都

独立.

定义 3.10 设 $F(x,y)$，$F_X(x)$，$F_Y(y)$ 分别是随机向量 (X,Y) 的联合分布函数以及关于 X 和关于 Y 的边缘分布函数. 如果对任何实数 x,y 都有

$$F(x,y) = F_X(x) \cdot F_Y(y), \tag{3.23}$$

则称随机变量 X 与 Y 相互独立.

推论 1. 如果 (X,Y) 是离散型，则 X 与 Y 独立的充分必要条件是对所有 $i,j = 1,2,\cdots$，它们的联合概率分布等于边缘概率分布的乘积. 即

$$p_{ij} = p_{i\cdot} p_{\cdot j}, \quad i,j = 1,2,\cdots. \tag{3.24}$$

推论 2. 如果 (X,Y) 是连续型，则 X 与 Y 独立的充分必要条件是对所有的 x,y（除个别点外），它们的联合概率密度等于边缘概率密度的乘积，即

$$f(x,y) = f_X(x) \cdot f_Y(y). \tag{3.25}$$

证明 设 (X,Y) 为连续型，$f(x,y)$，$f_X(x)$，$f_Y(y)$ 分别是 X 与 Y 的联合密度和关于 X 与关于 Y 的边缘密度. $F(x,y)$，$F_X(x)$，$F_Y(y)$ 分别是它们的联合分布函数与关于 X 和关于 Y 的边缘分布函数.

首先我们证明必要性，即已知 X 与 Y 独立，根据定义有

$$F(x,y) = F_X(x) F_Y(y)$$

$$F(x,y) = \int_{-\infty}^{x} \int_{-\infty}^{y} f(s,t) \, ds \, dt$$

$$F_X(x) F_Y(y) = \int_{-\infty}^{x} f_X(s) \, ds \int_{-\infty}^{y} f_Y(t) \, dt = \int_{-\infty}^{x} \int_{-\infty}^{y} f_X(s) f_Y(t) \, ds \, dt$$

因此有

$$F(x,y) = \int_{-\infty}^{x} \int_{-\infty}^{y} f_X(s) f_Y(t) \, ds \, dt$$

根据分布函数与密度函数的关系式，可知 $f_X(x) f_Y(y)$ 就是 (X,Y) 的联合概率密度 $f(x,y)$，因此

$$f(x,y) = f_X(x) f_Y(y)$$

再证充分性，即已知 $f(x,y) = f_X(x) f_Y(y)$. 则有

$$F(x,y) = \int_{-\infty}^{x} \int_{-\infty}^{y} f(s,t) \, ds \, dt = \int_{-\infty}^{x} \int_{-\infty}^{y} f_X(s) f_Y(t) \, ds \, dt$$

$$= \int_{-\infty}^{x} f_X(s) \, ds \int_{-\infty}^{y} f_Y(t) \, dt = F_X(x) F_Y(y)$$

根据定义，X 与 Y 独立.

离散型情况留给读者作为练习.

可以证明，如果 X 与 Y 独立，它们的连续函数 $g(X)$ 与 $h(Y)$ 也一定独立. 特别地，两个独立随机变量的线性函数 $aX+b$ 与 $cY+d(ac\neq 0)$ 也是独立的. 这个结论今后将经常用到，但证明超出本书范围.

对于两个相互独立的连续型随机变量 X 与 Y，从(3.17)，(3.18)与(3.25)式可得

$$f_{X|Y}(x|y) = \frac{f(x,y)}{f_Y(y)} = f_X(x),$$

$$f_{Y|X}(y|x) = \frac{f(x,y)}{f_X(x)} = f_Y(y).$$

这表明，如果 X 与 Y 独立，则 X 对于 Y 的条件概率密度与 Y 对于 X 的条件概率密度分别等于它们的边缘概率密度〔对于离散型的 (X,Y) 也有同样结论〕. 这时其中任何一个随机变量的取值已经知道时，不能给另一个随机变量的分布带来任何信息. 因此，如果 X 与 Y 独立，则由 X 与 Y 的边缘分布可以完全确定它们所构成的随机向量 (X,Y) 的联合分布. 但是如果 X 与 Y 不独立，仅仅从它们各自的边缘分布是不能确定它们的联合分布的.

定义 3.11 设 $F(x_1,x_2,\cdots,x_n)$ 与 $F_i(x_i)$ 分别是随机变量 $X_1,X_2,\cdots,X_n$ 的联合分布函数与关于 X_i 的边缘分布函数，$i=1,2,\cdots,n$. 如果对任意 n 个实数 $x_1,x_2,\cdots,x_n$ 都有

$$F(x_1,x_2,\cdots,x_n) = F_1(x_1)F_2(x_2)\cdots F_n(x_n), \tag{3.26}$$

则称 $X_1,X_2,\cdots,X_n$ **相互独立**.

推论 1. n 个离散型随机变量 $X_1,X_2,\cdots,X_n$ 相互独立的充分必要条件是，对于任何 $x_1,x_2,\cdots,x_n$，有

$$P\{X_1=x_1,X_2=x_2,\cdots,X_n=x_n\}$$
$$= P\{X_1=x_1\}P\{X_2=x_2\}\cdots P\{X_n=x_n\} \tag{3.27}$$

推论 2. n 个连续型随机变量 $X_1,X_2,\cdots,X_n$ 相互独立的充分必要条件是它们的联合密度等于边缘密度的乘积，即对于任何 $x_1,x_2,\cdots,x_n$，有

$$f(x_1,x_2,\cdots,x_n) = f_1(x_1)f_2(x_2)\cdots f_n(x_n) \tag{3.28}$$

推论 3. 如果随机变量 $X_1,X_2,\cdots,X_n$ 相互独立，则它们中的任意 m 个 $(1<m\leq n)$ 随机变量 $X_{i_1},X_{i_2},\cdots,X_{i_m}$ 也是相互独立的.

定义 3.12 如果随机变量序列 $X_1,X_2,\cdots,X_n,\cdots$ 中任意 n 个 $(n=2,3,\cdots)$

随机变量都是相互独立的,则称该**随机变量序列** $X_1, X_2, \cdots, X_n, \cdots$ **为相互独立的**,进一步,若所有 X_i 的分布都相同,则称 $X_1, X_2, \cdots, X_n \cdots$ 是**独立同分布的随机变量序列**.

例3.10 分别判断例 3.2、例 3.3 与例 3.7 中各对随机变量 X 与 Y 是否独立?

解 在例 3.2 中,从表 3.3 与表 3.4 知 $P\{X=2\}=0.5$,$P\{Y=1\}=0.2$,但在表 3.2 中看到 $P\{X=2, Y=1\}=0$,由于 $P\{X=2, Y=1\} \neq P\{X=2\}P\{Y=1\}$,因此 X 与 Y 不独立.

在例 3.3 中从表 3.5 看到 $P\{X=-1\}P\{Y=1\}=0.3 \times 0.3 = 0.09$,而 $P\{X=-1, Y=1\}=0 \neq P\{X=-1\}P\{Y=1\}$,因此 X 与 Y 不独立.

在例 3.7 中,我们求出了关于 X 与关于 Y 的边缘概率密度分别为

$$f_X(x) = \frac{1}{\pi(1+x^2)}, \quad -\infty < x < +\infty, \quad f_Y(y) = \begin{cases} \frac{3}{2}y^2, & |y| \leq 1, \\ 0, & |y| > 1, \end{cases}$$

且对所有 x, y,都有 $f(x, y) = f_X(x)f_Y(y)$,因此 X 与 Y 相互独立.

例3.11 设随机变量 X 与 Y 相互独立,根据表 3.8 中列出的随机向量 (X, Y) 的联合分布与关于 X 和关于 Y 的边缘分布的部分数值将其余数值填入表中空白处.

表 3.8

X \ Y	y_1	y_2	y_3	$P\{X=x_i\}=p_i.$
x_1		1/8		
x_2	1/8			
$P\{Y=y_j\}=p_{\cdot j}$	1/6			

解 根据边缘分布公式 $p_{\cdot 1} = \sum_{i=1}^{2} p_{ij}$,得出 $p_{11} = \frac{1}{6} - \frac{1}{8} = \frac{1}{24}$,首先求出 p_{11} 是解本题的关键. 再根据随机变量独立性的公式(3.24),可知

$$p_{11} = p_{1\cdot}p_{\cdot 1}, \quad p_{1\cdot} = \frac{p_{11}}{p_{\cdot 1}} = \frac{1/24}{1/6} = \frac{1}{4}.$$

类似方法,可分别求出其他各值,列于表 3.9 中.

表 3.9

X \ Y	y_1	y_2	y_3	$P\{X=x_i\}=p_{i\cdot}$
x_1	1/24	1/8	1/12	1/4
x_2	1/8	3/8	1/4	3/4
$P\{Y=y_j\}=p_{\cdot j}$	1/6	1/2	1/3	1

例 3.12 (X,Y) 服从区域 $D_i\,(i=1,2)$ 上的二维均匀分布，判断 X 与 Y 是否独立？其中

(1) $D_1=\{(x,y):a\leqslant x\leqslant b,\ c\leqslant y\leqslant d\}$；

(2) $D_2\{(x,y):x^2+y^2\leqslant 1\}$.

解 (1) 依题意，(X,Y) 的概率密度为

$$f(x,y)=\begin{cases}\dfrac{1}{(b-a)(d-c)}, & (x,y)\in D_1,\\ 0, & (x,y)\in D_1.\end{cases}$$

根据边缘密度公式（3.15）与（3.16），可得

$$f_X(x)=\int_{-\infty}^{+\infty}f(x,y)\mathrm{d}y$$

$$=\begin{cases}\displaystyle\int_c^d\dfrac{1}{(b-a)(d-c)}\mathrm{d}y, & a\leqslant x\leqslant b,\\ 0, & \text{其他}\end{cases}$$

$$=\begin{cases}\dfrac{1}{b-a}, & a\leqslant x\leqslant b,\\ 0, & \text{其他};\end{cases}$$

$$f_Y(y)=\int_{-\infty}^{+\infty}f(x,y)\mathrm{d}x=\begin{cases}\displaystyle\int_a^b\dfrac{1}{(b-a)(d-c)}\mathrm{d}x, & c\leqslant y\leqslant d,\\ 0, & \text{其他}\end{cases}$$

$$=\begin{cases}\dfrac{1}{d-c}, & c\leqslant y\leqslant d,\\ 0, & \text{其他}.\end{cases}$$

由于对任何 X,Y 都有 $f(x,y)=f_X(x)f_Y(y)$，因此 X 与 Y 相互独立.

(2) (X,Y) 的概率密度为

$$f(x,y) = \begin{cases} 1/\pi, & x^2+y^2 \leq 1, \\ 0, & x^2+y^2 > 1. \end{cases}$$

$$f_X(x) = \int_{-\infty}^{+\infty} f(x,y)\,dy = \begin{cases} \int_{-\sqrt{1-x^2}}^{\sqrt{1-x^2}} \dfrac{1}{\pi}\,dy, & |x| \leq 1, \\ 0, & |x| > 1 \end{cases}$$

$$= \begin{cases} \dfrac{2}{\pi}\sqrt{1-x^2}, & |x| \leq 1, \\ 0, & |x| > 1. \end{cases}$$

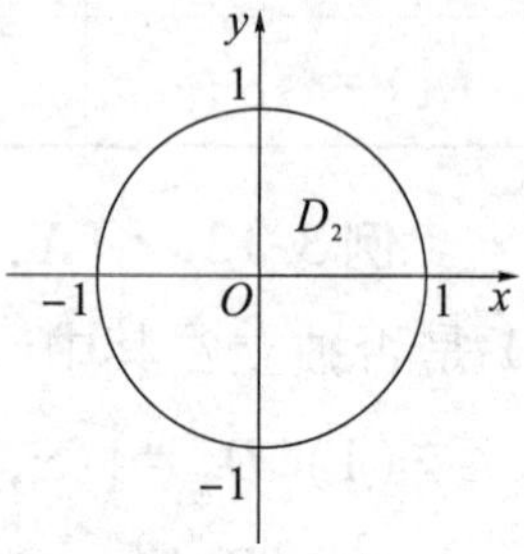

类似可得

$$f_Y(y) = \begin{cases} \dfrac{2}{\pi}\sqrt{1-y^2}, & |y| \leq 1, \\ 0, & |y| > 1. \end{cases}$$

图 3-4

计算看出，在区域 D_2 上，不能对所有 x,y 都满足等式 (3.25)，因此 X 与 Y 不独立．

[评注] 服从二维均匀分布的随机向量 (X,Y)，它的两个边缘分布不一定服从一维均匀分布，只有当二维均匀分布的区域是边长平行于坐标轴的矩形区域 $D = \{(x,y), a \leq x \leq b, c \leq y \leq d\}$ 时，(X,Y) 的两个分量 X 与 Y 才服从相应区间上的一维均匀分布且 X 与 Y 相互独立．

§3.3 两个随机变量函数的分布

在第二章中，我们讨论了从一个随机自变量 X 求其函数 $Y = g(X)$ 的分布．本节我们将要讨论的是根据两个随机自变量 X 与 Y 的联合分布，求其函数 $Z = g(X,Y)$ 的概率分布．求一个二元随机向量函数的分布往往并不是很容易的，只有对比较简单的函数我们才能顺利求出其分布．我们下面通过实例分别就离散型与连续型两种情况进行讨论．

一、离散型随机变量函数的分布

设 (X,Y) 是二维离散型随机向量，其概率分布为 $\{p_{ij}, i,j = 1,2,\cdots\}$，

$g(x,y)$ 是一个二元函数,则离散型随机变量 $Z = g(X,Y)$ 是 X, Y 的函数且其概率分布为

$$P\{Z = z_k\} = P\{g(X,Y) = z_k\} = \sum_{g(x_i,y_j) = z_k} p_{ij} \tag{3.29}$$

例 3.13 表 3.10 给出了 (X,Y) 的联合概率分布,$Z_1 = X + Y$,$Z_2 = XY$,分别求 Z_1,Z_2 的概率分布.

表 3.10

X \ Y	0	1
0	0.2	0.3
1	0.3	0.2

解 易见 Z_1,Z_2 都是离散型随机变量,Z_1 取值为 0,1,2,相应的概率为

$$P\{Z_1 = 0\} = P\{X + Y = 0\} = P\{X = 0, Y = 0\} = 0.2;$$

$$P\{Z_1 = 2\} = P\{X + Y = 2\} = P\{X = 1, Y = 1\} = 0.2;$$

$$P\{Z_1 = 1\} = 1 - P\{Z = 0\} - P\{Z = 2\} = 1 - 0.2 - 0.2 = 0.6.$$

随机变量 Z_2 只取 0,1 两个值,且

$$P\{Z_2 = 1\} = P\{XY = 1\} = P\{X = 1, Y = 1\} = 0.2;$$

$$P\{Z_2 = 0\} = 1 - P\{Z = 1\} = 1 - 0.2 = 0.8.$$

表 3.11 Z_1 的分布律

$Z_1 = X + Y$	0	1	2
P	0.2	0.6	0.2

表 3.12 Z_2 的分布律

$Z_2 = X + Y$	0	1
P	0.8	0.2

例 3.14 设随机变量 X 与 Y 的联合概率分布由表 3.13 给出.

表 3.13

X \ Y	−1	0	1
−1	0.05	0.16	0.09
0	0.08	0.20	0.12
1	0.07	0.14	0.09

(1) 求 X^2 与 Y^2 的联合概率分布;

(2) 判断 X 与 Y 是否独立;

(3) 判断 X^2 与 Y^2 是否独立.

解 （1）易见（X^2,Y^2）是二维离散型随机变量, 其取值为（0,0）, （0,1）, （1,0）, （1,1）, 且

$$P\{X^2=0,Y^2=0\}=P\{X=0,Y=0\}=0.20,$$
$$P\{X^2=0,Y^2=1\}=P\{X=0,Y=-1\}+P\{X=0,Y=1\}=0.08+0.12=0.20,$$
$$P\{X^2=1,Y^2=0\}=P\{X=-1,Y=0\}+P\{X=1,Y=0\}=0.16+0.14=0.30,$$
$$P\{X^2=1,Y^2=1\}=1-P\{X^2=0,Y^2=0\}-P\{X^2=0,Y^2=1\}-P\{X^2=1,Y^2=0\}$$
$$=1-0.2-0.2-0.3=0.3.$$

（2）从表 3.13 知 $P\{X=-1,Y=-1\}=0.05$, 而 $P\{X=-1\}=0.3$, $P\{Y=-1\}=0.2$, 不满足等式 (3.24), 因此 X 与 Y 不独立.

（3）从表 3.14 可知对每一 $i,j=0,1$, 等式（3.24）都满足. 因此 X^2 与 Y^2 相互独立.

表 3.14

X^2 \ Y^2	0	1	$p_{i\cdot}$
0	0.2	0.2	0.4
1	0.3	0.3	0.6
$p_{\cdot j}$	0.5	0.5	

例 3.15 设随机变量 X 服从标准正态分布 $N(0,1)$, 令

$$Y_i=\begin{cases}0, & |X|\geq i,\\ 1, & |X|<i,\end{cases} \quad i=1,2. \quad Y=Y_1-Y_2$$

求（1）随机向量（Y_1,Y_2）的联合分布;（2）Y 的分布.

分析 虽然随机变量 X 是连续型的, 但是随机变量 Y_1, Y_2 与随机向量（Y_1,Y_2）都是离散型的. 我们应首先确定其可能取值, 再计算出其相应概率.

解 （1）（Y_1,Y_2）可能取（0,0）,（0,1）,（1,0）（1,1）各值, 但是 $P\{Y_1=1,Y_2=0\}=P\{|X|<1,|X|\geq 2\}=0$. 于是我们只需计算 3 个概率值即可.

$$P\{Y_1=0, Y_2=0\} = P\{|X| \geq 1, |X| \geq 2\} = P\{|X| \geq 2\}$$
$$= 1 - P\{|X| < 2\} = 1 - [2\Phi(2) - 1] = 0.0455$$
$$P\{Y_1=0, Y_2=1\} = P\{|X| \geq 1, |X| < 2\} = P\{1 \leq |X| < 2\}$$
$$= 2P\{1 \leq X < 2\} = 2[\Phi(2) - \Phi(1)] = 0.2719$$
$$P\{|Y_1|=1, |Y_2|=1\} = P\{|X| < 1, |X| < 2\}$$
$$= P\{|X| < 1\} = 2\Phi(1) - 1 = 0.6826$$

或
$$P\{|Y_1|=1, |Y_2|=1\} = 1 - P\{|Y_1|=0, |Y_2|=0\} - P\{|Y_1|=0, |Y_2|=1\}$$
$$= 1 - 0.0455 - 0.2719 = 0.6826$$

将计算的 (Y_1, Y_2) 的联合概率分布列于下表（表3.15）：

表3.15

Y_1 \ Y_2	0	1
0	0.0455	0.2719
1	0	0.6826

（2）从 (Y_1, Y_2) 的联合概率分布易见随机变量 $Y = Y_1 - Y_2$ 只取 -1 和 0 两个值，且
$$P\{Y = -1\} = P\{Y_1=0, Y_2=1\} = 0.2719$$
$$P\{Y = 0\} = P\{Y_1=0, Y_2=0\} + P\{Y_1=1, Y_2=1\} = 0.0455 + 0.6826$$
$$= 0.7281$$

或
$$P\{Y=0\} = 1 - P\{Y=-1\} = 1 - 0.2719 = 0.7281$$

二、连续型随机变量函数的分布

设 $f(x,y)$ 是二维连续型随机向量 (X,Y) 的联合概率密度，$g(x,y)$ 是 x, y 的一个二元函数，则一维随机变量 $Z = g(X,Y)$ 是随机变量 X 与 Y 的函数. 我们可以通过先求 Z 的分布函数 $F_Z(z)$ 再求出其概率密度 $f_Z(z)$.

$$F_Z(z) = P\{Z \leq z\} = P\{g(X,Y) \leq z\} = \iint\limits_{g(x,y) \leq z} f(x,y) \mathrm{d}x\mathrm{d}y. \tag{3.30}$$

对几乎所有的 z，都有

$$f_Z(z) = \frac{\mathrm{d}F_Z(z)}{\mathrm{d}z}. \tag{3.31}$$

例 3.16 设随机变量 X, Y 相互独立同服从参数为 1 的指数分布，令 $Z = X + Y$，求 Z 的概率密度．

解 依题意，X, Y 的概率密度与 (X, Y) 的联合概率密度分别为

$$f_X(x) = \begin{cases} \mathrm{e}^{-x}, & x > 0, \\ 0, & x \leq 0, \end{cases} f_Y(y) = \begin{cases} \mathrm{e}^{-y}, & y > 0, \\ 0, & y \leq 0, \end{cases} f(x,y) = \begin{cases} \mathrm{e}^{-(x+y)}, & x, y > 0, \\ 0, & \text{其他}. \end{cases}$$

当 $z \leq 0$ 时，$F_Z(z) = 0$；当 $z > 0$ 时，

$$F_Z(z) = \iint\limits_{x+y \leq z} f(x,y) \mathrm{d}x\mathrm{d}y = \int_0^z \mathrm{d}x \int_0^{z-x} \mathrm{e}^{-(x+y)} \mathrm{d}y$$

$$= \int_0^z \mathrm{e}^{-x} [1 - \mathrm{e}^{-(z-x)}] \mathrm{d}x = \int_0^z (\mathrm{e}^{-x} - \mathrm{e}^{-z}) \mathrm{d}x = 1 - \mathrm{e}^{-z} - z\mathrm{e}^{-z}.$$

于是 Z 的概率密度为

$$f_Z(z) = F_Z'(z) = \begin{cases} z\mathrm{e}^{-z}, & z > 0, \\ 0, & z \leq 0. \end{cases}$$

例 3.17 设 $f(x,y)$ 是连续型随机向量 (X, Y) 的联合概率密度，$Z = X + Y$，求 Z 的概率密度．

解 对任意实数 z，如图 3-5，有

$$F_Z(z) = P\{Z \leq z\} = P\{X + Y \leq z\}$$

$$= \iint\limits_{x+y \leq z} f(x,y) \mathrm{d}x\mathrm{d}y = \int_{-\infty}^{+\infty} \mathrm{d}y \int_{-\infty}^{z-y} f(x,y) \mathrm{d}x$$

$$= \int_{-\infty}^{+\infty} \mathrm{d}y \int_{-\infty}^{z} f(u-y, y) \mathrm{d}u$$

$$= \int_{-\infty}^{z} \mathrm{d}u \int_{-\infty}^{+\infty} f(u-y, y) \mathrm{d}y,$$

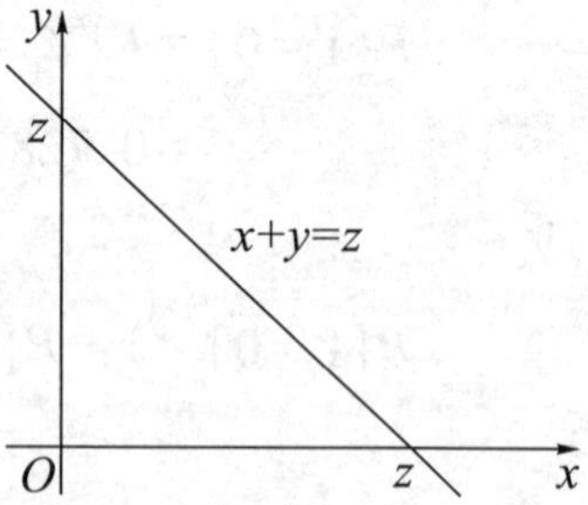

图 3-5

于是 Z 的概率密度为

$$f_Z(z) = \int_{-\infty}^{+\infty} f(z-y, y) \mathrm{d}y. \tag{3.32}$$

类似地，若交换积分顺序，则有

$$f_Z(z) = \int_{-\infty}^{+\infty} f(x, z-x) \mathrm{d}x. \tag{3.33}$$

特别地，如果 X 与 Y 相互独立，有 $f(x,y) = f_X(x) \cdot f_Y(y)$，则上述两个公式为

$$f_Z(z) = \int_{-\infty}^{+\infty} f_X(z-y) f_Y(y) \mathrm{d}y \tag{3.34}$$

或

$$f_Z(z) = \int_{-\infty}^{+\infty} f_X(x) f_Y(z-x) \mathrm{d}x. \tag{3.35}$$

（3.34）式与（3.35）式均称为独立和的**卷积公式**.

例 3.18 利用卷积公式求例 3.16 中随机变量 Z 的概率密度.

解 因 X 与 Y 独立，我们可以用公式（3.34）直接求 Z 的概率密度 $f_Z(z)$.

$$f_Z(z) = \int_{-\infty}^{+\infty} f_X(z-y) f_Y(y) \mathrm{d}y.$$

由于只有在 $z-y>0$ 时，$f_X(z-y)$ 才不等于零，同理只有当 $y>0$ 时，才有 $f_Y(y)>0$. 因此我们只在被积函数不为零的区间内积分，该区间为满足不等式组

$$\begin{cases} z-y>0, \\ y>0 \end{cases}$$

的解，即 $0<y<z$，于是

$$f_Z(z) = \begin{cases} \int_0^z \mathrm{e}^{-(z-y)} \mathrm{e}^{-y} \mathrm{d}y \\ 0 \end{cases} = \begin{cases} \int_0^z \mathrm{e}^{-z} \mathrm{d}y \\ 0 \end{cases} = \begin{cases} z\mathrm{e}^{-z}, & z>0, \\ 0, & z \leq 0. \end{cases}$$

定理 3.1 两个独立的正态随机变量之和仍然服从正态分布. 即若 $X_i \sim N(\mu_i, \sigma_i^2)$，$i=1,2$，并且 X_1 与 X_2 独立，则 $Y = X_1 + X_2 \sim N(\mu_1 + \mu_2, \sigma_1^2 + \sigma_2^2)$.

*__证明__ X_i 的概率密度 $f_i(x_i) = \dfrac{1}{\sqrt{2\pi}\sigma_i} \mathrm{e}^{-\frac{(x_i - \mu_i)^2}{2\sigma_i^2}}$，$i=1,2$. 由于 X_1 与 X_2 独立，利用卷积公式（3.35）式，Y 的概率密度 $f_Y(y)$ 为

$$f_Y(y) = \int_{-\infty}^{\infty} f_1(x_1) f_2(y-x_1) \mathrm{d}x_1$$

$$= \int_{-\infty}^{\infty} \frac{1}{2\pi\sigma_1\sigma_2} \exp\left\{-\frac{1}{2}\left[\frac{(x_1-\mu_1)^2}{\sigma_1^2} + \frac{(y-x_1-\mu_2)^2}{\sigma_2^2}\right]\right\} \mathrm{d}x$$

$$\xlongequal{\diamondsuit t = x_1 - \mu_1} \int_{-\infty}^{\infty} \frac{1}{2\pi\sigma_1\sigma_2} \times \exp\left\{-\frac{1}{2}\left[\frac{t^2}{\sigma_1^2} + \frac{[y-t-(\mu_1+\mu_2)]^2}{\sigma_2^2}\right]\right\}dt$$

对 t 进行配方，有

$$\frac{t^2}{\sigma_1^2} + \frac{[y-t-(\mu_1+\mu_2)]^2}{\sigma_2^2}$$

$$= \frac{1}{\sigma_1^2\sigma_2^2}\{(\sigma_1^2+\sigma_2^2)t^2 - 2\sigma_1^2[y-(\mu_1+\mu_2)]t + \sigma_1^2[y-(\mu_1+\mu_2)]^2\}$$

$$= \frac{\sigma_1^2+\sigma_2^2}{\sigma_1^2\sigma_2^2}\left\{t^2 - \frac{2\sigma_1^2[y-(\mu_1+\mu_2)]}{\sigma_1^2+\sigma_2^2}t\right.$$

$$\left. + \frac{\sigma_1^4[y-(\mu_1+\mu_2)]^2}{(\sigma_1^2+\sigma_2^2)^2} + \frac{\sigma_1^2\sigma_2^2[y-(\mu_1+\mu_2)]^2}{(\sigma_1^2+\sigma_2^2)^2}\right\}$$

$$= \frac{\sigma_1^2+\sigma_2^2}{\sigma_1^2\sigma_2^2}\left\{t - \frac{\sigma_1^2[y-(\mu_1+\mu_2)]}{\sigma_1^2+\sigma_2^2}\right\}^2 + \frac{[y-(\mu_1+\mu_2)]^2}{\sigma_1^2+\sigma_2^2}$$

$$f_Y(y) = \int_{-\infty}^{\infty} \frac{1}{2\pi\sigma_1\sigma_2}\exp\left\{-\frac{\sigma_1^2+\sigma_2^2}{2\sigma_1^2\sigma_2^2}\left(t - \frac{\sigma_1^2[y-(\mu_1+\mu_2)]}{\sigma_1^2+\sigma_2^2}\right)^2\right\}$$

$$\times \exp\left\{-\frac{[y-(\mu_1+\mu_2)]^2}{2(\sigma_1^2+\sigma_2^2)}\right\}dt$$

$$= \frac{1}{\sqrt{2\pi}\sqrt{\sigma_1^2+\sigma_2^2}}\exp\left\{-\frac{[y-(\mu_1+\mu_2)]^2}{2(\sigma_1^2+\sigma_2^2)}\right\}$$

$$\times \int_{-\infty}^{\infty} \frac{\sqrt{\sigma_1^2+\sigma_2^2}}{\sqrt{2\pi}\sigma_1\sigma_2}\exp\left\{-\frac{\sigma_1^2+\sigma_2^2}{2\sigma_1^2\sigma_2^2}\left(t - \frac{\sigma_1^2[y-(\mu_1+\mu_2)]}{\sigma_1^2+\sigma_2^2}\right)^2\right\}dt$$

最后一个式子中，积分号下的被积函数是一个正态分布的密度，积分为 1，因此

$$f_Y(y) = \frac{1}{\sqrt{2\pi}\sqrt{\sigma_1^2+\sigma_2^2}}\exp\left\{-\frac{[y-(\mu_1+\mu_2)]^2}{2(\sigma_1^2+\sigma_2^2)}\right\}$$

上式恰是正态分布 $N(\mu_1+\mu_2, \sigma_1^2+\sigma_2^2)$ 的概率密度.

推论 有限个独立的正态变量的线性函数仍服从正态分布. 即若 $X_i \sim N(\mu_i, \sigma_i^2)$，$i = 1, 2, \cdots, n$，并且 $X_1, X_2, \cdots, X_n$ 相互独立，常数 $a_1, a_2, \cdots, a_n$ 不全为零，则有

$$\sum_{i=1}^{n} a_i X_i \sim N\left(\sum_{i=1}^{n} a_i \mu_i, \sum_{i=1}^{n} a_i^2 \sigma_i^2\right) \tag{3.36}$$

特别地，若 $X_1, X_2, \cdots, X_n$ 独立同正态分布 $N(\mu, \sigma^2)$，记 $\bar{X} = \frac{1}{n}\sum_{i=1}^{n} X_i$，则

$$\bar{X} \sim N\left(\mu, \frac{\sigma^2}{n}\right).$$

§3.4 随机向量的数字特征

一、随机向量的数学期望

随机向量的数学期望，就是由构成随机向量的各随机变量的数学期望所构成的向量.

定义3.13 设 $(X_1, X_2, \cdots, X_n)^T$ 是 n 维随机向量，而且每个随机变量 X_i 的期望 EX_i 都存在，$i = 1, 2, \cdots, n$，称 $(EX_1, EX_2, \cdots, EX_n)^T$ 为 $(X_1, X_2, \cdots, X_n)^T$ 的**期望向量**或**均值向量**.

定理 3.2 设 $g(X, Y)$ 是随机变量 X、Y 的函数，且 $E[g(X, Y)]$ 存在.

(1) 如果 (X, Y) 是离散型随机向量，联合概率分布为 p_{ij}，$i, j = 1, 2, \cdots$，则

$$E[g(X, Y)] = \sum_i \sum_j g(x_i, y_j) p_{ij} \tag{3.37}$$

(2) 如果 (X, Y) 是连续型随机向量，联合概率密度为 $f(x, y)$，则

$$E[g(X, Y)] = \int_{-\infty}^{\infty} \int_{-\infty}^{\infty} g(x, y) f(x, y) \mathrm{d}x \mathrm{d}y \tag{3.38}$$

证明超出本书范围，略.

从定理3.2可以直接推证出下面几个关于期望和方差的性质.

推论（1）如果 X，Y 的期望都存在，则

$$E(X + Y) = EX + EY. \tag{3.39}$$

（2）如果 X 与 Y 相互独立，且它们的期望都存在，则

$$E(XY) = EXEY. \tag{3.40}$$

（3）如果 X 与 Y 相互独立．且它们的方差都存在，则

$$D(X \pm Y) = DX + DY. \tag{3.41}$$

***证明** 设 X, Y 都是连续型随机变量（离散型证明留给读者作为练习），其联合密度为 $f(x,y)$.

(1) $E(X+Y) = \int_{-\infty}^{+\infty} \int_{-\infty}^{+\infty} (x+y)f(x,y)\mathrm{d}x\mathrm{d}y$

$= \int_{-\infty}^{+\infty} \int_{-\infty}^{+\infty} xf(x,y)\mathrm{d}x\mathrm{d}y + \int_{-\infty}^{+\infty} \int_{-\infty}^{+\infty} yf(x,y)\mathrm{d}x\mathrm{d}y$

$= \int_{-\infty}^{+\infty} x\left(\int_{-\infty}^{+\infty} f(x,y)\mathrm{d}y\right)\mathrm{d}x + \int_{-\infty}^{+\infty} y\left(\int_{-\infty}^{+\infty} f(x,y)\mathrm{d}x\right)\mathrm{d}y$

$= \int_{-\infty}^{+\infty} xf_X(x)\mathrm{d}x + \int_{-\infty}^{+\infty} yf_Y(y)\mathrm{d}y = EX + EY.$

(2) 由于 X 与 Y 独立，所以 $f(x,y) = f_X(x)f_Y(y)$，于是有

$E(XY) = \int_{-\infty}^{+\infty} \int_{-\infty}^{+\infty} xyf(x,y)\mathrm{d}x\mathrm{d}y = \int_{-\infty}^{+\infty} \int_{-\infty}^{+\infty} xyf_X(x)f_Y(y)\mathrm{d}x\mathrm{d}y$

$= \int_{-\infty}^{+\infty} xf_X(x)\mathrm{d}x \int_{-\infty}^{+\infty} yf_Y(y)\mathrm{d}y = EXEY.$

(3) $E(X \pm Y)^2 = EX^2 \pm 2EXY + EY^2 = EX^2 \pm 2EXEY + EY^2$,

$[E(X \pm Y)]^2 = (EX \pm EY)^2 = (EX)^2 \pm 2EXEY + (EY)^2$,

$D(X \pm Y) = E(X \pm Y)^2 - [E(X \pm Y)]^2 = EX^2 + EY^2 - (EX)^2 - (EY)^2$

$= EX^2 - (EX)^2 + EY^2 - (EY)^2 = DX + DY.$

推论 (1)、(2)、(3) 都可以推广到 n 个随机变量的情况，即

如果 $EX_i(i = 1,2,\cdots,n)$ 都存在，则

$$E(X_1 + X_2 + \cdots + X_n) = EX_1 + EX_2 + \cdots + EX_n. \tag{3.42}$$

如果 $X_1, X_2, \cdots, X_n$ 相互独立，

(1) 若 $X_1, X_2, \cdots, X_n$ 的期望都存在，则

$$E(X_1 X_2 \cdots X_n) = EX_1 EX_2 \cdots EX_n \tag{3.43}$$

(2) 若 $DX_i, i = 1,2,\cdots,n$ 都存在，则

$$D(X_1 \pm X_2 \pm \cdots \pm X_n) = DX_1 + DX_2 + \cdots + DX_n \tag{3.44}$$

应该指出推论 (2)、(3) 的逆命题不成立，即从 (3.40) 与 (3.41) 式成立不能得出 X 与 Y 一定独立．

例 3.19 表 3.16 给出了 (X,Y) 的联合概率分布，求 EX，EY，EXY，DX，DY.

表 3.16

X \ Y	0	1	$P\{X=i\}$
0	0.2	0.3	**0.5**
1	0.4	0.1	**0.5**
$P\{Y=j\}$	**0.6**	**0.4**	

解 从表 3.16 容易得出关于 X 与关于 Y 的边缘概率分布分别为表 3.16 中最右一列与最下一行. 且 X，Y 都服从 0-1 分布，其分布参数分别为 0.5 与 0.4. 于是有

$$EX = 0.5,\ DX = 0.25,\ EY = 0.4,\ DY = 0.24.$$

根据 (3.37) 式，

$$E(XY) = \sum_{i=0}^{1}\sum_{j=0}^{1} ij p_{ij} = 0\times 0\times 0.2 + 0\times 1\times 0.3 + 1\times 0\times 0.4 + 1\times 1\times 0.1$$
$$= 0.1.$$

对于二维离散型随机向量，在计算 $E(XY)$ 时，根据公式 (3.37)，只要 x_i，y_j，p_{ij} 中有一个是 0，则乘积项 $x_i y_j p_{ij}$ 就是 0，因此我们只需对 x_i，y_j，p_{ij} 均不为 0 的情况进行计算.

例 3.20 已知二维随机向量 (X,Y) 的概率分布由表 3.17 确定，判断

表 3.17

X \ Y	−1	0	1
−1	0.3	0	0.3
1	0.1	0.2	0.1

(1) X 与 Y 是否独立？

(2) $E(XY)$ 与 $EX \cdot EY$ 是否相等？

解 $P\{Y=0\} = 0.2$

$P\{X=-1\} = 0.3 + 0.3 = 0.6$

$P\{X=-1, Y=0\} = 0$

由于 $P\{X=-1,Y=0\} \neq P\{X=-1\}P\{Y=0\}$，因此 X 与 Y 不独立.

从表 3.17 可以求出 X 及 Y 的边缘分布（见表 3.18 及表 3.19）.

表 3.18

X	-1	1
p	0.6	0.4

表 3.19

Y	-1	0	1
p	0.4	0.2	0.4

$$EX = -0.2,\ EY = 0,\ EX \cdot EY = 0$$

$$\begin{aligned} E(XY) &= \sum_{i=1}^{2}\sum_{j=1}^{3} x_i y_j p_{ij} \\ &= (-1)(-1) \times 0.3 + (-1) \times 1 \times 0.3 \\ &\quad + 1 \times (-1) \times 0.1 + 1 \times 1 \times 0.1 = 0 \end{aligned}$$

从计算看出 $E(XY) = EXEY$，但是 X 与 Y 不独立. 有兴趣的读者可以再判断 $D(X \pm Y)$ 是否等于 $DX + DY$.

二、两个随机变量的协方差

定义 3.14 设 X, Y 是两个随机变量，期望存在，如果 $E(X-EX)(Y-EY)$ 也存在，则称它为 X 与 Y 的**协方差**，记作 $\mathrm{Cov}(X,Y)$，即

$$\mathrm{Cov}(X,Y) = E(X-EX)(Y-EY) \tag{3.45}$$

如果 (X,Y) 为离散型随机向量，联合概率分布为 $p_{ij}, i, j = 1, 2, \cdots$ 则由 (3.37) 式有

$$\mathrm{Cov}(X,Y) = \sum_i \sum_j (x_i - EX)(y_j - EY) p_{ij}. \tag{3.46}$$

如果 (X,Y) 为连续型随机向量，其联合概率密度为 $f(x,y)$，则由 (3.38) 式有

$$\mathrm{Cov}(X,Y) = \int_{-\infty}^{+\infty}\int_{-\infty}^{+\infty} (x-EX)(y-EY)f(x,y)\mathrm{d}x\mathrm{d}y. \tag{3.47}$$

根据协方差定义，容易证明下列推论（请读者作为练习自证）：

推论（1）$\mathrm{Cov}(X,Y) = EXY - EXEY$； (3.48)

（2）$\mathrm{Cov}(X,X) = DX$；

（3）$\mathrm{Cov}(X,Y) = \mathrm{Cov}(X,Y)$；

(4) $\text{Cov}(X,b) = 0$; (3.49)

(5) $\text{Cov}(aX,bY) = ab\text{Cov}(X,Y)$; (3.50)

(6) $\text{Cov}(X_1 + X_2, Y) = \text{Cov}(X_1,Y) + \text{Cov}(X_2,Y)$; (3.51)

(7) $D(X \pm Y) = DX \pm 2\text{Cov}(X,Y) + DY$; (3.52)

(8) 如果 X 与 Y 独立，则 $\text{Cov}(X,Y) = 0$.

三、两个随机变量的相关系数

两个随机变量的相关性是概率论和数理统计的重要概念，是统计相依性最简单的形式之一，由两个随机变量的联合数字特征——相关系数来表征．随机变量相关性的分析——相关分析，在经济问题中有重要的应用．

定义 3.15 假设随机变量 X 与 Y 的方差存在，并且均不为零，称 $\dfrac{\text{Cov}(X,Y)}{\sqrt{DX \cdot DY}}$ 为 X 与 Y 的**相关系数**，记作 ρ_{XY}，或简记为 ρ．即

$$\rho_{XY} = \frac{\text{Cov}(X,Y)}{\sqrt{DX}\sqrt{DY}} = \frac{E(X-EX)(Y-EY)}{\sqrt{DX}\sqrt{DY}} \tag{3.53}$$

定理 3.3 设 X 与 Y 为任意两个随机变量，它们的相关系数存在，则有

$$|\rho_{XY}| \leq 1 \tag{3.54}$$

证明 由相关系数的定义(3.53)式，只要证明 $\text{Cov}^2(X,Y) \leq DX \cdot DY$．因为任何随机变量，其方差均非负，所以，对任意实数 k，恒有

$$\begin{aligned}
D(Y-kX) &= E(Y-kX-EY+kEX)^2 \\
&= E[(Y-EY)^2 - 2k(Y-EY)(X-EX) \\
&\quad + k^2(X-EX)^2] \geq 0
\end{aligned}$$

即 $DY - 2k\text{Cov}(X,Y) + k^2 DX \geq 0$

上面不等式的左边是一个 k 的二次三项式，因此该不等式成立的充分必要条件为判别式 $\Delta \leq 0$，即

$$\Delta = [-2\text{Cov}(X,Y)]^2 - 4DX \cdot DY = 4\text{Cov}^2(X,Y) - 4DX \cdot DY \leq 0$$

因此可得

$$\text{Cov}^2(X,Y) \leq DX \cdot DY$$

定理 3.4 如果随机变量 Y 是 X 的线性函数，即 $Y = aX + b$，则当 $a > 0$ 时，$\rho_{XY} = 1$；当 $a < 0$ 时，$\rho_{XY} = -1$.

证明 由协方差定义，有

$$\begin{aligned}\text{Cov}(X, Y) &= E(X - EX)(Y - EY) \\ &= E(X - EX)(aX + b - aEX - b) \\ &= aE(X - EX)^2 = aDX\end{aligned}$$

$$DY = D(aX + b) = a^2 DX$$

将它们代入相关系数公式(3.53)式，有

$$\rho_{XY} = \frac{\text{Cov}(X, Y)}{\sqrt{DX}\sqrt{DY}} = \frac{aDX}{|a|DX} = \frac{a}{|a|}$$

当 $a > 0$ 时，$|a| = a$，$\rho_{XY} = 1$；当 $a < 0$ 时，$|a| = -a$，$\rho_{XY} = -1$.

由定理 3.4 看出，当 X 与 Y 之间具有线性关系时，相关系数的绝对值达到最大值 1. 实际上可以证明定理 3.4 的逆定理也是成立的. 因此相关系数绝对值的大小反映了 Y 与 X 间的线性关系的密切程度. 我们可以用相关系数作为两个随机变量相依程度的一种度量.

定义 3.16 假设随机变量 X 与 Y 的相关系数为 ρ.

(1) 若 $\rho \neq 0$，称 X 与 Y 相关. 特别当 $\rho > 0$ 时，称 X 与 Y 为正相关，当 $\rho < 0$ 时，称 X 与 Y 为负相关;

(2) 若 $\rho = 0$，称 X 与 Y 不相关（实为线性无关）.

推论 两个方差存在的独立随机变量，其相关系数为零. 即若 X 与 Y 独立，则有 $\rho = 0$.

证明 由于 X 与 Y 独立，有 $\text{Cov}(X, Y) = 0$，由定义 3.15 可知 $\rho = 0$.

注意该推论的逆命题不成立，即当 $\rho_{XY} = 0$ 时，X 与 Y 不一定独立（后面将证明的正态分布变量例外）.

例 3.21 已知随机变量 Z 服从区间 $[0, 2\pi]$ 上的均匀分布，且 $X = \sin Z$，$Y = \sin(Z + k)$，k 为常数，求 X 与 Y 的相关系数 ρ.

解 依题意，Z 的概率密度 $f_Z(z)$ 为

$$f_Z(z) = \begin{cases} \dfrac{1}{2\pi}, & 0 \leq z \leq 2\pi, \\ 0, & \text{其他}. \end{cases}$$

$$EX = E(\sin Z) = \int_0^{2\pi} \frac{1}{2\pi} \sin z \, dz = 0$$

$$EY = E[\sin(Z+k)] = 0$$

$$\begin{aligned}
\text{Cov}(X,Y) &= E(XY) - EX \cdot EY \\
&= E[\sin Z \sin(Z+k)] \\
&= \int_0^{2\pi} \frac{1}{2\pi} \sin z \sin(z+k) \, dz \\
&= \frac{1}{4\pi} \int_0^{2\pi} [\cos k - \cos(2z+k)] \, dz \\
&= \frac{1}{2} \cos k
\end{aligned}$$

$$DX = EX^2 = \int_0^{2\pi} \frac{1}{2\pi} \sin^2 z \, dz = 0.5$$

$$DY = EY^2 = 0.5$$

$$\rho = \frac{\frac{1}{2}\cos k}{\sqrt{0.5}\sqrt{0.5}} = \cos k$$

若取 $k = \frac{\pi}{2}$，有 $\rho = 0$，此时 $Y = \sin\left(Z + \frac{\pi}{2}\right) = \cos Z$，而 $X = \sin Z$，X 与 Y 之间满足关系式：$X^2 + Y^2 = 1$.

该例说明：（1）相关系数为零的两个随机变量并不一定是独立的．

（2）X 与 Y 不相关，实指没有线性关系，但并不排除 X 与 Y 有其他形式的密切关系，如本例中的 X 与 Y 满足 $X^2 + Y^2 = 1$.

例 3.22 设 (X,Y) 服从二维正态分布，其概率密度 $f(x,y)$ 由 (3.22) 式确定，求 X 与 Y 的相关系数 ρ_{XY}.

解 由定理 3.5 可知，$EX = \mu_1$，$EY = \mu_2$，$DX = \sigma_1^2$，$DY = \sigma_2^2$. 利用相关系数定义 (3.53) 式，有

$$\rho_{XY} = \frac{\text{Cov}(X,Y)}{\sqrt{DX}\sqrt{DY}} = \frac{1}{\sigma_1 \sigma_2} \int_{-\infty}^{\infty} \int_{-\infty}^{\infty} (x - \mu_1)(y - \mu_2) f(x,y) \, dx \, dy$$

令 $s = \dfrac{(x-\mu_1)}{\sigma_1}$，$t = \dfrac{(y-\mu_2)}{\sigma_2}$，有 $ds \, dt = \dfrac{dx \, dy}{\sigma_1 \sigma_2}$

$$\rho_{XY} = \int_{-\infty}^{\infty} \int_{-\infty}^{\infty} \frac{st}{2\pi \sqrt{1-\rho^2}} e^{-\frac{1}{2(1-\rho^2)}(s^2 - 2\rho st + t^2)} \, ds \, dt$$

$$= \int_{-\infty}^{\infty} \int_{-\infty}^{\infty} \frac{st}{2\pi\sqrt{1-\rho^2}} e^{-\frac{1}{2(1-\rho^2)}[(t-\rho s)^2+(1-\rho^2)s^2]} dtds$$

$$= \int_{-\infty}^{\infty} \frac{s}{\sqrt{2\pi}} e^{-\frac{s^2}{2}} \times \left(\int_{-\infty}^{\infty} \frac{t}{\sqrt{2\pi}\sqrt{1-\rho^2}} e^{-\frac{1}{2(1-\rho^2)}(t-\rho s)^2} dt \right) ds$$

注意到在对 t 进行配方之后，第二个积分号下的被积函数恰好是正态分布 $N(\rho s,(1-\rho^2))$ 的概率密度 $f(t)$ 与实数 t 的乘积，其积分 $\int_{-\infty}^{\infty} tf(t)dt$ 是正态分布 $N(\rho s,(1-\rho^2))$ 的期望值 ρs。因此

$$\rho_{XY} = \int_{-\infty}^{\infty} \frac{\rho s^2}{\sqrt{2\pi}} e^{-\frac{s^2}{2}} ds = \rho \int_{-\infty}^{\infty} \frac{s^2}{\sqrt{2\pi}} e^{-\frac{s^2}{2}} ds$$

显然，最右面的积分恰是标准正态分布的方差，因此积分值为 1。即

$$\rho_{XY} = \rho$$

此例表明，二维正态分布密度 (3.22) 式中的参数 ρ 正是其两个分量 X 与 Y 的相关系数。

定理 3.5 设 (X,Y) 服从二维正态分布，其密度由 (3.22) 式确定。则 X 与 Y 独立的充分必要条件是 X 与 Y 的相关系数 ρ 等于零。

证明 必要性显然成立，它就是定义 3.16 的推论。

关于充分性，已知 $\rho=0$，代入 (3.22) 式，有

$$f(x,y) = \frac{1}{2\pi\sigma_1\sigma_2} e^{-\frac{1}{2}\left[\left(\frac{x-\mu_1}{\sigma_1}\right)^2 + \left(\frac{y-\mu_2}{\sigma_2}\right)^2\right]}$$

$$= \frac{1}{\sqrt{2\pi}\sigma_1} e^{-\frac{(x-\mu_1)^2}{2\sigma_1^2}} \times \frac{1}{\sqrt{2\pi}\sigma_2} e^{-\frac{(y-\mu_2)^2}{2\sigma_2^2}}$$

最后一个式子右边正好是 X 与 Y 的两个边缘密度的乘积。即对于任何 x, y，有：

$$f(x,y) = f_1(x)f_2(y)$$

所以，X 与 Y 独立。

四、随机向量的协方差矩阵和相关矩阵

定义 3.17 设 $(X_1, X_2, \cdots, X_n)$ 是一个 n 维随机向量，各分量 X_i ($i=1$,

$2, \cdots, n$)的方差都存在,则以 $\text{Cov}(X_i, X_j)$ 为元素组成的 n 阶矩阵称为该随机向量的**协差矩阵**. 记作 V, 即

$$V = \begin{pmatrix} v_{11} & v_{12} & \cdots & v_{1n} \\ v_{21} & v_{22} & \cdots & v_{2n} \\ \cdots & \cdots & \cdots & \cdots \\ v_{n1} & v_{n2} & \cdots & v_{nn} \end{pmatrix} \tag{3.55}$$

其中 $v_{ii} = DX_i$, $v_{ij} = \text{Cov}(X_i, X_j)$, $i, j = 1, 2, \cdots, n$.

显然矩阵 V 是对称矩阵, 即 $v_{ij} = v_{ji}$, 这是由于 $\text{Cov}(X_i, X_j) = E(X_i - EX_i)(X_j - EX_j) = E(X_j - EX_j)(X_i - EX_i) = \text{Cov}(X_j, X_i)$. 还可以证明 V 是非负定矩阵.

定义 3.18 设 $(X_1, X_2, \cdots, X_n)$ 是 n 维随机向量, 其任何两个分量 $X_i X_j$ 的相关系数 ρ_{ij} 都存在 ($i = 1, 2, \cdots, n$), 则以 ρ_{ij} 为元素组成的 n 阶矩阵, 称为该随机向量 $(X_1, X_2, \cdots, X_n)$ 的**相关矩阵**. 记作 R, 即

$$R = \begin{pmatrix} \rho_{11} & \rho_{12} & \cdots & \rho_{1n} \\ \rho_{21} & \rho_{22} & \cdots & \rho_{2n} \\ \cdots & \cdots & \cdots & \cdots \\ \rho_{n1} & \rho_{n2} & \cdots & \rho_{nn} \end{pmatrix} \tag{3.56}$$

由于 $\text{Cov}(X_i, X_i) = DX_i$, 因此有

$$\rho_{ii} = \frac{\text{Cov}(X_i, X_i)}{\sqrt{DX_i}\sqrt{DX_i}} = 1$$

$$\rho_{ij} = \frac{\text{Cov}(X_i, X_j)}{\sqrt{DX_i}\sqrt{DX_j}} = \frac{v_{ij}}{\sqrt{v_{ii}}\sqrt{v_{jj}}}$$

显然, 相关矩阵 R 也是对称的非负定矩阵. 对于多维随机向量, 本书以二维为主. 因此对于协差矩阵与相关矩阵, 我们也主要讨论 $n = 2$ 的情形.

例 3.23 已知 X 与 Y 的协差矩阵 V, 求相关矩阵 R, 其中 $V = \begin{pmatrix} 25 & 12 \\ 12 & 36 \end{pmatrix}$.

解 由于 $\rho_{11} = \rho_{22} = 1$

$$\rho_{12} = \rho_{21} = \frac{v_{12}}{\sqrt{v_{11}}\sqrt{v_{22}}} = \frac{12}{5 \times 6} = 0.4$$

因此，有
$$R = \begin{pmatrix} 1 & 0.4 \\ 0.4 & 1 \end{pmatrix}.$$

例3.24 已知随机变量 X 的期望 $EX = \mu$，方差 $DX = \sigma^2$，且 $Y = 3 - 4X$，求 X 与 Y 的协差矩阵及相关矩阵.

解
$$v_{11} = DX = \sigma^2$$
$$v_{22} = DY = D(3-4X) = 16\sigma^2$$

从定理3.4可知，$\rho_{XY} = -1$，即 $\rho_{12} = \rho_{21} = -1$

$$v_{12} = v_{21} = \rho_{12}\sqrt{v_{11}}\sqrt{v_{22}} = -4\sigma^2$$

因此
$$V = \begin{pmatrix} \sigma^2 & -4\sigma^2 \\ -4\sigma^2 & 16\sigma^2 \end{pmatrix} = \sigma^2 \begin{pmatrix} 1 & -4 \\ -4 & 16 \end{pmatrix}$$

$$R = \begin{pmatrix} 1 & -1 \\ -1 & 1 \end{pmatrix}$$

例3.25 已知随机变量 X 与 Y 的联合分布如下表给出，

表3.20

X \ Y	-2	0	1	Σ
-1	0.30	0.12	0.18	0.60
1	0.10	0.18	0.12	0.40
Σ	0.40	0.30	0.30	

求 X 和 Y 的协差矩阵.

解 $EX = -1 \times 0.6 + 1 \times 0.4 = -0.2$，

$EY = -2 \times 0.4 + 1 \times 0.3 = -0.5$；

$EX^2 = 1 \times 0.6 + 1 \times 0.4 = 1$，

$EY^2 = 4 \times 0.4 + 1 \times 0.3 = 1.9$；

$v_{11} = DX = 1 - 0.04 = 0.96$，

$v_{22} = DY = 1.9 - 0.25 = 1.65$；

$EXY = (-1)(-2) \times 0.3 + (-1) \times 1 \times 0.18 + 1 \times (-2) \times 0.1$

$$+1\times 1\times 0.12 = 0.34;$$

$$v_{12} = \text{Cov}(X,Y) = EXY - EX\cdot EY = 0.24$$

$$V = \begin{pmatrix} 0.96 & 0.24 \\ 0.24 & 1.65 \end{pmatrix}.$$

例3.26 假设随机变量 X 与 Y 的联合密度为

$$f(x,y) = \begin{cases} \dfrac{1}{\pi}, & x^2 + y^2 \leq 1, \\ 0, & \text{其他}. \end{cases}$$

求 X 与 Y 的相关矩阵.

解 由上节例3.12(2) 计算所得 X 与 Y 的概率密度 $f_1(x)$ 及 $f_2(y)$，有

$$EX = \int_{-1}^{1} \frac{2x}{\pi}\sqrt{1-x^2}\,dx = 0$$

$$EY = \int_{-1}^{1} \frac{2y}{\pi}\sqrt{1-y^2}\,dy = 0$$

$$\text{Cov}(X,Y) = EXY = \iint_{x^2+y^2\leq 1} \frac{xy}{\pi}\,dxdy$$

$$= \frac{1}{\pi}\int_{-1}^{1}\left(x\int_{-\sqrt{1-x^2}}^{\sqrt{1-x^2}} y\,dy\right)dx = 0$$

因此，$\rho_{12} = \rho_{XY} = 0$，有

$$R = \begin{pmatrix} 1 & 0 \\ 0 & 1 \end{pmatrix}$$

此例也说明了虽然 X 与 Y 不独立，但 $\rho_{XY} = 0$.

例3.27 随机变量 X 与 Y 都服从标准正态分布 $N(0,1)$，并且 $D(X-Y) = 0$，求二维随机向量 (X,Y) 的协差矩阵.

解 由于 $DX = DY = 1$，$D(X-Y) = 0$，且

$$D(X-Y) = DX + DY - 2\text{Cov}(X,Y)$$

得 $\text{Cov}(X,Y) = 1$

$$V = \begin{pmatrix} 1 & 1 \\ 1 & 1 \end{pmatrix}.$$

*§3.5 大数定律与中心极限定理

在第一章中，我们曾经提到在大量重复试验中，随机事件出现的频率具有稳定性，将这个性质在数学上严格地表示出来就是最简单的一个大数定律——伯努利大数定律．另外，人们还从实践中认识到大量测量值的算术平均值也具有稳定性，即平均结果的稳定性，它表明无论随机现象的个别结果如何，或者它们在进行过程中的个别特征如何，大量随机现象的平均结果实际上不受随机现象个别结果的影响，并且几乎不再是随机的．大数定律以数学形式描述并证明了，在一定条件下的、大量重复出现的随机现象的统计规律性，即频率的稳定性与平均结果的稳定性．在极限性质方面，相比大数定律刻画得更为精细的是中心极限定理．极限定理告诉我们，在相当一般的情况下，众多独立的随机因素的总体作用必然导致某种不依赖于个别随机因素的作用，而且可以将这些众多随机变量之和的分布近似地看成是正态分布．在深入讨论之前，先介绍一个著名的概率不等式．

一、切比雪夫不等式

定理 3.6 （切比雪夫不等式）设随机变量 X 的方差 DX 存在，则对于任何 $\varepsilon > 0$，有

$$P\{|X - EX| \geq \varepsilon\} \leq \frac{DX}{\varepsilon^2} \tag{3.57}$$

证明 设 X 为离散型（连续型留给读者作为练习）．$P\{X = x_n\} = p_n$, $n = 1, 2, \cdots$．要证（3.57）式，只要证明 $\varepsilon^2 P\{|X - EX| \geq \varepsilon\} \leq DX$ 即可．由 (2.4) 式及 (2.52) 式，有

$$\varepsilon^2 P\{|X - EX| \geq \varepsilon\} = \varepsilon^2 \sum_{|x_n - EX| \geq \varepsilon} p_n = \sum_{|x_n - EX| \geq \varepsilon} \varepsilon^2 p_n$$

$$\leq \sum_{|x_n - EX| \geq \varepsilon} (x_n - EX)^2 p_n$$

$$\leq \sum_n (x_n - EX)^2 p_n = DX$$

上式中，若取 $\varepsilon = n\sqrt{DX}$，则有

$$P\{|X-EX| \geq n\sqrt{DX}\} \leq \frac{1}{n^2}$$

(3.57)式称为切比雪夫不等式,它的一个等价形式是

$$P\{|X-EX| < \varepsilon\} \geq 1 - \frac{DX}{\varepsilon^2} \tag{3.58}$$

切比雪夫不等式是个很重要的不等式,它给出了随机变量对其数学期望绝对偏差的概率估计. 由切比雪夫不等式可以看到,一个随机变量 X 的方差 DX 越小,则 X 取值越集中在期望 EX 附近,由此更清楚地看出,方差的概率意义在于它刻画了随机变量取值的分散程度. 不仅如此,切比雪夫不等式还用于大数定律的证明.

例 3.28 设随机变量 $X \sim N(\mu, \sigma^2)$,估计概率 $P\{|X-\mu| \geq 3\sigma\}$.

解 依题意,$EX = \mu$,$DX = \sigma^2$,根据切比雪夫不等式,

$$P\{|X-\mu| \geq 3\sigma\} \leq \frac{\sigma^2}{(3\sigma)^2} = \frac{1}{9}.$$

例 3.29 设随机变量 X 与 Y 的期望分别为 -2 和 2,方差分别为 1 和 4,而相关系数 $\rho_{XY} = -0.5$,估计概率 $P\{|X+Y| \geq 6\}$.

解 依题意,$E(X+Y) = EX + EY = 0$,$\text{Cov}(X,Y) = \rho_{XY}\sqrt{DX}\sqrt{DX} = -1$,

$$D(X+Y) = DX + 2\text{Cov}(X,Y) + DY = 1 + 2\times(-1) + 4 = 3,$$

根据切比雪夫不等式

$$P\{|X+Y-E(X+Y)| \geq 6\} = P\{|X+Y| \geq 6\} \leq \frac{3}{36} = \frac{1}{12}.$$

二、大数定律

定义 3.19 设 $X_1, X_2, \cdots, X_n, \cdots$ 是一个随机变量序列,如果存在一个常数 a,使得对任何 $\varepsilon > 0$,有

$$\lim_{n \to \infty} P\{|X_n - a| < \varepsilon\} = 1$$

则称序列 $\{X_n, n = 1, 2, \cdots\}$ 依概率收敛于 a,记作 $X_n \xrightarrow{P} a$ 或 $P\text{-}\lim_{n \to \infty} X_n = a$.

大数定律有多种形式,其主要区别在于定理的条件不同,伯努利大数定律

和辛钦大数定律是最常用的两种形式,而切比雪夫大数定律是比较一般的形式.

1. 切比雪夫大数定律

定理 3.7（切比雪夫大数定律） 设 $X_1, X_2, \cdots$ 是独立的随机变量序列,它们的期望和方差都存在,且存在常数 c,使得对所有 $n = 1, 2, \cdots, DX_n \leq c$,则对任意 $\varepsilon > 0$,有

$$\lim_{n \to \infty} P\left\{ \left| \frac{1}{n} \sum_{i=1}^{n} X_i - \frac{1}{n} \sum_{i=1}^{n} EX_i \right| < \varepsilon \right\} = 1 \tag{3.59}$$

证明 令 $Y_n = \frac{1}{n} \sum_{i=1}^{n} X_i$,则 $EY_n = \frac{1}{n} \sum_{i=1}^{n} EX_i, DY_n = \frac{1}{n^2} \sum_{i=1}^{n} DX_i \leq \frac{c}{n}$,根据切比雪夫不等式,有

$$P\{|Y_n - EY_n| < \varepsilon\} \geq 1 - \frac{DY_n}{\varepsilon^2} > 1 - \frac{c}{n\varepsilon^2}$$

将 $Y_n = \frac{1}{n} \sum_{i=1}^{n} X_i$ 代入上式,得不等式:

$$1 - \frac{c}{n\varepsilon^2} \leq P\left\{ \left| \frac{1}{n} \sum_{i=1}^{n} X_i - \frac{1}{n} \sum_{i=1}^{n} \mu_i \right| < \varepsilon \right\} \leq 1$$

由于 $\lim_{n \to \infty} \left(1 - \frac{c}{n\varepsilon^2} \right) = 1$,因此

$$\lim_{n \to \infty} P\left\{ \left| \frac{1}{n} \sum_{i=1}^{n} X_i - \frac{1}{n} \sum_{i=1}^{n} \mu_i \right| < \varepsilon \right\} = 1$$

经验定律——频率稳定性的数学定理,作为切比雪夫大数定律的推论,通常被称为伯努利大数定律,是概率论最早的定理之一.

定理 3.8 设每次试验中事件 A 发生的概率为 $p(0 < p < 1)$,n 次重复试验中事件 A 发生的次数为 X,其频率 $\mu_n(A) = \frac{X}{n}$,则有 $\frac{X}{n} \xrightarrow{p} p$ 即对于任何 $\varepsilon > 0$,有

$$\lim_{n \to \infty} P\left\{ \left| \frac{X}{n} - p \right| < \varepsilon \right\} = 1 \tag{3.60}$$

证明 设随机变量 X_i 服从 $0-1$ 分布:

$$X_i = \begin{cases} 0 & \text{在第 } i \text{ 次试验中事件 } A \text{ 不发生} \\ 1 & \text{在第 } i \text{ 次试验中事件 } A \text{ 发生} \end{cases}$$

$i = 1, 2, \cdots, n$. 显然在 n 次重复试验中事件 A 发生的次数 $X = \sum_{i=1}^{n} X_i$,且 X_1, X_2, $\cdots, X_n$ 相互独立,其 $EX_i = p, DX_i = pq, i = 1, 2, \cdots, n$,由(3.59)式可知,
$\frac{1}{n}\sum_{i=1}^{n} X_i \xrightarrow{p} p$,即 $\frac{X}{n} \xrightarrow{p} p$.

伯努利大数定律表明,当试验在不变条件的情况下重复进行多次时,事件 A 发生的频率以概率值 p 为其稳定值,即事件 A 的频率依概率收敛到其概率值 $P(A)$. 而当 n 很大时,事件 A 发生的频率与其概率有较大偏差的可能性很小. 在实际应用中,当试验次数很大时,可以用事件发生的频率来近似代替该事件的概率. 事实上,概率很小的事件在个别试验中几乎是不可能发生的. 因此,我们常常忽略掉那些概率很小的事件发生的可能性. 根据这个原理,常称小概率事件为实际不可能事件,所以这个原理又称为小概率原理. 至于"小概率"小到什么程度才看作实际上不可能发生而加以忽略,则要视具体问题的要求和性质而定. 从小概率原理容易得到下面的结论:如果随机事件的概率接近于1,则可以认为在每次试验中该事件都发生,这样的事件,有时称做实际必然事件.

定理 3.9(辛钦定理) 设 $X_1, X_2, \cdots, X_n, \cdots$ 为独立同分布的随机变量序列,且期望存在,μ 是它们共同的期望,则
$$\frac{1}{n}\sum_{i=1}^{n} X_i \xrightarrow{p} \mu$$
即对任何 $\varepsilon > 0$,有
$$\lim_{n \to \infty} P\left\{ \left| \frac{1}{n}\sum_{i=1}^{n} X_i - \mu \right| < \varepsilon \right\} = 1 \tag{3.61}$$

这一结论使我们关于算术平均值的法则有了理论根据. 假设要测量某一物理量 μ,在不变的条件下重复测量 n 次,得到的观测值 $x_1, x_2, \cdots, x_n$ 是不完全相同的,这些数据可以看作是有相同期望的 n 个独立随机变量 $X_1, X_2, \cdots, X_n$ 的试验数值. 由(3.61)式可知,当 n 充分大时,取 $\frac{1}{n}\sum_{i=1}^{n} X_i$ 作为 μ 的近似值,产生的误差很小,即所有观察结果的算术平均依概率收敛于期望值——被观察值的真值.

例 3.30 设随机变量序列 $X_{11}, X_{12}, \cdots, X_{1m_1}, X_{21}, X_{22}, \cdots, X_{2m_2}, \cdots, X_{n_1}, X_{n_2}$, $\cdots, X_{nm_n}, \cdots$ 相互独立都服从参数为 1 的泊松分布,令

$$Y_i = \frac{1}{m_i}\sum_{j=1}^{m_i} X_{ij}, \quad i = 1, 2, \cdots, n, \cdots$$

试判断随机变量序列 $Y_1, Y_2, \cdots, Y_n, \cdots$

（1）是否一定满足切比雪夫大数定律？

（2）是否一定满足辛钦大数定律？

解　（1）依题意，对于所有的 $j = 1, 2, \cdots, m_i, i = 1, 2, \cdots, n, \cdots, EX_{ij} = DX_{ij} = 1$，并且 $Y_1, Y_2, \cdots, Y_n, \cdots$ 相互独立．其数学期望和方差分别为

$$EY_i = E\frac{1}{m_i}\sum_{j=1}^{m_i} X_{ij} = 1; \quad DY_i = D\frac{1}{m_i}\sum_{j=1}^{m_i} X_{ij} = \frac{1}{m_i} \leqslant 1.$$

也就是说 $Y_1, Y_2, \cdots, Y_n, \cdots$ 相互独立；期望和方差都存在；对任何 $i = 1, 2, \cdots$，方差 DY_i 都小于一个共同的常数．因此 $Y_1, Y_2, \cdots, Y_n, \cdots$ 满足切比雪夫大数定律．

（2）由于 $m_1, m_2, \cdots$ 不一定全相同，因此不能确定 $Y_1, Y_2, \cdots, Y_n, \cdots$ 是否同分布．因此也不能确定其是（要求 $m_1 = m_2 = \cdots = m_n = \cdots$，此时 $Y_1, Y_2, \cdots, Y_n, \cdots$ 同分布）否（$m_1, m_2, \cdots$ 不全相同，此时 $Y_1, Y_2, \cdots, Y_n, \cdots$ 不同分布）一定满足辛钦大数定律．

三、中心极限定理

中心极限定理告诉我们，在某些条件下，即使原来并不服从正态分布的一些独立随机变量，当随机变量个数无限增加时，它们之和的分布也趋于正态分布．

定理 3.10（列维—林德伯格定理）　设随机变量 $X_1, X_2, \cdots, X_n, \cdots$ 相互独立同分布，方差存在，μ 和 $\sigma^2(\sigma > 0)$ 分别是它们共同的期望与方差，则对任意实数 x，有

$$\lim_{n\to\infty} P\left\{\frac{\sum_{i=1}^{n} X_i - n\mu}{\sigma\sqrt{n}} \leqslant x\right\} = \Phi(x), \tag{3.62}$$

其中 $\Phi(x)$ 是标准正态分布函数，该定理又称为**独立同分布的中心极限定理**，其证明也超出本书范围，略．

该定理的应用模式是，如果 $X_1, X_2, \cdots, X_n$ 相互独立同分布，期望和方差都存在，记 $\mu = EX_i$，$\sigma^2 = DX_i(\sigma > 0)$，$i = 1, 2, \cdots, n$，则当 n 充分大时，$\sum_{i=1}^{n} X_i$ 近似服从正态分布 $N(n\mu, n\sigma^2)$；$\dfrac{\sum_{i=1}^{n} X_i - n\mu}{\sigma\sqrt{n}}$ 近似服从标准正态分布 $N(0, 1)$，即

$$P\left\{\dfrac{\sum_{i=1}^{n} X_i - n\mu}{\sigma\sqrt{n}} \leq x\right\} \approx \Phi(x). \tag{3.63}$$

推论（棣莫弗-拉普拉斯定理） 设随机变量 X_n 服从二项分布 $B(n, p)$，则对任何实数 x，

$$\lim_{n \to \infty} P\left\{\dfrac{X_n - np}{\sqrt{npq}} \leq x\right\} = \Phi(x), \tag{3.64}$$

其中 $0 < p < 1$，$q = 1 - p$，限于篇幅，证明略。

该定理的应用模式是，如果随机变量 X_n 服从二项分布 $B(n, p)$，则当 n 充分大时，X_n 近似服从正态分布 $N(np, npq)$，$\dfrac{X_n - np}{\sqrt{npq}}$ 近似服从标准正态分布。即

$$P\left\{\dfrac{X_n - np}{\sqrt{npq}} \leq x\right\} \approx \Phi(x). \tag{3.65}$$

例 3.31 用机器包装味精，每袋味精净重为随机变量，期望值为 100 克，标准差为 10 克，一箱内装 200 袋味精，求一箱味精净重大于 20500 克的概率。

解 设一箱味精净重 X 克，箱中第 i 袋味精净重为 X_i 克，$i = 1, 2, \cdots, 200$，显然 $X_1, X_2, \cdots, X_{200}$ 相互独立，$EX_i = 100$，$\sqrt{DX_i} = 10$，$X = \sum_{i=1}^{200} X_i$，并且有，$EX = \sum_{i=1}^{200} EX_i = 20000$，$DX = \sum_{i=1}^{200} DX_i = 200 \times 10^2 = 20000$，而 $\sqrt{DX} = 100\sqrt{2}$，由 (3.63) 式，有

$$P\{X > 20500\} = 1 - P\{X \leq 20500\}$$
$$= 1 - P\left\{\dfrac{X - 20000}{100\sqrt{2}} \leq \dfrac{500}{100\sqrt{2}}\right\}$$
$$\approx 1 - \Phi(3.54) = 0.0002$$

例3.32 设电路供电网中有 10000 盏灯,夜晚每一盏灯开着的概率都是 0.7,假定各灯开、关时间彼此无关,计算同时开着的灯数在 6800 与 7200 之间的概率.

解 记同时开着的灯数为 X,它应服从二项分布 $B(10000,0.7)$,$EX = np = 7000$,$\sqrt{DX} = \sqrt{npq} = 45.83$,由(3.65)式,有

$$P\{6800 < X < 7200\}$$
$$\approx \Phi\left(\frac{7200-7000}{45.83}\right) - \Phi\left(\frac{6800-7000}{45.83}\right)$$
$$= \Phi(4.36) - \Phi(-4.36) = 2\Phi(4.36) - 1$$
$$= 0.99999$$

或

$$P\{6800 < X < 7200\} = P\{|X-7000| < 200\}$$
$$= P\left\{\left|\frac{X-7000}{45.83}\right| < 4.36\right\}$$
$$\approx 2\Phi(4.36) - 1 = 0.99999$$

若用切比雪夫不等式可以估计要计算的概率:

$$P\{6800 < X < 7200\} = P\{|X-7000| < 200\}$$
$$\geqslant 1 - \frac{2100}{200^2} = 0.9475$$

例3.33 某仪器由 n 个电子元件组成,每个元件寿命都服从 $[0,1000]$ 上的均匀分布(单位:h).当有 20% 的元件烧坏时,仪器便报废.为使该仪器的寿命超时 100 h 的概率不低于 0.95,求 n 至少为多大?

解 设 X_i 表示第 i 个电子元件的寿命,记事件 $A_i = \{X_i > 100\}$,X 表示 n 个元件中寿命超过 100 h,即事件 A_i 发生的个数,$i = 1,2,\cdots,n$,由于 $P(A_i) = P\{X_i > 100\} = 0.9$,所以 X 服从二项分布 $B(n,0.9)$. 如果 Y 表示该仪器的寿命,依题意,

$$P\{Y > 100\} = P\left\{\frac{X}{n} > 0.8\right\} = P\{X > 0.8n\} \geqslant 0.95.$$

根据拉普拉斯定理,X 近似服从正态分布 $N(0.9n, 0.09n)$,$\dfrac{X-0.9n}{\sqrt{0.09n}}$ 近似服从标准正态分布,于是有

$$P\{Y>100\}=P\{X>0.8n\}=P\left\{\frac{X-0.9n}{\sqrt{0.09n}}>\frac{0.8n-0.9n}{\sqrt{0.09n}}\right\}$$

$$=1-P\left\{\frac{X-0.9n}{\sqrt{0.09n}}\leqslant\frac{-\sqrt{n}}{3}\right\}\approx 1-\Phi\left(-\frac{\sqrt{n}}{3}\right)=\Phi\left(\frac{\sqrt{n}}{3}\right)\geqslant 0.95,$$

因此 $\frac{\sqrt{n}}{3}\geqslant 1.64$，$n\geqslant 25$．

例 3.34 设每颗种子发芽的概率为 0.99，求 500 粒种子中恰好有 5 粒没有发芽的概率．

解 设 X 表示 500 粒种子中不发芽的种子数，则 X 服从二项分布 $B(500, 0.01)$．

（1）用二项分布公式计算

$$P\{X=5\}=C_{500}^{5}0.01^{5}\times 0.99^{495}\approx 0.17635.$$

（2）用拉普拉斯定理计算：X 近似服从正态分布 $N(5,4.95)$，$\frac{X-5}{\sqrt{4.95}}$ 近似服从标准正态分布 $N(0,1)$，

$$P\{X=5\}=P\{4.5<X\leqslant 5.5\}=P\left\{\left|\frac{X-5}{\sqrt{4.95}}\right|\leqslant\frac{0.5}{\sqrt{4.95}}\right\}$$

$$\approx 2\Phi(0.22)-1=0.1742.$$

（3）用泊松定理近似计算，由于 n 很大，而 p 很小，二项分布近似服从参数 $\lambda=np=5$ 的泊松分布，直接查附表 1，可得

$$P\{X=5\}=\frac{5^{5}}{5!}\mathrm{e}^{-5}=0.175467.$$

[**评注**] 正态分布和泊松分布虽然都是二项分布的极限分布，但后者以 $n\to\infty$，同时 $p\to 0$，$np\to\lambda$ 为条件．而前者只要 $n\to\infty$ 的条件．一般说来，对于 n 很大、p 很小（或 q 很小）的二项分布，用正态分布不如用泊松分布近似计算精确．

习 题 三

1．袋内有 4 张卡片，分别写有数字 1,2,3,4，每次从中任取 1 张，不放回

地抽取两次,记 X、Y 分别表示两次取到的卡片上数字的最小值与最大值,求 (X,Y) 的概率分布和关于 X 与关于 Y 的边缘概率分布.

2. 一个袋内有 10 个球,其中有红球 4 个,白球 5 个,黑球 1 个,不放回地抽取两次,每次 1 个,记 X 表示两次中取到的红球数目,Y 表示取到的白球数目,求随机向量 (X,Y) 的概率分布及 X、Y 的边缘概率分布.

3. 上题中试验条件不变,若记

$$X_i = \begin{cases} 0 & \text{第 } i \text{ 次取到红球} \\ 1 & \text{第 } i \text{ 次取到白球} \\ 2 & \text{第 } i \text{ 次取到黑球} \end{cases}$$

$i = 1,2$,求随机向量 (X_1, X_2) 的概率分布,计算两次取到的球颜色相同的概率.

4. 第 2 题中袋内球的组成及抽取次数不变,但是改为有放回抽取,求第 3 题中定义的随机向量 (X_1, X_2) 的概率分布.

5. 将 3 个球随机地放入 4 个盒子,记 X_i 表示第 i 个盒子内球的个数,$i = 1,2$,求随机变量 X_1 与 X_2 的联合概率分布及关于 X_2 的边缘分布.

6. 将 3 个球随机地放入 4 个盒子,设 X 表示第一个盒子内球的个数,Y 表示有球的盒子个数,求随机向量 (X,Y) 的概率分布.

7. 已知随机向量 (X,Y) 只取 $(0,0)$,$(-1,1)$,$(-1,2)$ 及 $(2,0)$ 4 对值,相应概率依次为 $\frac{1}{12}$,$\frac{1}{6}$,$\frac{1}{3}$ 和 $\frac{5}{12}$. 列出 (X,Y) 的概率分布表,求 Y 的边缘分布及 $X+Y$ 的概率分布.

8. 袋中有 10 张卡片,其中有 m 张卡片上写有数字 m,$m = 1,2,3,4$,从中不重复地抽取 2 次,每次 1 张,记 X_i 表示第 i 次取到的卡片上的数字,$i = 1,2$. 求 (X_1, X_2) 的概率分布以及 $X_1 + X_2$,$X_1 X_2$ 的概率分布.

9. 随机向量 $(X,Y) \sim f(x,y)$,

$$f(x,y) = \frac{a}{(1+x^2)(1+y^2)} \quad x,y > 0$$

确定系数 a 的值,求联合分布函数 $F(x,y)$.

10. 随机向量 (X,Y) 服从区域 D 上的均匀分布,求概率密度 $f(x,y)$,其中 D 为下面给定的区域:

(1) $D = \{(x,y),\ -1 \leq x \leq 1, 1 \leq y \leq 2\}$

(2) $D = \left\{(x,y), \dfrac{x^2}{4} + \dfrac{y^2}{9} \leq 1\right\}$

11. 求上题中关于 X 及关于 Y 的边缘密度．

*12. 设 (X,Y) 服从区域 D_i ($i = 1,2,3$) 上的均匀分布，求 (X,Y) 的联合概率密度函数与关于 X 和关于 Y 的边缘概率密度函数．其中，D_1 是以 $(-1,0)$，$(0,1)$，$(1,0)$ 为顶点的三角形区域，D_2 是以 $(0,1)$ 为圆心、以 1 为半径的圆，D_3 是以 $(-1,0)$，$(0,1)$，$(1,0)$，$(0,-1)$ 为顶点的正方形区域．

13. 随机变量 X 的概率密度为 $f_X(x) = \begin{cases} \dfrac{1}{2}, & -1 < x < 0, \\ \dfrac{1}{4}, & 0 \leq x < 2, \\ 0, & \text{其他}. \end{cases}$ 令 $Y = X^2$，

(1) 求 Y 的概率密度；

(2) 求 (X,Y) 的联合分布函数 $F(x,y)$ 在 $x = -\dfrac{1}{2}$，$y = 4$ 的值．

14. 设随机变量 X 服从二项分布 $B(3, 0.6)$，令

$Y_1 = \begin{cases} 0, & X \geq 1, \\ 1, & X < 1, \end{cases} \qquad Y_2 = \begin{cases} 0, & X \leq 2, \\ 1, & X > 2. \end{cases}$

求 Y_1 与 Y_2 的联合概率分布．

15. 设随机变量 X_1 与 X_2 相互独立且 $X_1 \sim \begin{pmatrix} 0 & 1 \\ 0.6 & 0.4 \end{pmatrix}$，$X_2 \sim \begin{pmatrix} 1 & 2 & 3 \\ 0.5 & 0.3 & 0.2 \end{pmatrix}$，令 $X = X_1 + X_2$，$Y = X_1 \cdot X_2$，分别求 (X_1, X_2)，X，Y 的概率分布．

16. 分别判断第 2、6、7 各题中的随机变量 X 与 Y 是否独立？

17. 判断第 9、10 各题中的随机变量 X 与 Y 是否独立？

18. 有一种两版面的报纸，每版印刷错误数服从参数为 1 的泊松分布，假定各版印刷错误相互独立，求一份这种报纸上印刷错误总数 X 的概率分布．

19. 设随机变量 X_1 与 X_2 独立，且 $X_i \sim B(2, 0.8)$，$i = 1, 2$. 令 $X = X_1 + X_2$，$Y = X_1 \cdot X_2$，求 X、Y 的概率分布．

20. 设随机变量 X 服从标准正态分布 $N(0,1)$，令

$Y_i = \begin{cases} -i, & X < -i, \\ 0, & |X| \leq i, \quad i = 1, 2. \\ i, & X > i, \end{cases}$

求：(1) Y_1 与 Y_2 的联合概率分布；

(2) 若 $Y_3 = Y_1 Y_2$，求 Y_3 的分布.

21. 设随机变量 X_1, X_2, X_3, X_4 相互独立同分布，X_i 服从参数 $p = 0.4$ 的 $0-1$ 分布（$i=1,2,3,4$）. 求行列式 $X = \begin{vmatrix} X_1 & X_2 \\ X_3 & X_4 \end{vmatrix}$ 的概率分布.

22. 一条线路中串联着两个同型号的电子元件，设该元件的寿命服从参数为 λ 的指数分布. 求这条线路能正常运转（不因这些电子元件失效）时间 T 的概率密度.

*23. 设随机向量 (X, Y) 在矩形区域 $D = \{(x,y): 0 \leq x \leq 2, 0 \leq y \leq 1\}$ 上服从均匀分布，求以 XY 为边长的矩形面积 S 的概率密度.

24. 分别求本章习题 1，4 中关于 $X+Y$（或 X_1+X_2）的数学期望.

25. 分别求本章习题 1，4 中 X 与 Y（或 X_1 与 X_2）的协方差.

26. 设随机变量 X 与 Y 的相关系数 $\rho_{XY} = 0.9$，若 $Z = X - 0.4$，求 Y 与 Z 的相关系数 ρ_{YZ}.

27. 设随机变量 X 与 Y 的相关系数 $\rho_{XY} = 0.5$，$EX = EY = 0$，$EX^2 = EY^2 = 2$. 求 $E(X+Y)^2$.

28. 设 A, B 是两个随机事件，$P(A) = \dfrac{1}{4}$，$P(B|A) = \dfrac{1}{3}$，$P(A|B) = \dfrac{1}{2}$，令

$$X = \begin{cases} 1, & \text{若 } A \text{ 发生,} \\ 0, & \text{若 } \bar{A} \text{ 发生;} \end{cases} \quad Y = \begin{cases} 1, & \text{若 } B \text{ 发生,} \\ 0, & \text{若 } \bar{B} \text{ 发生.} \end{cases}$$

(1) 求 X 与 Y 的联合概率分布；

(2) 求 X 与 Y 的相关系数 ρ_{XY}.

*29. 设随机变量 $X_1, X_2, \cdots, X_n (n>1)$ 相互独立同分布，其方差 $\sigma^2 > 0$，令随机变量 $Y = \dfrac{1}{n} \sum_{i=1}^{n} X_i$，求 $D(X_1 + Y)$，$\text{Cov}(X_1, Y)$.

30. 随机向量 (X, Y) 服从二维正态分布，均值向量及协差矩阵分别是

$$\mu = \begin{pmatrix} 0 \\ 0 \end{pmatrix} \quad V = \begin{pmatrix} 16 & 12 \\ 12 & 25 \end{pmatrix}$$

求出密度函数 $f(x, y)$ 的表示式.

31. 设随机向量 $(X,Y) \sim f(x,y)$, $f(x,y) = \dfrac{1}{2\pi} e^{-\left[2x^2 + \sqrt{3}x(y-1) + \frac{1}{2}(y-1)^2\right]}$, 求 (X,Y) 的均值向量与协差矩阵.

32. 随机向量 $(X,Y) \sim f(x,y)$, 确定 a 的值, 并求 X 与 Y 的相关矩阵. 其中
$$f(x,y) = ae^{-\left[(x+5)^2 + 8(x+5)(y-3) + 25(y-3)^2\right]}$$

33. 随机向量 (X,Y) 服从二维正态分布, 均值向量及协差矩阵分别为
$$\mu = \begin{pmatrix} \mu_1 \\ \mu_2 \end{pmatrix} \quad V = \begin{pmatrix} \sigma_1^2 & \rho\sigma_1\sigma_2 \\ \rho\sigma_1\sigma_2 & \sigma_2^2 \end{pmatrix},$$
求随机向量 $(9X+Y, X-Y)$ 的均值向量与协差矩阵.

*34. 随机变量 $X \sim N(0,1)$, $X_i = X^i$, $i = 1,2,3$. 求三维随机向量 (X_1, X_2, X_3) 的均值向量与协差矩阵.

35. 设随机变量序列 $X_1, X_2, \cdots, X_n, \cdots$ 相互独立同分布, 其概率密度 $f(x_i) = \dfrac{1}{\pi(1+x_i^2)}$, $i = 1,2,\cdots$, 问它们是否满足中心极限定理, 为什么?

36. 200 个新生儿中, 求男孩数在 80 到 120 之间的概率(假定生男、生女的机会相同).

37. 从一大批废品率为 3% 的产品中随机地抽取 1000 个, 求废品率在 20 到 40 个之间的概率.

38. 随机变量 $X_1, X_2, \cdots, X_{100}$ 相互独立同分布, $EX_1 = \mu$, $DX_1 = 16$, 求 $P\{|\bar{X} - \mu| \leq 1\}$, 其中 $\bar{X} = \dfrac{1}{n}\sum_{i=1}^{n} X_i$.

39. 袋装食盐, 每袋净重为随机变量, 规定每袋标准重量为 500 克, 标准差为 10 克, 一箱内装 100 袋, 求一箱食盐净重超过 50250 克的概率.

40. 计算机有 120 个终端, 每个终端在一小时内平均有 3 分钟使用打印机, 假定各终端使用打印机与否相互独立, 求至少有 10 个终端同时需使用打印机的概率.

41. 一大批种子中, 良种占 20%, 从中任选 5000 粒, 计算其良种率与 20% 之差小于 1% 的概率.

42. 上题中在所取的 5000 粒中, 若以 99% 的把握断定其良种率与规定的良种率 20% 误差的范围, 问此时良种数所在的范围为何?

43. 第一章表 1.2 中曾记录了皮尔孙掷硬币 12000 次正面出现 6019 次,若我们现在重复他的试验,求正面出现的频率与其概率之差的绝对值,不大于当年皮尔孙试验所发生的偏差的概率.

44. 某车间有同型号机床 200 部,每部开动的概率为 0.7,假定各机床开关是相互独立的,开动时每部要消耗电能 15 个单位,问电厂最少要供应该车间多少单位电能,才能以 95% 的概率保证不致因供电不足而影响生产?

45. 计算机在进行加法时,每个加数取整数(按四舍五入取最为接近它的整数),设所有加数的取整误差是相互独立的,且它们都服从 $[-0.5, 0.5]$ 上的均匀分布.

(1)若将 300 个数相加,求误差总和的绝对值超过 15 的概率;

(2)至多几个数加在一起,其误差总和的绝对值小于 10 的概率为 0.9.

46. 设有 30 个电子器件,它们的使用寿命(单位:小时)$T_1, T_2, \cdots, T_{30}$,都服从 $\lambda = 0.1$ 的指数分布,其使用情况是第一个损坏,第二个立即使用,第二个损坏,第三个立即使用等等,令 T 为 30 个器件使用的总计时间,计算 T 超过 360 小时的概率.

47. 某产品次品率为 10%,应取多少件,才能使合格品不少于 100 件的概率达到 95%?

48. 随机地掷 10 颗骰子,用切比雪夫不等式估计点数总和在 20 和 50 之间的概率.

49. 用切比雪夫不等式估计第 36、37、38 三题中的概率.

50. 设 $P(A) = p$,p 未知,若试验 1000 次,用 A 发生的频率代替概率 p,估计所产生的误差小于 10% 的概率为多少?

第四章 抽样分布

从本章开始讲述数理统计的基本知识。前面三章所讲的概率知识为后面的统计推断和统计分析方法建立了必要的数学基础,作为数理统计初步,后四章将主要讲述统计估计与统计检验的原理及回归分析的方法。

我们知道,在实际应用中,很多随机现象都可以用随机变量来描述,随机变量的分布和数字特征往往是未知的。因此,在这些问题中,如何根据统计数据来确定一个随机变量的分布,或者确定它的期望、方差等数字特征或有关参数,就成为人们所关心的重要问题。研究这个问题的基本方法是,对所研究的随机现象进行某些观察或实验,合理采集必要的数据或资料,并以概率论的理论为基础,建立有效的数学方法,根据获得的数据对所关心的问题进行分析,从而对其整体情况给出科学的推断。

由于观测数据是在有随机性影响的情况下取得的,故由一部分数据对整体情况作出推断,必然会有某种程度的不确定性,我们用概率的大小来描述这种不确定性。因此,在数理统计中的推断,往往是在一定概率意义下作出的,故称为统计推断。

本章将从数理统计的基本概念开始,讲述随机样本及其函数的分布——抽样分布以及有关的重要定理。这些内容在后面几章中要经常用到。

§4.1 总体、样本与统计量

一、总体与样本

具有一定共同属性的研究对象的全体称做**总体**;组成总体的每一个单元,即每一个研究对象称做**个体**。由总体的部分个体构成的集合称做来自总体的

样本. 总体和样本是数理统计中的两个基本概念.

总体所含个体的数量,称做**总体容量**. 容量有限的总体称做有限总体,否则称做无限总体. 例如,全国国有企业构成一个总体;一批同种产品构成一个总体;全国或一个地区的人口构成一个总体……这些都是有限总体. 又如,在分析天平上称量一件物品,或大地测量中测量两点的距离……每次测量可以视为从半直线$(0,\infty)$上取一个数. 这时$(0,\infty)$就是总体,测量可以看成从$(0,\infty)$的"抽样". $(0,\infty)$显然是无限总体. 无限总体往往是有限总体的扩充和抽象化.

在对某个总体进行统计研究时,我们所关心的不是每个个体本身的特殊的具体属性(如具体企业或某件产品),而是表征总体状况的每个个体的数量标志(企业的产值、产品的质量). 我们研究的主要是这个标志在总体中的分布情况. 如在分析一批灯泡的质量时,最关心的是灯泡的寿命,若把一个灯泡的寿命记为X,则X是一个随机变量. 我们感兴趣的问题是该随机变量的分布. 若规定寿命低于1000小时的为次品,要研究次品率的问题,就归结为求灯泡寿命X的分布.

对于每个总体,我们所要研究的标志,作为随机抽样的结果,是一个随机变量X,因此今后我们将直接用一个随机变量X来表示一个总体,亦即把每个总体都看作一个随机变量,而对总体的一系列估计、检验等,实际上就是对随机变量分布情况的推断. 样本用$X_1, X_2, \cdots, X_n$表示,可以看作n个随机变量. 当试验结束后,可以得到n个观测值,用$x_1, x_2, \cdots, x_n$表示,称作一组**样本值**.

我们的任务是由样本推断总体. 因此要求在抽取样本时尽可能地具有代表性,并且又便于用概率论的理论去作推断. 为此,通常总要求样本$X_1, X_2, \cdots, X_n$的抽取是随机的,每一个观测值都与总体X具有相同的分布,且彼此相互独立,简称独立同分布. 这样的样本称作**简单随机样本**. 由于今后所讨论的都是简单随机样本,故不特别声明,凡提到样本,均指简单随机样本. 如何得到简单随机样本呢?对无限总体,只要是随机抽样即可;对有限总体可采取有放回地重复随机抽样,这样便可得到简单随机样本. 但使用有放回地随机抽样很不方便,因此当样本容量相对于总体容量很小时,也可采用无放回地随机抽样,这样得到的样本,可近似地看作简单随机样本.

综上所述,我们把关于总体、样本的讨论用定义的形式给出.

定义 4.1 设 X 是一个随机变量，$X_1, X_2, \cdots, X_n$ 是一组相互独立的且与 X 有相同分布的随机变量．我们称 X 为**总体**，称 $(X_1, X_2, \cdots, X_n)$ 为来自总体 X 的**简单随机样本**，简称**样本**；样本中所含分量的个数 n 称为**样本容量**．在一次试验中，样本的具体观测值 $x_1, x_2, \cdots, x_n$ 称**样本值**．

在抽样以前，我们无法预言抽样的结果，故 $X_1, X_2, \cdots, X_n$ 是一组随机变量．在一次具体的抽取以后，得到 $X_1, X_2, \cdots, X_n$ 的一组具体值 $x_1, x_2, \cdots, x_n$，即样本值．由于随机性，在两次抽取相同容量的样本所得到的样本值一般是不同的．在不引起混淆的情况下，也用 $x_1, x_2, \cdots, x_n$ 表示 n 个随机变量，这样 $x_1, x_2, \cdots, x_n$ 就有双重意义；有时表示的是某次抽取的样本值，有时又表示抽取的随机样本，尚未给定，且不可预言，即看成 n 个随机变量．通常，在作一般性讨论时，$(x_1, x_2, \cdots, x_n)$ 视为随机样本；在处理具体问题时，$(x_1, x_2, \cdots, x_n)$ 视为样本值(统计数据)．

二、样本的分布

由样本的性质和随机向量联合概率分布函数的概念可知，若总体 X 的分布函数为 $F(x)$，则取自总体 X 的样本 $(X_1, X_2, \cdots, X_n)$ 的联合分布函数为

$$F(x_1, x_2, \cdots, x_n) = \prod_{i=1}^{n} P\{X_i \leq x_i\} = \prod_{i=1}^{n} F(x_i) \tag{4.1}$$

特别地，若总体 X 是连续型随机变量，其密度函数为 $f(x)$，则样本 $(X_1, X_2, \cdots, X_n)$ 的密度函数为

$$f(x_1, x_2, \cdots, x_n) = \prod_{i=1}^{n} f(x_i) \tag{4.2}$$

若总体 X 为离散型随机变量，其概率分布为 $P\{X_i = x_i\} = p(x_i), i = 1, 2, \cdots, n$，则样本 $(X_1, X_2, \cdots, X_n)$ 的联合概率分布为

$$p(x_1, x_2, \cdots, x_n) = P\{X_1 = x_1, X_2 = x_2, \cdots, X_n = x_n\}$$

$$= \prod_{i=1}^{n} p(x_i) \tag{4.3}$$

例 4.1 设总体 X 服从参数为 λ 的泊松分布，则样本 $(X_1, X_2, \cdots, X_n)$ 的联合概率分布为

$$P\{X_1=x_1, X_2=x_2, \cdots, X_n=x_n\} = \prod_{i=1}^{n} P\{X=x_i\}$$

$$= \prod_{i=1}^{n} p(x_i) = \prod_{i=1}^{n} \frac{\lambda^{x_i}}{x_i!} e^{-\lambda}$$

当总体 X 服从二项分布 $X \sim B(m,p)$ 时，则样本 $(X_1, X_2, \cdots, X_n)$ 的联合概率分布为

$$p(x_1, x_2, \cdots, x_n) = P\{X_1=x_1, X_2=x_2, \cdots, X_n=x_n\}$$

$$= \prod_{i=1}^{n} P\{X=x_i\} = \prod_{i=1}^{n} C_m^{x_i} p^{x_i}(1-p)^{m-x_i}$$

$$= \prod_{i=1}^{n} C_m^{x_i} \cdot p^{\sum_{i=1}^{n} x_i}(1-p)^{mn-\sum_{i=1}^{n} x_i}$$

当总体 X 服从参数为 λ 的指数分布时，则样本 $(X_1, X_2, \cdots, X_n)$ 的概率密度函数为

$$f(x_1, x_2, \cdots, x_n) = \prod_{i=1}^{n} f(x_i) = \prod_{i=1}^{n} \lambda e^{-\lambda x_i} = \lambda^n e^{-\lambda \sum_{i=1}^{n} x_i}$$

当总体 X 服从正态分布 $X \sim N(\mu, \sigma^2)$ 时，则样本 $(X_1, X_2, \cdots, X_n)$ 的联合概率密度为

$$f(x_1, x_2, \cdots, x_n) = \prod_{i=1}^{n} f(x_i) = \prod_{i=1}^{n} \frac{1}{\sqrt{2\pi}\sigma} e^{-\frac{(x_i-\mu)^2}{2\sigma^2}}$$

$$= \left(\frac{1}{\sqrt{2\pi}\sigma}\right)^n e^{-\frac{1}{2\sigma^2}\sum_{i=1}^{n}(x_i-\mu)^2}.$$

三、统计量

样本是进行统计分析和推断的依据，但是，在处理具体问题时，却很少直接利用样本所提供的原始数据，而更多的是利用由它们计算出来的某些量．换句话说，人们往往并不十分关心随机样本 $(x_1, x_2, \cdots, x_n)$ 的具体值，而是根据需要，只关心由其构造的某些样本函数——统计量．

定义 4.2 设 $X_1, X_2, \cdots, X_n$ 是来自总体 X 的一个样本，$g(x_1, x_2, \cdots, x_n)$ 是样本函数．如果 g 中不包含总体分布的任何未知参数，则称样本函数 $g(X_1, X_2, \cdots, X_n)$ 为统计量．

例 4.2 设总体 $X \sim N(\mu, \sigma^2)$,其中 μ 为已知,σ^2 未知,$X_1, X_2, \cdots, X_n$ 为 X 的一个样本,则

$$\frac{1}{n}\sum_{i=1}^{n}(X_i - \mu)^2 \text{ 是一个统计量,}$$

$$\frac{1}{n}\sum_{i=1}^{n}\left(\frac{X_i - \mu}{\sigma}\right)^2 \text{不是统计量}.$$

由定义可知,统计量也是随机变量. 如果 $x_1, x_2, \cdots, x_n$ 是一组具体的观测值,则 $g(x_1, x_2, \cdots, x_n)$ 是统计量 $g(X_1, X_2, \cdots, X_n)$ 的一个观测值. 和对样本一样,用 $g(x_1, x_2, \cdots, x_n)$ 既表示统计量,又表示统计量的具体值,而不加以严格的区分.

常用的统计量,多是样本的一些数字特征,如:

1. 样本均值

$$\bar{X} = \frac{1}{n}\sum_{i=1}^{n} X_i. \tag{4.4}$$

2. 样本方差

$$S^2 = \frac{1}{n-1}\sum_{i=1}^{n}(X_i - \bar{X})^2 = \frac{1}{n-1}\left(\sum_{i=1}^{n} X_i^2 - n\bar{X}^2\right). \tag{4.5}$$

S^2 又称修正样本方差,$S_0^2 = \frac{1}{n}\sum_{i=1}^{n}(X_i - \bar{X})^2$ 称做未修正样本方差. 我们今后凡提到样本方差,如不特别声明,均指修正样本方差 S^2.

3. 样本标准差

$$S = \sqrt{\frac{1}{n-1}\sum_{i=1}^{n}(X_i - \bar{X})^2}. \tag{4.6}$$

4. 样本 k 阶原点矩

$$m_k = \frac{1}{n}\sum_{i=1}^{n} X_i^k \qquad k = 1, 2, \cdots \tag{4.7}$$

当 $k=1$ 时,一阶原点矩就是样本均值.

5. 样本 k 阶中心矩

$$M_k = \frac{1}{n}\sum_{i=1}^{n}(X_i - \bar{X})^k \qquad k = 2, \cdots \tag{4.8}$$

当 $k=2$ 时,二阶中心矩与样本方差只相差一个常数倍,即 $M_2 = \frac{n-1}{n}S^2$,

在样本容量 n 较大时，$M_2 \approx S^2$.

§4.2 抽样分布

统计量是我们进行统计推断的基础，所以求统计量的分布是数理统计的基本问题之一．

统计量的分布称为**抽样分布**．正态总体的抽样分布在统计应用中占首要地位．凡是涉及正态总体的抽样分布，一般都有比较完满的结果．

根据统计的需要，本节将补充概率论中没有讲过的三个重要分布，即 χ^2 分布、t 分布和 F 分布，同时对应给出服从这些分布的统计量，如样本均值、样本方差、方差比等的分布．

一、样本均值的分布

对于正态总体，样本均值服从正态分布．对于任意总体，只要 n 充分大，样本均值也近似服从正态分布．

定理 4.1 设总体 X 服从正态分布 $N(\mu, \sigma^2)$，$X_1, X_2, \cdots, X_n$ 为来自 X 的一个样本，则 $\bar{X}$ 服从均值为 μ，方差为 $\dfrac{\sigma^2}{n}$ 的正态分布，即

$$\bar{X} = \frac{1}{n}\sum_{i=1}^{n} X_i \sim N\left(\mu, \frac{\sigma^2}{n}\right). \tag{4.9}$$

证 独立的正态分布随机变量的线性组合仍服从正态分布（见定理 3.1 的推论）．因此，我们只需分别验证均值与方差．事实上，有

$$E(\bar{X}) = E\left(\frac{1}{n}\sum_{i=1}^{n} X_i\right) = \frac{1}{n}\sum_{i=1}^{n} E(X_i) = \frac{1}{n}n\mu = \mu.$$

$$D(\bar{X}) = D\left(\frac{1}{n}\sum_{i=1}^{n} X_i\right) = \frac{1}{n^2}\sum_{i=1}^{n} D(X_i) = \frac{1}{n^2}n\sigma^2 = \frac{\sigma^2}{n}.$$

于是 $\bar{X} \sim N\left(\mu, \dfrac{\sigma^2}{n}\right)$.

定理 4.2 设 X 为任意总体，其数学期望、方差分别为 $EX = \mu$，$DX = \sigma^2$；

$X_1, X_2, \cdots, X_n$ 为来自 X 的一个样本,则当 n 充分大时,$\bar{X}$ 近似服从正态分布 $N\left(\mu, \dfrac{\sigma^2}{n}\right)$.

证 由于 $EX_i = \mu$,$DX_i = \sigma^2$($i = 1, 2, \cdots, n$),所以

$$E\left(\sum_{i=1}^{n} X_i\right) = n\mu, \qquad D\left(\sum_{i=1}^{n} X_i\right) = n\sigma^2,$$

根据中心极限定理,当 n 充分大时,

$$\xi_n = \frac{\sum_{i=1}^{n} X_i - n\mu}{\sqrt{n}\sigma} = \frac{\bar{X} - \mu}{\sigma/\sqrt{n}}$$

近似服从 $N(0, 1)$ 分布,亦即 $\bar{X}$ 近似服从正态分布 $N\left(\mu, \dfrac{\sigma^2}{n}\right)$.

二、χ^2 分布与服从 χ^2 分布的重要统计量

χ^2 分布是统计推断中最重要的连续型分布之一. 服从 χ^2 分布的随机变量,可以表示为独立的标准正态随机变量的平方和. 正态总体的样本方差服从 χ^2 分布,许多重要统计量的极限分布也是 χ^2 分布.

1. 定义

定义 4.3 若随机变量 X 的密度函数为

$$f(x) = \begin{cases} \dfrac{1}{2^{\frac{n}{2}} \Gamma\left(\dfrac{n}{2}\right)} x^{\frac{n}{2}-1} e^{-\frac{x}{2}}, & x > 0, \\ 0, & x \leq 0, \end{cases} \tag{4.10}$$

其中 $\Gamma(r)$ 是 Γ 函数 $\Gamma(r) = \int_0^{+\infty} x^{r-1} e^{-x} dx$,则称 X 服从自由度为 n 的 χ^2 **分布**,记作 $X \sim \chi^2(n)$.

图 4-1 是 χ^2 分布密度函数 $f(x)$ 的图形,曲线形状与自由度 n 有关.

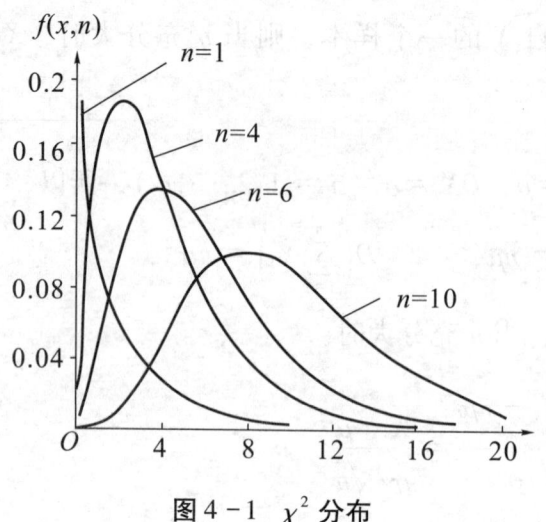

图 4-1 χ^2 分布

2. χ^2 分布的可加性

定理4.3 若随机变量 X 服从自由度为 n_1 的 χ^2 分布,Y 服从自由度为 n_2 的 χ^2 分布,并且相互独立,则 $X+Y$ 服从自由度为 n_1+n_2 的 χ^2 分布.

证明(从略)

推论 若 $X_1,X_2,\cdots,X_k$ 相互独立,都服从 χ^2 分布,自由度相应为 $n_1,n_2,\cdots,n_k$,则 $X_1+X_2+\cdots+X_k$ 服从自由度为 $n=\sum_{i=1}^{k}n_i$ 的 χ^2 分布.

3. χ^2 随机变量的典型模式

定理4.4 若 $X_1,X_2,\cdots,X_n$ 相互独立,同服从标准正态分布,则随机变量
$$\xi = X_1^2 + X_2^2 + \cdots + X_n^2$$
服从自由度为 n 的 χ^2 分布.

证明 由例2.41知,X_i^2 服从自由度为1的 χ^2 分布.因此,由定理4.3的推论,ξ 作为 n 个自由度为1的 χ^2 随机变量之和,服从自由度为 n 的 χ^2 分布.

4. 样本方差的分布(服从 χ^2 分布的重要统计量)

定理4.5 设总体 X 服从正态分布 $N(\mu,\sigma^2)$,$X_1,X_2,\cdots,X_n$ 是来自 X 的简单随机样本,
$$\overline{X} = \frac{1}{n}\sum_{i=1}^{n}X_i, \qquad S^2 = \frac{1}{n-1}\sum_{i=1}^{n}(X_i-\overline{X})^2,$$
分别为样本均值和样本方差,则

(1) $\dfrac{(n-1)S^2}{\sigma^2} = \dfrac{1}{\sigma^2}\sum\limits_{i=1}^{n}(X_i - \bar{X})^2$ 服从自由度为 $n-1$ 的 χ^2 分布；

(2) S^2 与 $\bar{X}$ 相互独立 *).

证明（从略）

5. χ^2 分布的自由度和分位数

(1) **自由度** 在 χ^2 分布中的参数 n 叫做自由度. 关于什么叫自由度，我们只作一点说明. 比较定理 4.4 和定理 4.5，令 $Z_i = \dfrac{1}{\sigma}(X_i - \bar{X})$，为什么 $\sum\limits_{i=1}^{n}X_i^2$ 服从 n 个自由度的 χ^2 分布，而 $\sum\limits_{i=1}^{n}Z_i^2$ 却服从 $n-1$ 个自由度的 χ^2 分布呢？这是因为在 $\sum\limits_{i=1}^{n}X_i^2$ 中的 n 个随机变量 $X_1, X_2, \cdots, X_n$ 的取值是完全自由的，而在 $\sum\limits_{i=1}^{n}Z_i^2$ 中的 n 个随机变量 $Z_1, Z_2, \cdots, Z_n$ 并不完全自由，其中有一个线性约束条件

$$Z_1 + Z_2 + \cdots + Z_n = \dfrac{1}{\sigma}[(X_1 - \bar{X}) + (X_2 - \bar{X}) + \cdots + (X_n - \bar{X})] = 0.$$

因此，这 n 个变量中当 $n-1$ 个给定后，另一个就完全确定，故自由度是 $n-1$. 即样本容量减去约束条件个数就是自由度.

(2) **χ^2 分布上侧分位数** 设 $\chi^2(n)$ 服从自由度为 n 的 χ^2 分布. 对于给定的 $\alpha(0 < \alpha < 1)$，满足 $P\{\chi^2(n) > \lambda\} = \alpha$ 的 λ，称为 n 个自由度的 χ^2 分布 α 水平上侧分位数，记作 $\chi_\alpha^2(n)$，它除与自由度 n 有关外，还与 α 有关（见图 4-2）.

书末附有 χ^2 分布上侧分位数表（附表 4）.

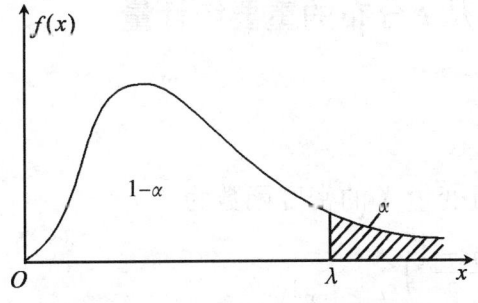

图 4-2 χ^2 分布上侧分位数

---

*) 注意，只有来自正态总体的样本方差和样本均值才独立.

例 4.3 已知 $X \sim \chi^2(12)$，求满足

$$P\{X > \lambda_2\} = 0.025$$

$$P\{X < \lambda_1\} = 0.05$$

的 λ_1 和 λ_2.

解 查附表 4，由 $n = 12$，$\alpha = 0.025$ 可得 $\lambda_2 = 23.337$

对 $P\{X < \lambda_1\} = 0.05$ 无法直接查表，可以转换一下形式

$$P\{X < \lambda_1\} = 1 - P\{X \geq \lambda_1\} = 0.05,$$

所以

$$P\{X > \lambda_1\} = 0.95 \quad 查表得 \lambda_1 = 5.226.$$

在 χ^2 分布上侧分位数表中，只对 $n \leq 45$ 给出了分位数的值. 当 $n > 45$ 时，或查阅较详细的数值表，或利用 χ^2 分布的渐近分布求分位数的近似值. 从 χ^2 分布的图形可以看出，随着 n 的增大，曲线的峰值向右移动，图形变得比较偏平并趋于对称，因此可用正态分布来近似. 可以证明，若 X 服从自由度为 n 的 χ^2 分布，则当 n 充分大(如 $n \geq 45$)时，$\sqrt{2X}$ 近似服从正态分布 $N(\sqrt{2n-1}, 1)$. 不难推导出自由度为 n 的 χ^2 分布上侧分位数的近似公式

$$\chi^2_\alpha(n) = \frac{1}{2}(\sqrt{2n-1} + u_\alpha)^2.$$

三、t 分布与服从 t 分布的重要统计量

1. 定义

定义 4.4 若随机变量 X 的密度函数为

$$f(x) = \frac{\Gamma\left(\dfrac{n+1}{2}\right)}{\sqrt{n\pi}\,\Gamma\left(\dfrac{n}{2}\right)}\left(1 + \frac{x^2}{n}\right)^{-\frac{n+1}{2}}, \quad -\infty < x < +\infty, \tag{4.11}$$

则称 X 服从自由度为 n 的 t 分布，记作 $X \sim t(n)$. 它的图形关于直线 $x = 0$ 对称. 当 n 较大时并与标准正态密度函数曲线接近(图 4-3).

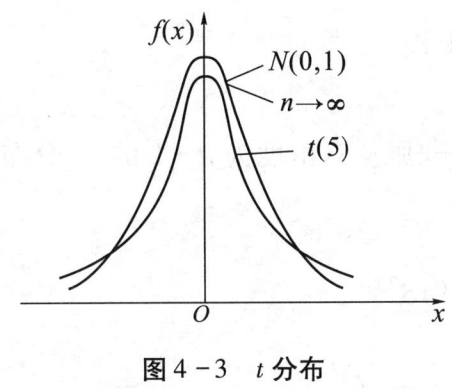

图 4-3 t 分布

2. t 分布随机变量的典型模式

定理 4.6 设随机变量 X 服从标准正态分布 $N(0,1)$，Y 服从自由度为 n 的 χ^2 分布，且 X 和 Y 相互独立，则随机变量

$$t = \frac{X}{\sqrt{\dfrac{Y}{n}}} \tag{4.12}$$

服从自由度为 n 的 t 分布，记作 $t \sim t(n)$.

证明（从略）.

3. 服从 t 分布的重要统计量

前面已证明，对于来自正态总体 $N(\mu, \sigma^2)$ 的样本均值 $\bar{X}$，有

$$U = \frac{\bar{X} - \mu}{\sigma/\sqrt{n}} \sim N(0,1).$$

当 σ 未知时，若用样本标准差 S 代替上式中的 σ，则所得结果不再服从标准正态分布，而是服从 t 分布，这是 t 分布在数理统计中的应用的主要形式.

定理 4.7 设 $X_1, X_2, \cdots, X_n (n \geq 2)$ 是来自正态总体 $N(\mu, \sigma^2)$ 的简单随机样本，$\bar{X}$ 是样本均值，S^2 是样本方差，则随机变量

$$t = \frac{\bar{X} - \mu}{S/\sqrt{n}} \tag{4.13}$$

服从自由度为 $n-1$ 的 t 分布.

证明 因为 $\bar{X} \sim N\left(\mu, \dfrac{\sigma^2}{n}\right)$，

故

$$\frac{\bar{X}-\mu}{\sigma/\sqrt{n}} \sim N(0,1).$$

由定理 4.5 知, $\frac{(n-1)S^2}{\sigma^2}$ 服从自由度为 $n-1$ 的 χ^2 分布, 且 $\bar{X}$ 与 $\frac{(n-1)S^2}{\sigma^2}$ 相互独立. 从而

$$\frac{\bar{X}-\mu}{\sigma/\sqrt{n}} \text{ 与 } \frac{(n-1)S^2}{\sigma^2}$$

也相互独立, 故由定理 4.6, 知

$$\frac{\bar{X}-\mu}{S/\sqrt{n}} = \frac{\dfrac{\bar{X}-\mu}{\sigma/\sqrt{n}}}{\sqrt{\dfrac{(n-1)S^2/\sigma^2}{(n-1)}}}$$

服从自由度为 $n-1$ 的 t 分布.

定理 4.8 设 $X_1, X_2, \cdots, X_{n_1}$ 和 $Y_1, Y_2, \cdots, Y_{n_2}$ 分别是来自总体 $N(\mu_1, \sigma^2)$ 和 $N(\mu_2, \sigma^2)$ *) 的两个相互独立的简单随机样本 ($n_1, n_2 \geq 2$), 则

$$t = \frac{(\bar{X}-\bar{Y})-(\mu_1-\mu_2)}{S_W\sqrt{\dfrac{1}{n_1}+\dfrac{1}{n_2}}} \sim t(n_1+n_2-2), \tag{4.14}$$

其中

$$\bar{X} = \frac{1}{n_1}\sum_{i=1}^{n_1} X_i, \qquad S_1^2 = \frac{1}{n_1-1}\sum_{i=1}^{n_1}(X_i-\bar{X})^2,$$

$$\bar{Y} = \frac{1}{n_2}\sum_{j=1}^{n_2} Y_j, \qquad S_2^2 = \frac{1}{n_2-1}\sum_{j=1}^{n_2}(Y_j-\bar{Y})^2,$$

$$S_W^2 = \frac{(n_1-1)S_1^2+(n_2-1)S_2^2}{n_1+n_2-2}. \tag{4.15}$$

证明 易知

$$\bar{X}-\bar{Y} \sim N\left(\mu_1-\mu_2, \frac{\sigma^2}{n_1}+\frac{\sigma^2}{n_2}\right),$$

---

*) 注意, 这里假设两个正态总体 X 和 Y 有相同的方差.

$$U = \frac{(\bar{X} - \bar{Y}) - (\mu_1 - \mu_2)}{\sigma\sqrt{\frac{1}{n_1} + \frac{1}{n_2}}} \sim N(0, 1),$$

由定理 4.5

$$\frac{n_1 - 1}{\sigma^2} S_1^2 \sim \chi^2(n_1 - 1),$$

$$\frac{n_2 - 1}{\sigma^2} S_2^2 \sim \chi^2(n_2 - 1),$$

并且它们相互独立,则由定理 4.3,有

$$V = \frac{n_1 - 1}{\sigma^2} S_1^2 + \frac{n_2 - 1}{\sigma^2} S_2^2 \sim \chi^2(n_1 + n_2 - 2).$$

根据定理 4.6

$$\frac{U}{\sqrt{\frac{V}{(n_1 + n_2 - 2)}}} = \frac{(\bar{X} - \bar{Y}) - (\mu_1 - \mu_2)}{S_W \sqrt{\frac{1}{n_1} + \frac{1}{n_2}}} \sim t(n_1 + n_2 - 2).$$

4. t 分布的双侧分位数

书后的附表 5 是 t 分布的双侧分位数表. 对于给定的 $\alpha(0 < \alpha < 1)$, 由

$$P\{|t(n)| > \lambda\} = \alpha$$

所决定的实数 λ, 称做自由度为 n 的 t 分布的 α 水平双侧分位数, 记作 $t_\alpha(n)$. 显然, 有

$$P\{t(n) > t_\alpha(n)\} = \frac{\alpha}{2}, \quad P\{t(n) < -t_\alpha(n)\} = \frac{\alpha}{2} \quad (见图 4-4).$$

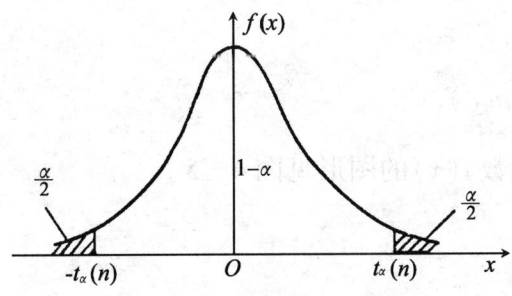

图 4-4 t 分布双侧分位数

例4.4 设随机变量 t 服从自由度为 15 的 t 分布.

(1) 求 $\alpha = 0.01$ 的双侧分位数;

(2) 设 $P\{t > \lambda\} = 0.05$, 求 λ.

解 (1) 查附表 5, 自由度 n 为 15, $\alpha = 0.01$, 得 $t_\alpha(15) = 2.947$.

(2) 由 $P\{t(15) > \lambda\} = 0.05$, 可知 $P\{|t(15)| > \lambda\} = 0.1$, 所以

$$\lambda = 1.753.$$

从 t 分布的双侧分位数表可以看出,当 n 很大时,t 分布与标准正态分布非常接近. 图 4-3 也表示了两者的密度曲线相差无几. 因此,当 n 充分大时,t 分布可用标准正态分布作为其近似分布.

思考: 若 $P\{t(15) > \lambda\} = 0.95$, 如何求 λ?

四、F 分布与服从 F 分布的重要统计量

1. 定义

定义 4.5 若随机变量 X 的密度函数为

$$f(x) = \begin{cases} \dfrac{\Gamma\left(\dfrac{n_1+n_2}{2}\right)}{\Gamma\left(\dfrac{n_1}{2}\right)\Gamma\left(\dfrac{n_2}{2}\right)} \left(\dfrac{n_1}{n_2}\right)^{\frac{n_1}{2}} x^{\frac{n_1}{2}-1} \cdot \left(1+\dfrac{n_1}{n_2}x\right)^{-\frac{n_1+n_2}{2}}, & x > 0, \\ 0, & x \leq 0, \end{cases} \quad (4.16)$$

则称 X 服从自由度为 n_1 和 n_2 的 **F 分布**. 其中 n_1 称为第一自由度, n_2 称为第二自由度, 记作

$$X \sim F(n_1, n_2).$$

F 分布的密度函数 $f(x)$ 的图形见图 4-5.

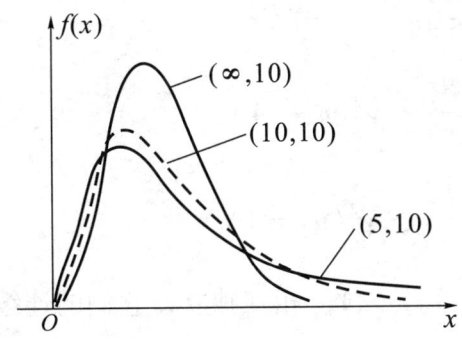

图 4-5 F 分布

2. F 分布随机变量的典型模式

定理 4.9 设随机变量 X 和 Y 相互独立,服从自由度相应为 n_1 和 n_2 的 χ^2 分布,即

$$X \sim \chi^2(n_1),\ Y \sim \chi^2(n_2), \quad 则$$

$$F = \frac{X/n_1}{Y/n_2} \sim F(n_1, n_2), \tag{4.17}$$

即 F 服从自由度为 (n_1, n_2) 的 F 分布.

证明超出本书范围,略.

推论 若 $F \sim F(n_1, n_2)$,则

$$\frac{1}{F} \sim F(n_2, n_1). \tag{4.18}$$

证明 因为 $F \sim F(n_1, n_2)$,可视为

$$F = \frac{X/n_1}{Y/n_2},$$

从而

$$\frac{1}{F} = \frac{Y/n_2}{X/n_1} \sim F(n_2, n_1).$$

3. 服从 F 分布的重要统计量

定理 4.10 设 $X_1, X_2, \cdots, X_{n_1}$ 和 $Y_1, Y_2, \cdots, Y_{n_2}$ 是分别来自两个正态总体 $N(\mu_1, \sigma_1^2)$ 和 $N(\mu_2, \sigma_2^2)$ 的简单随机样本 $(n_1, n_2 \geq 2)$,且相互独立,则

$$F = \frac{S_1^2/\sigma_1^2}{S_2^2/\sigma_2^2} \sim F(n_1-1, n_2-1). \tag{4.19}$$

证明 由定理 4.5 知

$$\xi = \frac{(n_1-1)S_1^2}{\sigma_1^2} \sim \chi^2(n_1-1),$$

$$\eta = \frac{(n_2-1)S_2^2}{\sigma_2^2} \sim \chi^2(n_2-1).$$

由于 $X_1, X_2, \cdots, X_{n_1}, Y_1, Y_2, \cdots, Y_{n_2}$ 相互独立，它们的连续函数 ξ 与 η 也相互独立，由定理 4.9 可知

$$F = \frac{\xi/(n_1-1)}{\eta/(n_2-1)} \sim F(n_1-1, n_2-1).$$

特别，当 $\sigma_1 = \sigma_2$ 时，统计量"两个样本方差的比"服从 F 分布，即

$$F = \frac{S_1^2}{S_2^2} \sim F(n_1-1, n_2-1). \tag{4.20}$$

4. F 分布的上侧分位数

设随机变量 F 服从自由度为 n_1 和 n_2 的 F 分布，对于给定的 $\alpha(0<\alpha<1)$，由

$$P\{F>\lambda\} = \alpha$$

所决定的实数 λ，称做自由度为 n_1 和 n_2 的 F 分布 α 水平上侧分位数，记作 $F_\alpha(n_1, n_2)$ (见图 4-6).

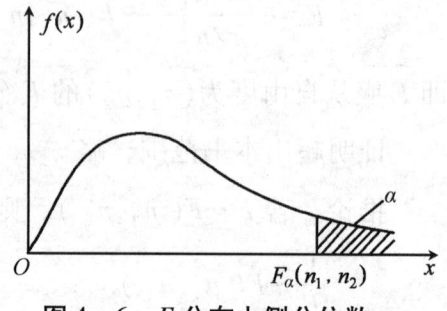

图 4-6 F 分布上侧分位数

书末附表 6 是 F 分布上侧分位数 $F_\alpha(n_1, n_2)$ 的数值表.

例 4.5 设 $F \sim F(24, 15)$，求满足

$$P\{F>\lambda_2\} = 0.025, \quad P\{F<\lambda_1\} = 0.025$$ 的 λ_1 和 λ_2.

解 查附表 6 中 $\alpha = 0.025$ 的表，第一自由度为 24，第二自由度为 15，得 $\lambda_2 = 2.70$.

对 $P\{F<\lambda_1\} = 0.025$ 无法直接查表，变换形式，有

$$P\{F<\lambda_1\} = P\left\{\frac{1}{F} > \frac{1}{\lambda_1}\right\} = 0.025,$$ 由定理 4.9 的推论，$\frac{1}{F} \sim F(15, 24)$. 查 $\alpha = 0.025$ 的 F 分布表，得 $\frac{1}{\lambda_1} = 2.44$，即

$$P\left\{F < \frac{1}{2.44}\right\} = 0.025.$$

所以

$$\lambda_1 = \frac{1}{2.44} = 0.41.$$

关于抽样分布可以总结为表 4.1：

表 4.1

	一个正态总体	两个正态总体
关于均值	① $\bar{X} \sim N(\mu, \frac{\sigma^2}{n})$ $U = \frac{\bar{X}-\mu}{\sigma/\sqrt{n}} \sim N(0,1)$	① $\bar{X} - \bar{Y} \sim N(\mu_1 - \mu_2, \frac{\sigma_1^2}{n_1} + \frac{\sigma_2^2}{n_2})$ $U = \frac{\bar{X}-\bar{Y}-(\mu_1-\mu_2)}{\sqrt{\frac{\sigma_1^2}{n_1}+\frac{\sigma_2^2}{n_2}}} \sim N(0,1)$
	② $T = \frac{\bar{X}-\mu}{S/\sqrt{n}} \sim t(n-1)$	② $T = \frac{\bar{X}-\bar{Y}-(\mu_1-\mu_2)}{S_W\sqrt{\frac{1}{n_1}+\frac{1}{n_2}}} \sim t(n_1+n_2-2)$
关于方差	③ $W = \frac{(n-1)S^2}{\sigma^2}$ $= \frac{1}{\sigma^2}\sum_{i=1}^{n}(X_i-\bar{X})^2 \sim \chi^2(n-1)$ $K = \frac{1}{\sigma^2}\sum_{i=1}^{n}(X_i-\mu)^2 \sim \chi^2(n)$	③ $F = \frac{S_1^2/\sigma_1^2}{S_2^2/\sigma_2^2} \sim F(n_1-1, n_2-1)$ 当 $\sigma_1^2 = \sigma_2^2$ 时 $F = \frac{S_1^2}{S_2^2} \sim F(n_1-1, n_2-1)$
	其中 $X_1, X_2, \cdots, X_n$ 为来自正态总体 $N(\mu, \sigma^2)$ 的样本，$\bar{X}$ 与 S^2 分别为样本均值与样本方差.	其中 $X_1, X_2, \cdots, X_{n_1}$ 与 $Y_1, Y_2, \cdots, Y_{n_2}$ 为来自两个独立正态总体 $X \sim N(\mu_1, \sigma_1^2), Y \sim N(\mu_2, \sigma_2^2)$ 的样本，$\bar{X}, \bar{Y}, S_1^2, S_2^2$ 分别为 X 和 Y 的样本均值与样本方差. $S_W^2 = \frac{(n_1-1)S_1^2+(n_2-1)S_2^2}{n_1+n_2-2}$，当 $\sigma_1^2 = \sigma_2^2$

例 4.6 设总体 X 服从正态分布 $N(0, \sigma^2)$，$X_1, X_2, \cdots, X_{10}$ 为来自 X 的样本，求下列统计量的分布：

(1) $Y = \dfrac{3}{2} \dfrac{(X_1+X_2+X_3+X_4)^2}{X_5^2+X_6^2+\cdots+X_{10}^2}$;

(2) $Z = \dfrac{3}{2} \dfrac{X_1^2+X_2^2+X_3^2+X_4^2}{X_5^2+\cdots+X_{10}^2}$;

(3) $W = \sqrt{\dfrac{3}{2}} \dfrac{X_1+X_2+X_3+X_4}{\sqrt{X_5^2+\cdots+X_{10}^2}}$.

解 (1) 由于 $X_i \sim N(0,\sigma^2)$, $\dfrac{X_i}{\sigma} \sim N(0,1)$ 且相互独立, 所以 $X_1+X_2+X_3+X_4 \sim N(0,4\sigma^2)$, $\dfrac{X_1+X_2+X_3+X_4}{2\sigma} \sim N(0,1)$, $\dfrac{(X_1+X_2+X_3+X_4)^2}{4\sigma^2} \sim \chi^2(1)$,

$\sum\limits_{i=5}^{10}\left(\dfrac{X_i}{\sigma}\right)^2 = \dfrac{\sum\limits_{i=5}^{10} X_i^2}{\sigma^2} \sim \chi^2(6)$

故 $Y = \dfrac{3}{2} \dfrac{(X_1+X_2+X_3+X_4)^2}{\sum\limits_{i=5}^{10} X_i^2} = \dfrac{\dfrac{(X_1+X_2+X_3+X_4)^2}{4\sigma^2}\Big/1}{\dfrac{1}{\sigma^2}\sum\limits_{i=5}^{10} X_i^2 \Big/ 6} \sim F(1,6)$

(2) $\dfrac{1}{\sigma^2}\sum\limits_{i=1}^{4} X_i^2 \sim \chi^2(4)$, $\dfrac{1}{\sigma^2}\sum\limits_{i=5}^{10} X_i^2 \sim \chi^2(6)$

$Z = \dfrac{3}{2} \dfrac{\sum\limits_{i=1}^{4} X_i^2}{\sum\limits_{i=5}^{10} X_i^2} = \dfrac{\dfrac{1}{\sigma^2}\sum\limits_{i=1}^{4} X_i^2 \Big/ 4}{\dfrac{1}{\sigma^2}\sum\limits_{i=5}^{10} X_i^2 \Big/ 6} \sim F(4,6)$

(3) 由于 $\dfrac{\sum\limits_{i=1}^{4} X_i}{\sqrt{4}\,\sigma} \sim N(0,1)$, $\dfrac{\sum\limits_{i=5}^{10} X_i^2}{\sigma^2} \sim \chi^2(6)$

故 $W = \sqrt{\dfrac{3}{2}} \dfrac{X_1+X_2+X_3+X_4}{\sqrt{X_5^2+\cdots+X_{10}^2}} = \dfrac{\sum\limits_{i=1}^{4} X_i \Big/ \sqrt{4}\,\sigma}{\sqrt{\sum\limits_{i=5}^{10} X_i^2 \Big/ 6\sigma^2}} \sim t(6)$

例 4.7 设 $X_1, X_2, \cdots, X_{16}$ 是来自正态总体 $N(\mu,\sigma^2)$ 的样本, $\bar{X}$ 为样本均

值，S^2 为样本方差，若 $P\{\bar{X} > \mu + aS\} = 0.95$，求 a 的值．

解 由于 $P\{\bar{X} > \mu + aS\} = P\left\{\dfrac{\bar{X}-\mu}{S} > a\right\} = 0.95$，要求出 a 的值，需知 $\dfrac{\bar{X}-\mu}{S}$ 的分布．因为 $X \sim N(\mu, \sigma^2)$，故 $\bar{X} \sim N\left(\mu, \dfrac{\sigma^2}{16}\right)$，$\dfrac{4(\bar{X}-\mu)}{\sigma} \sim N(0,1)$，而 $\dfrac{15S^2}{\sigma^2} \sim \chi^2(15)$，且 $\bar{X}$ 与 S^2 独立，所以 $\dfrac{4(\bar{X}-\mu)/\sigma}{\sqrt{\dfrac{15S^2}{\sigma^2}\big/15}} = \dfrac{4(\bar{X}-\mu)}{S} \sim t(15)$，

由于 t 分布关于 $x = 0$ 对称，由 $P\{\bar{X} > \mu + aS\} = P\left\{\dfrac{4(\bar{X}-\mu)}{S} > 4a\right\} = 0.95$ 可知 a 为负值，从而有

$$P\left\{\left|\dfrac{4(\bar{X}-\mu)}{S}\right| > -4a\right\} = 0.1,$$

查 $\alpha = 0.1$，自由度为 15 的 t 分布表，得 $-4a = 1.753$．
故
$$a = -0.4383.$$

例 4.8 设 $(X_1, X_2, \cdots, X_9)$ 是取自正态总体 $X \sim N(\mu, \sigma^2)$ 的样本，$Y_1 = \dfrac{1}{6}(X_1 + \cdots + X_6)$，$Y_2 = \dfrac{1}{3}(X_7 + X_8 + X_9)$，$S^2 = \dfrac{1}{2}\sum_{i=7}^{9}(X_i - Y_2)^2$，$Z = \dfrac{\sqrt{2}(Y_1 - Y_2)}{S}$，求证：$Z$ 服从自由度为 2 的 t 分布．

证明 由抽样分布定理 4.5，S^2 为 X_7, X_8, X_9 的样本方差，故

$$\dfrac{(3-1)S^2}{\sigma^2} = \dfrac{2S^2}{\sigma^2} \sim \chi^2(2)$$

由于 $X_i \sim N(\mu, \sigma^2)$，$Y_1 \sim N\left(\mu, \dfrac{\sigma^2}{6}\right)$，$Y_2 \sim N\left(\mu, \dfrac{\sigma^2}{3}\right)$ 且相互独立，故

$$Y_1 - Y_2 \sim N\left(0, \left(\dfrac{1}{6} + \dfrac{1}{3}\right)\sigma^2\right), \text{即 } Y_1 - Y_2 \sim N\left(0, \dfrac{\sigma^2}{2}\right)$$

又 $X_1, \cdots, X_6$ 与 X_7, X_8, X_9 相互独立，故 Y_1 与 S^2，Y_2 与 S^2 均相互独立，从而 $Y_1 - Y_2$ 与 S^2 独立，

$$(Y_1 - Y_2)\bigg/\sqrt{\dfrac{\sigma^2}{2}} \sim N(0,1), \quad \dfrac{2S^2}{\sigma^2} \sim \chi^2(2),$$

由 t 分布的典型模式（定理 4.6）知

$$\frac{(Y_1-Y_2)\big/\sqrt{\dfrac{\sigma^2}{2}}}{\sqrt{\dfrac{2S^2}{\sigma^2}\big/2}} \sim t(2)$$

即有 $Z = \dfrac{\sqrt{2}(Y_1-Y_2)}{S} \sim t(2)$.

习 题 四

1. 设总体 X 服从正态分布 $N(10,3^2)$，$X_1,X_2,\cdots,X_6$ 是它的一组样本，$\bar{X}=\dfrac{1}{6}\sum_{i=1}^{6}X_i$.

(1) 写出 $\bar{X}$ 所服从的分布；

(2) 求 $\bar{X}>11$ 的概率.

2. 设 $X_1,X_2,\cdots,X_n$ 是总体 X 的样本，$\bar{X}=\dfrac{1}{n}\sum_{i=1}^{n}X_i$ 分别按总体服从下列指定分布，求 $E(\bar{X})$，$D(\bar{X})$.

(1) X 服从 $0-1$ 分布：$P\{X=k\}=p^k(1-p)^{1-k}$， $k=0,1$；

*(2) X 服从二项分布：$P\{X=k\}=C_m^k p^k(1-p)^{m-k}$， $k=0,1,2,\cdots,m$；

(3) X 服从泊松分布：$P\{X=k\}=\dfrac{\lambda^k}{k!}e^{-\lambda}$， $\lambda>0, k=0,1,2,\cdots$；

(4) X 服从均匀分布：$f(x)=\begin{cases}\dfrac{1}{b-a}, & a\leq x\leq b,\\ 0, & \text{其他}；\end{cases}$

(5) X 服从指数分布：$f(x)=\lambda e^{-\lambda x}$ （$x>0,\lambda>0$）.

3. 设总体 X 服从正态分布 $N(\mu,0.3^2)$，$X_1,X_2,\cdots,X_n$ 是总体 X 的一组样本，$\bar{X}$ 是样本均值，试问，样本容量 n 至少应取多大，才能使

$$P\{|\bar{X}-\mu|<0.1\}\geq 0.95.$$

4. 设 $X_1,X_2,\cdots,X_6$ 为正态总体 $N(0,2^2)$ 的一组样本，求 $P\{\sum_{i=1}^{6}X_i^2>6.54\}$.

5. 设总体 X 和 Y 相互独立，都服从正态总体 $N(30, 3^2)$，$X_1, X_2, \cdots, X_{20}$；$Y_1, Y_2, \cdots, Y_{25}$ 分别是来自 X 和 Y 的样本，求 $|\bar{X} - \bar{Y}| > 0.4$ 的概率.

6. 设 $\bar{X}$ 和 $\bar{Y}$ 是来自正态总体 $N(\mu, \sigma^2)$ 的样本容量为 n 的两个样本的均值，试确定 n，使得两个样本均值之差超过 σ 的概率大约为 0.01.

7. 设 X 服从正态分布 $N(\mu, \sigma^2)$，$X_1, X_2, \cdots, X_{10}$ 是 X 的样本. 试求下列概率：

(1) $P\left\{0.25\sigma^2 \leqslant \dfrac{1}{10} \sum_{i=1}^{10} (X_i - \mu)^2 \leqslant 2.3\sigma^2\right\}$；

(2) $P\left\{0.25\sigma^2 \leqslant \dfrac{1}{10} \sum_{i=1}^{10} (X_i - \bar{X})^2 \leqslant 2.3\sigma^2\right\}$.

8. 用附表 4 求下列各式中 λ_i（$i = 1, 2, 3, 4$）的值：

(1) $P\{\chi^2(9) > \lambda_1\} = 0.95$；

(2) $P\{\chi^2(9) < \lambda_2\} = 0.01$；

(3) $P\{\chi^2(15) > \lambda_3\} = 0.025$；

(4) $P\{\chi^2(15) < \lambda_4\} = 0.025$.

9. 用附表 5 求下列各式中 λ_i（$i = 1, 2, \cdots, 5$）的值：

(1) $P\{|t(10)| > \lambda_1\} = 0.05$；

(2) $P\{|t(10)| < \lambda_2\} = 0.90$；

(3) $P\{t(10) > \lambda_3\} = 0.05$；

(4) $P\{t(10) < \lambda_4\} = 0.01$；

(5) $P\{t(150) > \lambda_5\} = 0.025$.

10. 用附表 6 求下列各式中 λ_i（$i = 1, 2, 3, 4$）的值：

(1) $P\{F(8, 9) > \lambda_1\} = 0.05$；

(2) $P\{F(8, 9) < \lambda_2\} = 0.05$；

(3) $P\{F(10, 15) > \lambda_3\} = 0.95$；

(4) $P\{F(10, 15) < \lambda_4\} = 0.90$.

11. 设总体 X 服从标准正态分布 $N(0, 1)$，$X_1, X_2, \cdots, X_n$ 为其样本，S^2 为样本方差，$\bar{X}$ 为样本均值. 求 $D(\bar{X})$，$E(S^2)$.

12. A 牌灯泡的平均寿命为 1400 小时，标准差为 200 小时，B 牌灯泡的平均寿命为 1200 小时，标准差为 100 小时，从两种牌子的灯泡中各取 250 个进行测试,问 A 牌灯泡的平均寿命至少大于 B 牌灯泡的平均寿命(1)180 小时;(2)230 小时的概率分别是多少?

13. 分别从方差为 20 和 35 的正态总体中抽取容量为 8 和 10 的两个样本,求第一个样本方差是第二个样本方差两倍以上的概率范围.

*14. 设 $X_1, X_2, \cdots, X_n$ 是取自正态总体 $N(\mu, \sigma^2)$ 的一个样本,S^2 为样本方差,求满足不等式

$$P\left\{\frac{S^2}{\sigma^2} \leq 1.5\right\} \geq 0.95$$ 的最小 n 值.

*15. 已知 X 服从 n 个自由度的 t 分布,求证 X^2 服从自由度为 $(1, n)$ 的 F 分布,即 $X^2 \sim F(1, n)$.

16. 设 $X_1, X_2, \cdots, X_9$ 是来自正态总体 $N(0, 2^2)$ 的简单随机样本,求系数 a, b, c, 使

$$Q = a(X_1 + X_2)^2 + b(X_3 + X_4 + X_5)^2 + c(X_6 + X_7 + X_8 + X_9)^2$$

服从 χ^2 分布,并求其自由度.

*17. 设随机变量 X 和 Y 相互独立,且都服从正态分布 $N(0, 3^2)$,而 $X_1, X_2, \cdots X_9$ 和 $Y_1, Y_2, \cdots, Y_9$ 分别是来自总体 X 和 Y 的简单随机样本.试证统计量

$$T = \frac{X_1 + X_2 + \cdots X_9}{\sqrt{Y_1^2 + Y_2^2 + \cdots + Y_9^2}}$$ 服从自由度为 9 的 t 分布.

*18. 设总体 X 服从正态分布 $N(\mu, \sigma^2)$,从中抽取一个样本 $X_1, X_2, \cdots X_n$,X_{n+1},记 $\bar{X}_n = \frac{1}{n}\sum_{i=1}^{n} X_i$,$S_n^2 = \frac{1}{n-1}\sum_{i=1}^{n}(X_i - \bar{X}_n)^2$.

试证:$\sqrt{\frac{n}{n+1}} \cdot \frac{X_{n+1} - \bar{X}_n}{S_n} \sim t(n-1)$.

*19. 设 $X_1, X_2, \cdots, X_n$ 是来自总体 $N(\mu, \sigma^2)$ 的样本,记 $d = \frac{1}{n}\sum_{i=1}^{n}|X_i - \mu|$.

试证:

$$E(d) = \sqrt{\frac{2}{\pi}}\sigma, \qquad D(d) = \left(1 - \frac{2}{\pi}\right)\frac{\sigma^2}{n}.$$

20. 设总体 X 服从正态分布 $N(62, 100)$,为使样本均值大于 60 的概率不小于 0.95,问样本容量 n 至少应取多大?

21. 设 $X_1, X_2, \cdots, X_9$ 为来自总体 $X \sim N(a, 2^2)$,$Y_1, Y_2, \cdots, Y_{16}$ 为来自总体

$Y \sim N(b, 2^2)$ 的两个相互独立的样本. 记

$$Q_1 = \sum_{i=1}^{9}(X_i - \bar{X})^2, \qquad Q_2 = \sum_{j=1}^{16}(Y_j - \bar{Y})^2.$$

求满足下列各式的常数 $\alpha_1, \alpha_2, \beta_1, \beta_2, \gamma_1, \gamma_2$.

(1) $P\{Q_1 \geq \alpha_2\} = P\{Q_1 \leq \alpha_1\} = 0.05$;

(2) $P\{|\bar{X} - a| < \beta_1\} = 0.9$;

(3) $P\left\{\left|\dfrac{\bar{Y} - b}{\sqrt{Q_2}}\right| < \beta_2\right\} = 0.9$;

(4) $P\left\{\dfrac{Q_2}{Q_1} \geq \gamma_2\right\} = P\left\{\dfrac{Q_2}{Q_1} \leq \gamma_1\right\} = 0.05$.

22. 设 $X_1, X_2, \cdots, X_n$ 是取自正态总体 $X \sim N(0, \sigma^2)$ (σ^2 已知) 的样本,S^2 为样本方差,则服从 $\chi^2(n)$ 分布的统计量是 （　　）

(A) $W_1 = \sum_{i=1}^{n} X_i^2$;　　　　　(B) $W_2 = \left(\dfrac{X_i}{\sigma}\right)^2 + \dfrac{(n-1)S^2}{\sigma^2}$;

(C) $W_3 = \dfrac{1}{n}\sum_{i=1}^{n}\left(\dfrac{X_i}{\sigma}\right)^2 + \dfrac{(n-1)S^2}{\sigma^2}$;　　(D) $W_4 = \dfrac{1}{n}\left(\sum_{i=1}^{n}\dfrac{X_i}{\sigma}\right)^2 + \dfrac{(n-1)S^2}{\sigma^2}$.

23. 设 $X_1, X_2, \cdots, X_n$ 是来自正态总体 $X \sim N(\mu, \sigma^2)$ 的样本,$\bar{X}$ 是样本均值,记

$$S_1^2 = \dfrac{1}{n-1}\sum_{i=1}^{n}(X_i - \bar{X})^2, \quad S_2^2 = \dfrac{1}{n}\sum_{i=1}^{n}(X_i - \bar{X})^2,$$

$$S_3^2 = \dfrac{1}{n-1}\sum_{i=1}^{n}(X_i - \mu)^2, \quad S_4^2 = \dfrac{1}{n}\sum_{i=1}^{n}(X_i - \mu)^2,$$

则服从自由度为 $n-1$ 的 t 分布的随机变量为 （　　）

(A) $T_1 = \dfrac{\bar{X} - \mu}{S_1/\sqrt{n-1}}$;　　　(B) $T_2 = \dfrac{\bar{X} - \mu}{S_2/\sqrt{n-1}}$;

(C) $T_3 = \dfrac{\bar{X} - \mu}{S_3/\sqrt{n}}$;　　　(D) $T_4 = \dfrac{\bar{X} - \mu}{S_4/\sqrt{n}}$.

24. 设 $X_1, X_2, \cdots, X_n$ 是取自正态总体 $X \sim N(0, \sigma^2)$ 的样本,其样本均值与方差分别为 $\bar{X}, S^2$,则服从 $F(1, n-1)$ 的统计量为 （　　）

(A) $F_1 = \dfrac{\bar{X}^2}{S^2}$;　　　　(B) $F_2 = \dfrac{(n-1)\bar{X}^2}{S^2}$;

(C) $F_3 = \dfrac{n\bar{X}^2}{S^2}$;　　　　(D) $F_4 = \dfrac{(n-1)\bar{X}^2}{nS^2}$.

25. 设总体 $X \sim N(\mu_1, 2^2)$, $Y \sim N(\mu_2, 3^2)$, X, Y 相互独立, $X_1, X_2, \cdots, X_8$

和 $Y_1, Y_2, \cdots, Y_{12}$ 是分别来自总体 X 和 Y 的样本，S_X^2 与 S_Y^2 分别为两个样本的方差，已知 $F = C\dfrac{S_X^2}{S_Y^2} \sim F(7,11)$，则常数 C 的值为 (　　)

(A) $\dfrac{2}{3}$；　　　　　　　　(B) $\dfrac{11}{7}$；

(C) $\dfrac{4}{9}$；　　　　　　　　(D) $\dfrac{9}{4}$.

26. 已知 (X, Y) 的概率密度为

$$f(x,y) = \dfrac{1}{12\pi} e^{-\frac{1}{72}(9x^2 + 4y^2 - 8y + 4)}$$

则 $\dfrac{9X^2}{4(Y-1)^2}$ 服从参数为_____ 的_____ 分布.

27. 设总体 X 服从正态分布 $N(0, \sigma^2)$，$X_1, X_2, \cdots, X_{10}$ 是来自总体 X 的样本. 统计量 $Y = \dfrac{4(X_1^2 + \cdots + X_i^2)}{X_{i+1}^2 + \cdots + X_{10}^2} \ (1 < i < 10)$ 服从 F 分布，则 i 等于_____.

第五章 统计估计

统计推断,即由样本推断总体,是数理统计学的核心部分,可以分为两大类:第一类是统计估计,是我们本章要讲的问题;第二类是统计假设的检验,是下一章要解决的. 数理统计的主要方法又有参数性方法和非参数性方法两类,我们主要讲参数估计和参数的假设检验.

在许多实际问题中,需要用样本值,确切一点说,用适当选择的统计量的值来估计总体的某些未知参数,特别是期望和方差. 例如,我们用某测量仪测量山峰的高度,测量6次,得到6个数据:7322.5　7320.8　7323　7321　7321.7　7320.6 米,并根据测量结果估计该山的高度是多少. 由于测量过程中各种无法控制的偶然因素的影响,测量的结果是一个随机变量 X. 一般地可以假设 X 服从正态分布,即 $X \sim N(\mu, \sigma^2)$,其中 μ 是山的真正高度. 那么,如何利用这组样本值来估计总体的期望值 μ,也就是山的高度呢?又如何估计测量误差,即总体 X 的标准差 σ 或方差 σ^2 呢?这就产生了参数估计问题. 参数估计分点估计和区间估计. 点估计是运用某个统计量的值来计算某个参数的近似值,用以估计总体参数的真正值. 如我们例子所述,这种估计不能给出误差范围的大小,而这种误差在随机试验中是必然发生的. 同时,点估计也没有给出估计的可靠程度. 区间估计指出总体未知参数所在的范围,并给出一个可靠性指标——所指出的范围包含总体参数的概率. 本章的前三节讨论点估计,后两节讨论区间估计.

§5.1 点估计

设总体 X 的分布函数 $F(x; \theta_1, \theta_2, \cdots, \theta_m)$ 的函数类型已知,θ_i 为待估的未知参数. 所谓对参数 θ_i 作点估计,就是用一个统计量 $\hat{\theta}_i = \hat{\theta}_i(x_1, x_2, \cdots, x_n)$ 的值来估计 θ_i,并称统计量 $\hat{\theta}_i$ 为 θ_i 的估计量. 对于给定的样本值 $x_1, x_2, \cdots, x_n$,估计量 $\hat{\theta}_i = \hat{\theta}_i(x_1, x_2, \cdots, x_n)$ 的值叫参数 θ_i 的估计值,仍用 $\hat{\theta}_i$ 表示.

设总体 X 服从正态分布 $N(\mu,\sigma^2)$，其中 μ,σ^2 是未知参数．用什么样的统计量作为 μ,σ^2 的估计量 $\hat{\mu}$ 和 $\hat{\sigma^2}$ 呢？我们通常用样本的均值 $\bar{X}$ 作为总体 μ 的估计量，而用样本方差 S^2 作为 σ^2 的估计量，即 $\hat{\mu}=\bar{X}=\sum_{i=1}^{n}\frac{X_i}{n}$，$\hat{\sigma^2}=S^2=\frac{1}{n-1}\sum_{i=1}^{n}(X_i-\bar{X})^2$．

在前面测量山高的例子中，我们很自然地会想到，用 6 次测量的平均值估计山高，也就是估计期望值 μ．对于方差 σ^2 似乎也应该用样本值与样本平均值离差平方和的平均值作估计值，即用 $\frac{1}{n}\sum_{i=1}^{n}(X_i-\bar{X})^2$ 作为 σ^2 的估计量，这是合情合理的．由此可见，同一个参数可以用不同的估计量来估计，即估计量的选择有一定的任意性．因此，对不同的估计量就存在着比较好坏的问题．衡量统计量的好坏，最重要的有三条标准：无偏性、有效性与相合性．

*一、点估计的无偏性与有效性

1. 无偏性

未知参数 θ 的估计量 $\hat{\theta}(X_1,X_2,\cdots,X_n)$ 作为随机样本 $X_1,X_2,\cdots,X_n$ 的函数是随机变量，我们希望这个随机变量的取值集中在 θ 的真实值附近，或以 θ 的真值为中心波动，其期望值就是 θ 的真值．

定义 5.1 设 $\hat{\theta}(X_1,X_2,\cdots,X_n)$ 是参数 θ 的估计量，如果 $E(\hat{\theta})=\theta$，则称 $\hat{\theta}$ 是 θ 的**无偏估计量**．

无偏估计量的直观意义是无"系统偏差"，当 $E(\hat{\theta})>\theta$ 时，表明 $\hat{\theta}$ 偏大，当 $E(\hat{\theta})<\theta$ 时，表明 $\hat{\theta}$ 偏小．只有当 $E(\hat{\theta})=\theta$ 时，$\hat{\theta}$ 与 θ 才无系统偏差，因而称 $\hat{\theta}$ 是 θ 的无偏估计量．

例 5.1 设 $X_1,X_2,\cdots X_n$ 是来自正态总体 $N(\mu,\sigma^2)$ 的样本，试证 $\bar{X}=\frac{1}{n}\sum_{i=1}^{n}X_i$ 是总体期望 μ 的无偏估计量．

证明

$$E(\bar{X}) = E\left(\frac{1}{n}\sum_{i=1}^{n}X_i\right) = \frac{1}{n}\sum_{i=1}^{n}E(X_i)$$

因为 X_i 与总体同分布,

$$E(X_i) = \mu \quad (i = 1, 2, \cdots, n)$$

所以 $E(\bar{X}) = \mu$,即 $\bar{X}$ 是 μ 的无偏估计量.

2. 有效性(最小方差性)

例 5.2 设 X_1, X_2, X_3 是来自总体 X 的样本,易知

$$\hat{\mu}_1 = \frac{2}{5}X_1 + \frac{1}{10}X_2 + \frac{1}{2}X_3,$$

$$\hat{\mu}_2 = \frac{1}{3}X_1 + \frac{3}{4}X_2 - \frac{1}{12}X_3,$$

$$\hat{\mu}_3 = \frac{1}{2}X_1 + \frac{1}{3}X_2 + \frac{1}{6}X_3,$$

$$\hat{\mu}_4 = \frac{1}{5}X_1 + \frac{1}{10}X_2 + \frac{7}{10}X_3.$$

都是总体期望 μ 的无偏估计量,还可以举出更多,也就是说无偏估计量不是唯一的.在这众多的无偏估计量中选哪一个好呢?因此还需给出衡量统计量好坏的另一个标准——有效性.

设 $\hat{\theta}_1$ 和 $\hat{\theta}_2$ 都是 θ 的无偏估计量,它们都在 θ 附近摆动,自然,摆动振幅较小的应该认为比摆动振幅较大的一个为好.通常用 $\hat{\theta}$ 的方差

$$D(\hat{\theta}) = E(\hat{\theta} - \theta)^2$$

来衡量摆动的大小,也就是 $\hat{\theta}$ 对 θ 的偏离程度.

定义 5.2 设 $\hat{\theta}_1$ 和 $\hat{\theta}_2$ 是 θ 的两个无偏估计量,若 $D(\hat{\theta}_1) < D(\hat{\theta}_2)$,则称 $\hat{\theta}_1$ 比 $\hat{\theta}_2$ 有效.

例 5.3 比较例 5.2 中的 4 个无偏估计量中哪个更有效(设 X 的方差 $D(X)$ 存在).

解

$$D(\hat{\mu}_1) = D\left(\frac{2}{5}X_1 + \frac{1}{10}X_2 + \frac{1}{2}X_3\right)$$

$$= \frac{4}{25}DX_1 + \frac{1}{100}DX_2 + \frac{1}{4}DX_3 = \frac{21}{50}DX.$$

$$D(\widehat{\mu_2}) = \frac{1}{9}DX_1 + \frac{9}{16}DX_2 + \frac{1}{144}DX_3 = \frac{49}{72}DX.$$

$$D(\widehat{\mu_3}) = \frac{1}{4}DX_1 + \frac{1}{9}DX_2 + \frac{1}{36}DX_3 = \frac{7}{18}DX.$$

$$D(\widehat{\mu_4}) = \frac{1}{25}DX_1 + \frac{1}{100}DX_2 + \frac{49}{100}DX_3 = \frac{27}{50}DX.$$

由于

$$D(\widehat{\mu_3}) < D(\widehat{\mu_1}) < D(\widehat{\mu_4}) < D(\widehat{\mu_2}),$$

所以无偏估计量 $\widehat{\mu_3}$ 更有效.

例 5.4 设总体 X 的期望 $EX = \mu$,方差 $DX = \sigma^2$,$X_1, X_2, \cdots, X_n$ 是来自总体 X 的样本,$\widehat{\mu_1} = \frac{1}{n}\sum_{i=1}^{n} X_i, \widehat{\mu_2} = \frac{1}{k}\sum_{i=1}^{k} X_i, k < n$,试证 $\widehat{\mu_1}, \widehat{\mu_2}$ 都是 μ 的无偏估计量,且 $\widehat{\mu_1}$ 比 $\widehat{\mu_2}$ 更有效.

证明

$$E(\widehat{\mu_1}) = E\left(\frac{1}{n}\sum_{i=1}^{n} X_i\right) = \frac{1}{n} \cdot n\mu = \mu.$$

$$E(\widehat{\mu_2}) = E\left(\frac{1}{k}\sum_{i=1}^{k} X_i\right) = \frac{1}{k} \cdot k\mu = \mu.$$

$$D(\widehat{\mu_1}) = D\left(\frac{1}{n}\sum_{i=1}^{n} X_i\right) = \frac{1}{n^2}\sum_{i=1}^{n} DX_i = \frac{1}{n^2}n\sigma^2 = \frac{\sigma^2}{n}.$$

$$D(\widehat{\mu_2}) = D\left(\frac{1}{k}\sum_{i=1}^{k} X_i\right) = \frac{1}{k^2}\sum_{i=1}^{k} DX_i = \frac{\sigma^2}{k}.$$

由于 $n > k$,故 $\frac{\sigma^2}{n} < \frac{\sigma^2}{k}$,所以估计量 $\widehat{\mu_1}$ 更有效.

3. 相合性

定义 5.3 设 $\widehat{\theta}(X_1, X_2, \cdots, X_n)$ 是未知参数 θ 的估计量,如果当样本容量 $n \to \infty$ 时,$\widehat{\theta}$ 依概率收敛于 θ,即对任意 $\varepsilon > 0$

$$\lim_{n \to \infty} P\{|\widehat{\theta} - \theta| < \varepsilon\} = 1,$$

则称 $\widehat{\theta}$ 为 θ 的**相合估计量**,又称**一致估计量**.

相合性是估计量的大样本的特性,表明当样本容量 n 很大时,估计量 "$\widehat{\theta}$ 充分接近 θ" 是一个概率接近 1 的事件. 换言之,"$\widehat{\theta}$ 偏离 θ 较大" 是小概率事件.

通常我们得到的估计量一般都满足相合性要求.

二、期望与方差的点估计

总体的期望和方差的估计问题,在总体参数估计中占特别重要的地位. 本节一开始就指出用样本均值 $\bar{X}$ 和样本方差 S^2 分别估计期望 EX 和方差 DX. 这里再作进一步说明.

1. 期望的点估计

长期的实践经验表明,用样本均值去估计总体的期望是很恰当的,大数定律从理论上证明了,样本容量越大估计得越准. 可以证明,$\bar{X} = \dfrac{1}{n}\sum_{i=1}^{n} X_i$ 是 EX 的无偏估计量、相合估计量,并且在 EX 的一切无偏估计量中 $\bar{X}$ 的方差最小.

实际上

$$E(\bar{X}) = E\left(\frac{1}{n}\sum_{i=1}^{n} X_i\right) = \frac{1}{n}\sum_{i=1}^{n} EX_i,$$

因为 X_i 与 X 同分布,故

$$E(\bar{X}) = E(X). \tag{5.1}$$

当总体 X 的期望、方差都存在时,有

$$D(\bar{X}) = \frac{1}{n}DX. \tag{5.2}$$

由于 $X_1, X_2, \cdots, X_n$ 相互独立,故

$$D(\bar{X}) = D\left(\frac{1}{n}\sum_{i=1}^{n} X_i\right) = \frac{1}{n^2}\sum_{i=1}^{n} DX_i,$$

又 X_i 与 X 同分布,从而

$$D(X_i) = DX \quad (i = 1, 2, \cdots, n),$$

所以

$$D(\bar{X}) = \frac{D(X)}{n}.$$

可以看出,n 越大,$D(\bar{X})$ 就越小,也就是说,$\bar{X}$ 对 EX 的估计效果越好.

从定理 3.7 可知,$\bar{X}$ 是 EX 的相合估计量,请读者自己证明.

2. 方差的点估计

$D(X)$ 描述 X 取值的分散程度，即 X 取值偏离 $E(X)$ 的程度．因而对 n 个样本值 $X_1, X_2, \cdots, X_n$ 的分散程度可以用统计量

$$S^2 = \frac{1}{n-1} \sum_{i=1}^{n} (X_i - \bar{X})^2$$

来描述．前面已讲过，S^2 称为样本方差，S^2 越大，表明这 n 个样本值参差不齐；S^2 越小，表明这 n 个值大小相差不多，也就是说比较整齐．

在构造总体方差的估计量时，自然还会想到未修正样本方差 $S_0^2 = \frac{1}{n} \sum_{i=1}^{n} (X_i - \bar{X})^2$．尽管 S_0^2 同样可以反映 n 个样本值的分散程度，但 S_0^2 是有偏的．故通常用样本方差（修正）S^2 作为总体方差的估计量．

定理 5.1 设总体 X 的方差存在，则样本方差

$$S^2 = \frac{1}{n-1} \sum_{i=1}^{n} (X_i - \bar{X})^2$$

是方差 DX 的无偏估计量．

证明

$$\sum_{i=1}^{n} (X_i - \bar{X})^2 = \sum_{i=1}^{n} (X_i^2 - 2X_i \bar{X} + \bar{X}^2)$$

$$= \sum_{i=1}^{n} X_i^2 - 2\bar{X} \sum_{i=1}^{n} X_i + n\bar{X}^2 = \sum_{i=1}^{n} X_i^2 - n\bar{X}^2, \qquad (5.3)$$

于是

$$E(S^2) = E\left[\frac{1}{n-1} \sum_{i=1}^{n} (X_i - \bar{X})^2\right] = \frac{1}{n-1} E\left[\sum_{i=1}^{n} X_i^2 - n\bar{X}^2\right]$$

$$= \frac{1}{n-1} \sum_{i=1}^{n} E(X_i^2) - \frac{n}{n-1} E(\bar{X}^2) = \frac{n}{n-1} [E(X^2) - E(\bar{X}^2)].$$

由于 $E(X^2) = DX + (EX)^2$，$E(\bar{X}^2) = D\bar{X} + E(\bar{X})^2$，

从而 $E(S^2) = \frac{n}{n-1} \{DX + (EX)^2 - [D\bar{X} + (E\bar{X})^2]\}$

$$= \frac{n}{n-1} \left\{ DX + (EX)^2 - \frac{DX}{n} - (EX)^2 \right\} = DX. \qquad (5.4)$$

这个定理告诉我们，用样本方差 S^2 估计方差 DX 不会产生"系统偏差"，但用统计量 $S_0^2 = \frac{1}{n} \sum_{i=1}^{n} (X_i - \bar{X})^2$，情况就不一样了，因为 $S_0^2 = \frac{n-1}{n} S^2$，

$E(S_0^2) = \dfrac{n-1}{n}DX$,故 S_0^2 不是 DX 的无偏估计量. 但是,当 n 充分大时,$\dfrac{n-1}{n} \approx 1$. 这时估计量 S^2 与 S_0^2 的差异就不大了.

*例5.5 设总体 X 的概率分布为

X	1	2	3
p	$1-\theta$	$\theta-\theta^2$	θ^2

其中 $\theta \in (0,1)$ 未知,以 N_i 表示来自总体 X 的样本(样本容量为 n)中等于 i 的个数($i = 1,2,3$),试求常数 a_1, a_2, a_3,使 $T = \sum\limits_{i=1}^{3} a_i N_i$ 为 θ 的无偏估计量.

解 由于样本 $X_1, X_2, \cdots, X_n$ 相互独立且与 X 同分布,故有
$$P\{X_i = 1\} = 1 - \theta,\ P\{X_1 \neq 1\} = \theta, i = 1, 2, \cdots, n.$$

在 n 次独立观测中,取 1 的个数 N_1 是个随机变量,且 N_1 服从二项分布 $N_1 \sim B(n, 1-\theta)$,同理,$N_2 \sim B(n, \theta - \theta^2)$,$N_3 \sim B(n, \theta^2)$.

由二项分布的期望公式知
$$EN_1 = n(1-\theta), EN_2 = n(\theta - \theta^2), EN_3 = n\theta^2.$$

$$\begin{aligned} ET &= E\sum_{i=1}^{3} a_i N_i = a_1 EN_1 + a_2 EN_2 + a_3 EN_3 \\ &= a_1 n(1-\theta) + a_2 n(\theta - \theta^2) + a_3 n\theta^2 \\ &= a_1 n + n(a_2 - a_1)\theta + n(a_3 - a_2)\theta^2 \end{aligned}$$

若 T 为 θ 的无偏估计,则 $ET = \theta$,即
$$na_1 + n(a_2 - a_1)\theta + n(a_3 - a_2)\theta^2 = \theta$$

从而得方程组 $\begin{cases} a_1 = 0 \\ n(a_2 - a_1) = 1 \\ n(a_3 - a_2) = 0 \end{cases}$

解之,得 $a_1 = 0, a_2 = a_3 = \dfrac{1}{n}$,即 $T = \dfrac{1}{n}(N_2 + N_3)$.

3. 标准差的估计

$S^2 = \dfrac{1}{n-1}\sum\limits_{i=1}^{n}(X_i - \bar{X})^2$ 是总体方差 DX 的无偏估计量,那么总体标准差

$\sqrt{DX}$ 的无偏估计量是什么呢？自然想到用 $S = \sqrt{\dfrac{1}{n-1} \sum_{i=1}^{n}(X_i - \bar{X})^2}$ 作为 $\sqrt{DX}$ 的估计量，这当然是可以的，但要特别注意的是，S 一般不是 $\sqrt{DX}$ 的无偏估计量．

对于正态总体，可以证明，$\dfrac{\Gamma\left(\dfrac{n-1}{2}\right)\sqrt{n-1}}{\Gamma\left(\dfrac{n}{2}\right)\sqrt{2}} S$ 是标准差 $\sqrt{DX}$ 的无偏估计量．即

$$E\left[\dfrac{\Gamma\left(\dfrac{n-1}{2}\right)\sqrt{n-1}}{\Gamma\left(\dfrac{n}{2}\right)\sqrt{2}} S\right] = \sqrt{DX}. \tag{5.5}$$

§5.2 最大似然估计与矩估计

上一节给出了两个特殊的参数——期望与方差的点估计．通过前面概率论的学习，我们知道一些常用随机变量的期望和方差与概率分布或概率密度的参数有关，本节将给出求一般参数点估计的两种常用方法．

一、最大似然估计法

最大似然估计的基本思想是：设 $X_1, X_2, \cdots, X_n$ 是来自总体 X 的样本，X 的分布类型已知，但参数 θ 未知，在已经得到试验结果的情况下，要寻找使这个结果出现可能性最大的哪个 θ，用它作为 θ 的估计．

1. 对于连续型的总体 X，设它的密度函数 $f(x; \theta_1, \theta_2, \cdots, \theta_m)$ 的类型为已知，其中 $\theta_1, \theta_2, \cdots, \theta_m$ 是需要估计的未知参数，如何由样本观测值 $x_1, x_2, \cdots, x_n$ 求出 $\theta_1, \theta_2, \cdots, \theta_m$ 的较好的估计值呢？

设 $X_1, X_2, \cdots, X_n$ 是来自总体 X 的一个样本，则 $X_1, X_2, \cdots, X_n$ 的联合密度为

$$\prod_{i=1}^{n} f(X_i; \theta_1, \theta_2, \cdots, \theta_m).$$

对于给定的一组样本值 $x_1, x_2, \cdots, x_n$，记联合密度

$$L = L(x_1, x_2, \cdots, x_n; \theta_1, \theta_2, \cdots, \theta_m)$$
$$= \prod_{i=1}^{n} f(x_i; \theta_1, \theta_2, \cdots, \theta_m). \tag{5.6}$$

称 L 为样本 $x_1, x_2, \cdots, x_n$ 的**似然函数**（注意，作为 $\theta_1, \theta_2, \cdots, \theta_m$ 的函数!）.

2. 若 X 为离散型总体，设它的概率分布为

$$P\{X = x\} = p(x; \theta_1, \theta_2, \cdots, \theta_m).$$

对于给定的一组样本值 $x_1, x_2, \cdots, x_n$，记联合概率分布

$$L = L(x_1, x_2, \cdots, x_n; \theta_1, \theta_2, \cdots, \theta_m)$$
$$= \prod_{i=1}^{n} p(x_i; \theta_1, \theta_2, \cdots, \theta_m). \tag{5.7}$$

称 L 为样本的似然函数.

对已经给定的样本值 $x_1, x_2, \cdots, x_n$ 而言，似然函数 L 是待估参数 $\theta_1, \theta_2, \cdots, \theta_m$ 的函数.

根据经验，在一次试验中，概率大的事件比概率小的事件易于发生. 若 $\theta_1, \theta_2, \cdots, \theta_m$ 取某些确定值时，L 的值小，则在这些参数下，$x_1, x_2, \cdots, x_n$ 出现的可能性小；若 $\theta_1, \theta_2, \cdots, \theta_m$ 取另一些确定值时，L 的值较大，则在这些参数值下，$x_1, x_2, \cdots, x_n$ 出现的可能性也较大；若 $\theta_1, \theta_2, \cdots, \theta_m$ 取 $\hat{\theta}_1, \hat{\theta}_2, \cdots, \hat{\theta}_m$ 时，L 达到最大值，则在参数值 $\hat{\theta}_1, \hat{\theta}_2, \cdots, \hat{\theta}_m$ 下，$x_1, x_2, \cdots, x_n$ 出现的可能性最大. 随机抽样得样本值 $x_1, x_2, \cdots, x_n$ 是已经发生的事件，理应认为出现的概率最大. 故选取使 $x_1, x_2, \cdots, x_n$ 出现的可能性最大，也就是使 L 达到最大的参数值 $\hat{\theta}_1, \hat{\theta}_2, \cdots, \hat{\theta}_m$ 为 $\theta_1, \theta_2, \cdots, \theta_m$ 的估计值是最合乎情理的.

定义 5.4 若似然函数 $L(x_1, x_2, \cdots, x_n; \theta_1, \theta_2, \cdots, \theta_m)$ 在 $\hat{\theta}_1, \hat{\theta}_2, \cdots, \hat{\theta}_m$ 取到最大值，则称 $\hat{\theta}_i(x_1, x_2, \cdots, x_n)$ 分别是 θ_i 的**最大似然估计值**，并称 $\hat{\theta}_i(X_1, X_2, \cdots, X_n)$ 为 θ_i 的**最大似然估计量** ($i = 1, 2, \cdots, m$).

由多元函数求极值的方法知，$\hat{\theta}_1, \hat{\theta}_2, \cdots, \hat{\theta}_m$ 必须满足方程组：

$$\begin{cases} \dfrac{\partial L}{\partial \theta_1} = 0, \\ \dfrac{\partial L}{\partial \theta_2} = 0, \\ \vdots \\ \dfrac{\partial L}{\partial \theta_m} = 0. \end{cases} \tag{5.8}$$

由于 $\ln L$ 与 L 在相同的 $\hat{\theta}_1, \hat{\theta}_2, \cdots, \hat{\theta}_m$ 达到极大值，所以在实际应用中，往往用下面的方程组更简便

$$\begin{cases} \dfrac{\partial \ln L}{\partial \theta_1} = 0, \\ \dfrac{\partial \ln L}{\partial \theta_2} = 0, \\ \vdots \\ \dfrac{\partial \ln L}{\partial \theta_m} = 0. \end{cases} \tag{5.9}$$

称上面两个方程组分别为似然方程组和对数似然方程组．

在求极值过程中，我们假定样本值 $x_1, x_2, \cdots, x_n$ 已给定，从而解出 $(\hat{\theta}_1, \hat{\theta}_2, \cdots, \hat{\theta}_m)$．实际上，$x_1, x_2, \cdots, x_n$ 也是随每次抽样而变化的，因而，$\hat{\theta}_i = \hat{\theta}_i(x_1, x_2, \cdots, x_n)$ 是 $x_1, x_2, \cdots, x_n$ 的函数，即不同样本值，参数估计值也可以不同．

下面介绍几个常见分布的最大似然估计量．

(1) $0-1$ 分布

在 $0-1$ 分布中，X 的概率分布为

$$P\{X = x\} = p^x (1-p)^{1-x}, \quad x = 0, 1$$

p 是待估参数．

似然函数为

$$L(x_1, x_2, \cdots, x_n; p) = \prod_{i=1}^{n} p^{x_i}(1-p)^{1-x_i}$$

$$= p^{\sum_{i=1}^{n} x_i}(1-p)^{n - \sum_{i=1}^{n} x_i}.$$

$$\ln L = \left(\sum_{i=1}^{n} x_i\right) \ln p + \left(n - \sum_{i=1}^{n} x_i\right) \ln(1-p).$$

$$\frac{\mathrm{d}\ln L}{\mathrm{d}p} = (\sum_{i=1}^{n} x_i) \cdot \frac{1}{p} - (n - \sum_{i=1}^{n} x_i) \cdot \frac{1}{1-p}.$$

令

$$\frac{\mathrm{d}\ln L}{\mathrm{d}p} = 0,$$

解得 p 的最大似然估计值为

$$\hat{p} = \frac{1}{n}\sum_{i=1}^{n} x_i = \bar{x}.$$

最大似然估计量为 $\hat{p} = \frac{1}{n}\sum_{i=1}^{n} X_i = \bar{X}$.

记 $\nu_n = \sum_{i=1}^{n} x_i$，表示 n 次观测中事件 $\{X=1\}$ 出现的频数，则频率 $\hat{p} = \frac{\nu_n}{n} = \bar{x}$ 就是参数 p 的最大似然估计.

由于 $E\hat{p} = E\bar{X} = p$，故 $\hat{p}$ 是 p 的无偏估计量. 由大数定律知 $\hat{p}$ 是 p 的相合估计量. 不难证明，在 p 的一切无偏估计中，$\hat{p}$ 的方差最小.

(2) 泊松分布

设 X 服从参数为 λ 的泊松分布

$$p\{x; \lambda\} = \frac{\lambda^x}{x!}\mathrm{e}^{-\lambda}, \qquad x = 0, 1, 2, \cdots, \lambda > 0.$$

似然函数为

$$L(x_1, x_2, \cdots, x_n, \lambda) = \prod_{i=1}^{n} \frac{\lambda^{x_i}}{x_i!}\mathrm{e}^{-\lambda} = \frac{\lambda^{\sum_{i=1}^{n} x_i}}{x_1! x_2! \cdots x_n!}\mathrm{e}^{-n\lambda},$$

于是

$$\ln L = (\sum_{i=1}^{n} x_i)\ln\lambda - \sum_{i=1}^{n}\ln(x_i!) - n\lambda,$$

$$\frac{\mathrm{d}\ln L}{\mathrm{d}\lambda} = \frac{\sum_{i=1}^{n} x_i}{\lambda} - n.$$

令

$$\frac{\mathrm{d}\ln L}{\mathrm{d}\lambda} = 0,$$

得 λ 的最大似然估计值

$$\hat{\lambda} = \frac{\sum_{i=1}^{n} x_i}{n} = \bar{x}. \quad \hat{\lambda} = \frac{1}{n}\sum_{i=1}^{n} X_i = \bar{X} \text{ 为 } \lambda \text{ 的最大似然估计量}.$$

易见，$\hat{\lambda}$ 是 λ 的无偏估计及相合估计，在 λ 的一切无偏估计量中，$\hat{\lambda}$ 的方差最小．

(3) 指数分布

设 X 服从参数为 λ 的指数分布

$$p(x;\lambda) = \lambda e^{-\lambda x}, \quad x > 0, \lambda > 0$$

$x_1, x_2, \cdots, x_n$ 是一组样本值，似然函数为

$$L(x_1, x_2, \cdots, x_n; \lambda) = \lambda^n \prod_{i=1}^{n} e^{-\lambda x_i} = \lambda^n e^{-\lambda \sum_{i=1}^{n} x_i}.$$

于是

$$\ln L = n\ln\lambda - \lambda \sum_{i=1}^{n} x_i,$$

$$\frac{d\ln L}{d\lambda} = \frac{n}{\lambda} - \sum_{i=1}^{n} x_i.$$

令

$$\frac{d\ln L}{d\lambda} = 0,$$

解得

$$\hat{\lambda} = \frac{n}{\sum_{i=1}^{n} x_i} = \frac{1}{\bar{x}} \text{ 为最大似然估计值},$$

$$\hat{\lambda} = \frac{n}{\sum_{i=1}^{n} X_i} = \frac{1}{\bar{X}} \text{ 为最大似然估计量}.$$

通过相应的计算，可得 $E\hat{\lambda} = \frac{n-1}{n}\lambda$．因此，$\hat{\lambda}$ 不是 λ 的无偏估计量．不过略加修正，令 $\hat{\lambda}^* = \frac{n}{n-1}\hat{\lambda}$，则 $\hat{\lambda}^*$ 是 λ 的无偏估计．

(4) 正态分布

设正态总体 X 的密度函数为

$$p(x;\mu,\delta) = \frac{1}{\sqrt{2\pi\delta}} e^{-\frac{1}{2\delta}(x-\mu)^2}, \quad -\infty < x < +\infty,$$

其中 $\delta = \sigma^2 > 0$. 求 μ 与 σ^2 的最大似然估计. 对一组样本值 $x_1, x_2, \cdots, x_n$,似然函数为

$$L(x_1, x_2, \cdots, x_n; \mu, \delta) = \left(\frac{1}{\sqrt{2\pi\delta}}\right)^n \prod_{i=1}^{n} e^{-\frac{1}{2\delta}(x_i-\mu)^2}$$

$$= (2\pi)^{-\frac{n}{2}} \delta^{-\frac{n}{2}} e^{-\frac{1}{2\delta}\sum_{i=1}^{n}(x_i-\mu)^2},$$

$$\ln L = -\frac{n}{2}\ln(2\pi) - \frac{n}{2}\ln\delta - \frac{1}{2\delta}\sum_{i=1}^{n}(x_i-\mu)^2.$$

由

$$\begin{cases} \dfrac{\partial \ln L}{\partial \mu} = \dfrac{1}{\delta}\sum_{i=1}^{n}(x_i-\mu) = 0 \\ \dfrac{\partial \ln L}{\partial \delta} = -\dfrac{n}{2\delta} + \dfrac{1}{2\delta^2}\sum_{i=1}^{n}(x_i-\mu)^2 = 0, \end{cases}$$

解得最大似然估计值

$$\hat{\mu} = \frac{1}{n}\sum_{i=1}^{n} x_i = \bar{x},$$

$$\hat{\sigma}^2 = \hat{\delta} = \frac{1}{n}\sum_{i=1}^{n}(x_i-\bar{x})^2.$$

最大似然估计量 $\quad \hat{\mu} = \bar{X}, \hat{\sigma}^2 = \dfrac{1}{n}\sum_{i=1}^{n}(X_i-\bar{X})^2$

由 $\hat{\sigma}^2$ 又一次看到,最大似然估计量不一定是无偏估计量.

(5) 均匀分布

设 X 在区间 $[0, \lambda]$ 上服从均匀分布,$\lambda > 0$ 是未知参数.

$$p(x;\lambda) = \begin{cases} \dfrac{1}{\lambda}, & 0 \leq x \leq \lambda, \\ 0, & \text{其他}. \end{cases}$$

似然函数为

$$L(x_1, x_2, \cdots, x_n; \lambda) = \begin{cases} \dfrac{1}{\lambda^n} & 0 \leq x_1, x_2, \cdots, x_n \leq \lambda, \\ 0 & \text{其他}. \end{cases}$$

由于似然方程

$$\frac{dL}{d\lambda} = -\frac{n}{\lambda^{n+1}} = 0$$

无解,不存在驻点. 考虑边界上的点,因为

$$0 \leq x_1, x_2, \cdots, x_n \leq \lambda,$$

故有

$$\lambda \geq \max\{x_1, x_2, \cdots, x_n\},$$

λ 越小 L 越大,所以当 $\lambda = \max\{x_1, x_2, \cdots, x_n\}$ 时,L 取到最大值,从而 $\hat{\lambda} = \max\{x_1, x_2, \cdots, x_n\}$ 是 λ 的最大似然估计值,相应的最大似然估计量为 $\hat{\lambda} = \max\{X_1, X_2, \cdots, X_n\}$.

最大似然估计在理论上比较优良,应用也较广,但在求解似然方程组时往往会遇到困难,因此下面介绍一种矩估计法. 虽然有时它不及最大似然估计精度高,但使用矩估计法估计参数较方便.

二、矩估计法

用样本矩估计总体相应的矩,用样本矩的函数估计总体矩的同一函数的方法就是矩估计法. 一般用样本的 k 阶原点矩与 k 阶中心矩去估计总体的 k 阶原点矩与 k 阶中心矩.

设总体 X 的分布函数 $F(x; \theta_1, \theta_2, \cdots, \theta_m)$ 的类型已知,但其中包含 m 个未知参数 $\theta_1, \theta_2, \cdots, \theta_m$. 则总体 X 的 K 阶原点矩 $\nu_k = E(X^k)$ 也是 $\theta_1, \theta_2, \cdots, \theta_m$ 的函数,记

$$g_k(\theta_1, \theta_2, \cdots, \theta_m) = E(X^k) = \nu_k \quad (k = 1, 2, \cdots, m).$$

假定从方程组

$$\begin{cases} g_1(\theta_1, \theta_2, \cdots, \theta_m) = \nu_1 \\ g_2(\theta_1, \theta_2, \cdots, \theta_m) = \nu_2 \\ \cdots \\ g_m(\theta_1, \theta_2, \cdots, \theta_m) = \nu_m \end{cases} \quad (5.10)$$

可以解出

$$\begin{cases} \theta_1 = h_1(\nu_1, \nu_2, \cdots, \nu_m) \\ \theta_2 = h_2(\nu_1, \nu_2, \cdots, \nu_m) \\ \cdots \\ \theta_m = h_m(\nu_1, \nu_2, \cdots, \nu_m). \end{cases} \tag{5.11}$$

设 $X_1, X_2, \cdots, X_n$ 是 X 的样本. 用

$$\widehat{\nu}_k = \frac{1}{n} \sum_{i=1}^{n} X_i^k$$

来估计 ν_k（$k = 1, 2, \cdots, m$），然后代入（5.11）式中的 h_k 中，得到 θ_k 的估计量

$$\widehat{\theta}_k = h_k(\widehat{\nu}_1, \widehat{\nu}_2, \cdots, \widehat{\nu}_m),$$

其中 $k = 1, 2, \cdots m$.

这种估计未知参数的办法叫做**矩估计法**.

例 5.6 设总体 X 服从参数为 λ 的指数分布，求 λ 的矩估计量.

解 $f(x) = \lambda e^{-\lambda x}$ （$x > 0, \lambda > 0$），已知

$$\nu_1 = EX = \int_0^\infty x \lambda e^{-\lambda x} dx = \frac{1}{\lambda}, \quad \lambda = \frac{1}{\nu_1}$$

设 $X_1, X_2, \cdots, X_n$ 是来自总体 X 的样本，ν_1 的估计为

$$\widehat{\nu}_1 = \frac{1}{n} \sum_{i=1}^{n} X_i = \bar{X}$$

所以

$$\widehat{\lambda} = \frac{1}{\bar{X}}$$

例 5.7 设总体 X 服从正态分布 $N(\mu, \sigma^2)$，求 μ, σ^2 的矩估计量.

解 易知 $\nu_1 = EX = \mu$，

$$\nu_2 = E(X^2) = \sigma^2 + \mu^2,$$

由此得方程组

$$\begin{cases} \mu = \nu_1 \\ \sigma^2 + \mu^2 = \nu_2 \end{cases},$$

解此方程组得

$$\begin{cases} \mu = \nu_1 \\ \sigma^2 = \nu_2 - \nu_1^2 \end{cases}.$$

设 $X_1, X_2, \cdots, X_n$ 是一组样本，用
$$\widehat{\nu}_1 = \frac{1}{n}\sum_{i=1}^n X_i \text{ 和 } \widehat{\nu}_2 = \frac{1}{n}\sum_{i=1}^n X_i^2$$
分别估计 ν_1 和 ν_2，即可得到 μ, σ^2 的矩估计量：
$$\widehat{\mu} = \frac{1}{n}\sum_{i=1}^n X_i = \bar{X},$$
$$\widehat{\sigma}^2 = \widehat{\nu}_2 - \widehat{\nu}_1^{\,2} = \frac{1}{n}\sum_{i=1}^n X_i^2 - \left(\frac{1}{n}\sum_{i=1}^n X_i\right)^2 = \frac{1}{n}\sum_{i=1}^n (X_i - \bar{X})^2.$$

对指数分布和正态分布的参数估计，矩估计量与最大似然估计量完全相同．但这两类估计量并不总是一样的．下面以均匀分布为例．

例 5.8 设总体 X 在区间 $[a,b]$ 上服从均匀分布，$X_1, X_2, \cdots, X_n$ 是来自 X 的样本，求未知参数 a,b 的矩估计量．

解 由于被估参数有两个，需考虑总体的一阶原点矩和二阶原点矩．
$$\nu_1 = EX = \frac{a+b}{2},$$
$$\nu_2 = EX^2 = DX + (EX)^2 = \frac{(b-a)^2}{12} + \nu_1^2,$$
即
$$\begin{cases} a+b = 2\nu_1 \\ b-a = \sqrt{12(\nu_2 - \nu_1^2)} \end{cases},$$
解得
$$a = \nu_1 - \sqrt{3(\nu_2 - \nu_1^2)},$$
$$b = \nu_1 + \sqrt{3(\nu_2 - \nu_1^2)}.$$
又
$$\widehat{\nu}_1 = \bar{X}, \quad \widehat{\nu}_2 = \frac{1}{n}\sum_{i=1}^n X_i^2.$$
故 a, b 的矩估计量为
$$\widehat{a} = \bar{X} - \sqrt{3\left(\frac{1}{n}\sum_{i=1}^n X_i^2 - \bar{X}^2\right)} = \bar{X} - \sqrt{\frac{3}{n}\sum_{i=1}^n (X_i - \bar{X})^2}$$
$$\widehat{b} = \bar{X} + \sqrt{\frac{3}{n}\sum_{i=1}^n (X_i - \bar{X})^2}.$$

读者可以自己求出 a,b 的最大似然估计量（习题 11）为
$$\hat{a} = \min\{X_1, X_2, \cdots, X_n\}, \quad \hat{b} = \max\{X_1, X_2, \cdots, X_n\}.$$

*§5.3　正态总体参数的区间估计

一、区间估计的概念

前三节讨论的是参数的点估计，它仅仅给出了参数的一个估计值．然而，无论是从实际应用的需要出发，还是出于理论研究上的考虑，都还必须对这些估计值的精确程度作出说明，即希望估计出一个范围，并且知道这个范围包含参数真值的可靠程度．这样的范围通常用区间形式给出，这就是区间估计．

例 5.9　设随机变量 X 服从正态分布 $N(\mu, \sigma_0^2)$，其中 σ_0^2 已知；$X_1, X_2, \cdots, X_n$ 是 X 的一个样本，求一区间，使之以 95% 的把握断定这个区间包含 μ 的真值．

解　样本均值 $\bar{X} = \dfrac{1}{n}\sum\limits_{i=1}^{n} X_i$ 是 μ 的无偏估计，且
$$\bar{X} \sim N\left(\mu, \frac{\sigma_0^2}{n}\right),$$
故有
$$U = \frac{\bar{X} - \mu}{\sigma_0/\sqrt{n}} \sim N(0,1).$$
对于给定的 $\alpha = 0.05$，由
$$P\{|U| < \lambda\} = 1 - \alpha = 0.95,$$
查正态分布函数表（见附表 3），得 $\lambda = 1.96$．

于是
$$P\left\{\left|\frac{\bar{X} - \mu}{\sigma_0/\sqrt{n}}\right| < 1.96\right\} = P\left\{-1.96 < \frac{\bar{X} - \mu}{\sigma_0/\sqrt{n}} < 1.96\right\}$$
$$= P\left\{\bar{X} - 1.96\frac{\sigma_0}{\sqrt{n}} < \mu < \bar{X} + 1.96\frac{\sigma_0}{\sqrt{n}}\right\} = 0.95.$$

即有95%的概率保证，不等式

$$\bar{X} - 1.96\frac{\sigma_0}{\sqrt{n}} < \mu < \bar{X} + 1.96\frac{\sigma_0}{\sqrt{n}}$$

成立，或区间

$$\left(\bar{X} - 1.96\frac{\sigma_0}{\sqrt{n}},\ \bar{X} + 1.96\frac{\sigma_0}{\sqrt{n}}\right)$$

以95%的概率包含真值μ.

由例5.9中看出，所求的置信区间，实际是一个随机区间．如果我们已经得到样本值，则置信区间即确定，这时，称之为置信度为95%的置信区间一次实现．

定义5.5 设总体的一个未知参数θ，若对给定$\alpha(0<\alpha<1)$，统计量$\hat{\theta}_1 = \hat{\theta}_1(x_1, x_2, \cdots, x_n)$和$\hat{\theta}_2 = \hat{\theta}_2(x_1, x_2, \cdots, x_n)$，其中$\hat{\theta}_1 < \hat{\theta}_2$，满足

$$P\{\hat{\theta}_1 < \theta < \hat{\theta}_2\} = 1 - \alpha,$$

则称随机区间$(\hat{\theta}_1, \hat{\theta}_2)$是$\theta$的$1-\alpha$ **置信区间**，$\hat{\theta}_1$和$\hat{\theta}_2$分别称为置信下限和置信上限，$1-\alpha$称为**置信度**．

需要指出的是，置信区间不是唯一的．在例5.9中的λ值的取法是左右对称的，即用

$$P\{|U|<\lambda\} = P\left\{-\lambda < \frac{\bar{x}-\mu}{\sigma_0/\sqrt{n}} < \lambda\right\} = 0.95$$

来确定置信区间．换一种写法：

$$P\left\{\frac{\bar{x}-\mu}{\sigma_0/\sqrt{n}} < -\lambda\right\} = 0.025,\quad P\left\{\frac{\bar{x}-\mu}{\sigma_0/\sqrt{n}} > \lambda\right\} = 0.025.$$

可以用图5-1直观表示出来．

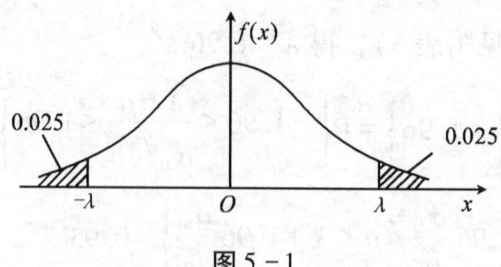

图5-1

也可由

$$P\left\{\lambda_1 < \frac{\bar{x} - \mu}{\sigma_0/\sqrt{n}} < \lambda_2\right\} = 0.95$$

来确定置信区间，只要适当选取 λ_1 和 λ_2，使

$$P\left\{\frac{\bar{x} - \mu}{\sigma_0/\sqrt{n}} < \lambda_1\right\} + P\left\{\frac{\bar{x} - \mu}{\sigma_0/\sqrt{n}} > \lambda_2\right\} = 0.05.$$

如

$$P\left\{\frac{\bar{x} - \mu}{\sigma_0/\sqrt{n}} < \lambda_1\right\} = 0.01, \quad P\left\{\frac{\bar{x} - \mu}{\sigma_0/\sqrt{n}} > \lambda_2\right\} = 0.04,$$

查附表 3 得 $\lambda_1 = -2.33, \quad \lambda_2 = 1.75$.

$$P\left\{\frac{\bar{x} - \mu}{\sigma_0/\sqrt{n}} < \lambda_1\right\} = 0.03, \quad P\left\{\frac{\bar{x} - \mu}{\sigma_0/\sqrt{n}} > \lambda_2\right\} = 0.02,$$

查表得 $\lambda_1 = -1.88, \quad \lambda_2 = 2.05$.

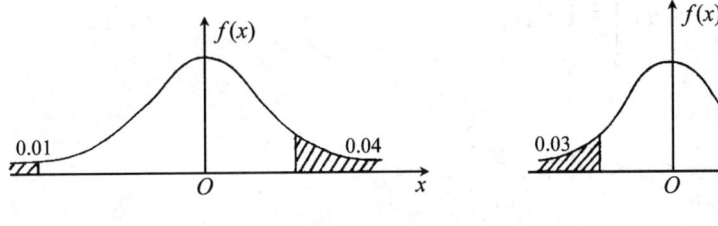

图 5-2

可见，对于同一个置信度，可以有不同的置信区间．置信度相同时，当然置信区间越短越好．从前面的三种情况看，以取对称的 λ 的置信区间为最短．一般说来，对于密度函数为对称的标准正态分布、t 分布等，取对称的分位点，χ^2 分布、F 分布虽不对称，但习惯上也取对称的分位点，即随机变量落在 λ_1 的左边和落在 λ_2 的右边的概率相同（尽管这样并不能保证所得置信区间最短）．若

$$P\{\lambda_1 \leq \chi^2(n) \leq \lambda_2\} = 1 - \alpha,$$

则选取 λ_1 和 λ_2 满足

$$P\{\chi^2(n) < \lambda_1\} = P\{\chi^2(n) > \lambda_2\} = \frac{\alpha}{2}.$$

二、一个正态总体均值的区间估计

设总体 X 服从正态分布 $N(\mu,\sigma^2)$,$X_1,X_2,\cdots,X_n$ 是来自 X 的一个样本. 这时为建立 μ 的置信区间,分 σ^2 已知和未知两种情形讨论,前者利用标准正态分布,后者利用 t 分布.

1. σ^2 已知,求 μ 的置信区间

由例 5.9 知,$\bar{X} \sim N\left(\mu,\dfrac{\sigma^2}{n}\right)$,

$$U = \dfrac{\bar{X}-\mu}{\sigma/\sqrt{n}} \sim N(0,1).$$

对于给定的 α($0<\alpha<1$),由正态分布函数表查出分位数 $u_{\frac{\alpha}{2}}$,使之满足

$$P\left\{\left|\dfrac{\bar{X}-\mu}{\sigma/\sqrt{n}}\right|<u_{\frac{\alpha}{2}}\right\}=1-\alpha,$$

或

$$P\left\{\bar{X}-u_{\frac{\alpha}{2}}\dfrac{\sigma}{\sqrt{n}}<\mu<\bar{X}+u_{\frac{\alpha}{2}}\dfrac{\sigma}{\sqrt{n}}\right\}=1-\alpha.$$

故总体均值 μ 的 $1-\alpha$ 置信区间为

$$\left(\bar{X}-u_{\frac{\alpha}{2}}\dfrac{\sigma}{\sqrt{n}},\ \bar{X}+u_{\frac{\alpha}{2}}\dfrac{\sigma}{\sqrt{n}}\right). \tag{5.12}$$

这里 $u_{\frac{\alpha}{2}}$ 是标准正态分布的 $\dfrac{\alpha}{2}$ 水平上侧分位数,决定于方程

$$1-\Phi(u_{\frac{\alpha}{2}})=\dfrac{\alpha}{2},$$

其中 $\Phi(x)$ 是标准正态分布函数.

例 5.10 设总体 $X \sim N(\mu,0.2^2)$,$x_1,x_2,\cdots,x_9$ 是来自总体 X 的容量为 9 的样本,计算 $\bar{x}=12.35$,试求样本均值 μ 的 90% 的置信区间.

解 $\bar{x}=12.35$,$\sigma=0.2$,$\sqrt{9}=3$;查标准正态分布函数表,得 $\dfrac{\alpha}{2}=0.05$ 的上侧分位数 $u_{0.05}=1.64$,将以上各数值代入 (5.12) 式,得 μ 的置信度为 0.90

的置信区间

$$\left(12.35 - 1.64\frac{0.2}{3},\ 12.35 + 1.64\frac{0.2}{3}\right),$$

即

$$(12.24, 12.46).$$

2. σ^2 未知，求 μ 的置信区间

前面的讨论是在方差 σ^2 已知的情况下进行的．但在实际应用中，经常遇到的是方差未知，此时如何建立 μ 的置信区间呢？

由于 σ^2 未知，很自然想到用 σ^2 的无偏估计量

$$S^2 = \frac{1}{n-1}\sum_{i=1}^{n}(X_i - \bar{X})^2$$

来代替 σ^2，考虑

$$T = \frac{\bar{X} - \mu}{S/\sqrt{n}},$$

由定理 4.7 知 T 服从自由度为 $n-1$ 的 t 分布，根据 t 分布 α 水平双侧分位数定义（见图 4-4），有

$$P\left\{\left|\frac{\bar{X} - \mu}{S/\sqrt{n}}\right| > t_\alpha(n-1)\right\} = \alpha,$$

因此

$$P\left\{-t_\alpha(n-1) \leq \frac{\bar{X} - \mu}{S/\sqrt{n}} \leq t_\alpha(n-1)\right\} = 1 - \alpha,$$

即

$$P\left\{\bar{X} - t_\alpha(n-1)\frac{S}{\sqrt{n}} \leq \mu \leq \bar{X} + t_\alpha(n-1)\frac{S}{\sqrt{n}}\right\} = 1 - \alpha.$$

从而 μ 的 $1-\alpha$ 置信区间为

$$\left(\bar{X} - t_\alpha(n-1)\frac{S}{\sqrt{n}},\ \bar{X} + t_\alpha(n-1)\frac{S}{\sqrt{n}}\right). \tag{5.13}$$

例 5.11 假设人的身高服从正态分布．今从高三毕业班中随机抽查 10 名女生，测其身高如下：162，159.5，168，160，157，162，163.4，158.5，170.3，166（单位：厘米）．求高三女生身高 EX 的 0.95 的置信区间．

解 用 X 表示女生身高．问题是不知方差 σ^2，要找 μ 的置信区间．由

(5.13)式知，μ 的 $1-\alpha$ 置信区间的一般形式为

$$\left(\bar{x}-t_\alpha(n-1)\frac{s}{\sqrt{n}},\ \bar{x}+t_\alpha(n-1)\frac{s}{\sqrt{n}}\right).$$

由所给数据，有

$$\bar{x}=\frac{1}{10}(162+159.5+168+160+157+162+163.4+158.5+170.3+166)$$

$$=162.67.$$

$$s^2=\frac{1}{10-1}\sum_{i=1}^{10}(x_i-\bar{x})^2=\frac{1}{9}\left(\sum_{i=1}^{10}x_i^2-10\bar{x}^2\right)=18.43.$$

对于给定的水平 $\alpha=0.05$，查自由度为 9 的 t 分布双侧分位数表，得 $\lambda=2.262$. 于是

$$\bar{x}-t_\alpha(n-1)\frac{s}{\sqrt{n}}=162.67-2.262\sqrt{\frac{18.43}{10}}$$

$$=162.67-2.262\times 1.358=162.67-3.07=159.60.$$

$$\bar{x}+t_\alpha(n-1)\frac{s}{\sqrt{n}}=162.67+3.07=165.74.$$

故得 EX 的置信度为 0.95 的置信区间

$$(159.60,165.74).$$

现将正态总体均值 μ 的区间估计小结如下：设 $X\sim N(\mu,\sigma^2)$

(1) 已知方差 σ^2，找 μ 的置信区间的步骤是：

① 当置信度为 $1-\alpha$ 时，查标准正态分布函数表，使 $1-\Phi(u_{\frac{\alpha}{2}})=\frac{\alpha}{2}$，从而得上侧分位数 $u_{\frac{\alpha}{2}}$；

② 由样本值 $x_1,x_2,\cdots x_n$ 计算出样本均值 $\bar{x}$；

③ 设 $\triangle=u_{\frac{\alpha}{2}}\frac{\sigma}{\sqrt{n}}$，得 μ 的 $1-\alpha$ 置信区间 $(\bar{x}-\triangle,\bar{x}+\triangle)$.

(2) 未知方差，确定 μ 的置信区间的步骤是：

① 当置信度为 $1-\alpha$ 时，查自由度为 $n-1$，水平为 α 的 t 分布双侧分位数表，得 $t_\alpha(n-1)$；

② 由样本值 $x_1,x_2,\cdots,x_n$ 计算出样本均值 $\bar{x}$ 和样本标准差 s；

③ 设 $\triangle = t_\alpha(n-1)\dfrac{S}{\sqrt{n}}$，得 μ 的置信区间 $(\bar{x} - \triangle, \bar{x} + \triangle)$.

三、一个正态总体方差的区间估计

前面讨论了期望 μ 的区间估计，找出了 μ 的置信区间. 但在许多实际问题中，要求对方差 σ^2 进行区间估计，即根据样本找出 σ^2 的置信区间. 这在稳定性与精度问题的研究中有着重要的应用.

例5.12 某自动包装机包装洗衣粉，其重量服从正态分布. 今随机抽查 12 袋，测得重量（单位：克）分别为：

1001，1004，1003，997，999，1000，1004，1000，
996，1002，998，999.

如何估计该包装机所包装的洗衣粉的方差？

解 我们由样本可以算出方差的点估计

$$s^2 = \frac{1}{n-1}\sum_{i=1}^{n}(x_i - \bar{x})^2,$$

它是 σ^2 的无偏估计. 现在要问这个估计值与方差的真值相差多少？这就需要给出方差真值的置信区间.

首先找出 S^2 和 σ^2 的关系，由定理 4.5 知，随机变量

$$W = \frac{(n-1)S^2}{\sigma^2} \sim \chi^2(n-1).$$

对于给定的 α $(0 < \alpha < 1)$，我们可以由 χ^2 分布的上侧分位数表中选出 λ_1，λ_2 $(0 < \lambda_1, \lambda_2 < 1)$，使

$$P\{\lambda_1 < W < \lambda_2\} = 1 - \alpha. \tag{5.14}$$

但 λ_1、λ_2 不是唯一的. 按前面所讲置信区间的一般原则：要求随机变量落在 λ_1 左边与落在 λ_2 右边的概率相等（图 5-3），即

$$P\{W < \lambda_1\} = P\{W > \lambda_2\} = \frac{\alpha}{2}.$$

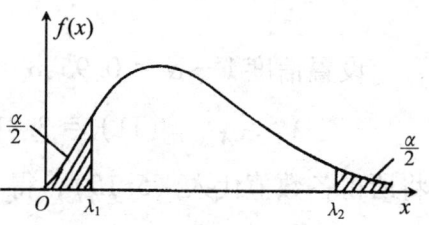

图 5-3

因此有

$$P\{W \geq \lambda_1\} = 1 - \frac{\alpha}{2}, \quad P(W \leq \lambda_2) = \frac{\alpha}{2}.$$

查 $n-1$ 个自由度的 χ^2 分布上侧分位数表（附表4），便可得到 $\lambda_1 = \chi^2_{1-\frac{\alpha}{2}}(n-1)$，$\lambda_2 = \chi^2_{\frac{\alpha}{2}}(n-1)$. 由 (5.14) 可知，

$$\lambda_1 < \frac{(n-1)S^2}{\sigma^2} < \lambda_2$$

也即

$$\frac{(n-1)S^2}{\lambda_2} < \sigma^2 < \frac{(n-1)S^2}{\lambda_1}.$$

换一种写法

$$\frac{\sum_{i=1}^{n}(X_i - \bar{X})^2}{\lambda_2} < \sigma^2 < \frac{\sum_{i=1}^{n}(X_i - \bar{X})^2}{\lambda_1}.$$

因此 σ^2 的置信度为 $1-\alpha$ 的置信区间可以写成

$$\left(\frac{\sum_{i=1}^{n}(X_i - \bar{X})^2}{\chi^2_{\frac{\alpha}{2}}(n-1)}, \frac{\sum_{i=1}^{n}(X_i - \bar{X})^2}{\chi^2_{1-\frac{\alpha}{2}}(n-1)} \right), \tag{5.15}$$

或

$$\left(\frac{(n-1)S^2}{\chi^2_{\frac{\alpha}{2}}(n-1)}, \frac{(n-1)S^2}{\chi^2_{1-\frac{\alpha}{2}}(n-1)} \right). \tag{5.15'}$$

现在我们把例 5.12 的置信区间找出来.

$$\sum_{i=1}^{n} x_i = 12003, \quad \bar{x} = 1000.25,$$

$$\sum_{i=1}^{12}(x_i - \bar{x})^2 = \sum_{i=1}^{12} x_i^2 - 12\bar{x}^2 = 76.25.$$

设置信度 $1-\alpha = 0.95$，$\alpha = 0.05$. 查 χ^2 上侧分位数表，自由度为11，得

$$\lambda_1 = \chi^2_{0.975}(11) = 3.816, \quad \lambda_2 = \chi^2_{0.025}(11) = 21.92.$$

将所得各数值代入 (5.15)，得 σ^2 的 0.95 置信区间是 (3.48, 19.98)；将其两端点数值开平方，得 σ 的 0.95 置信区间 (1.87, 4.47).

作为练习，请读者自己总结求 σ^2 置信区间的步骤.

四、两个正态总体均值差与方差比的区间估计

设某产品的某项质量指标 X 服从正态分布,由于工艺的改进,原材料的不同,设备以及操作人员素质的变化等,都会引起总体均值、方差的变化,实际工作中,往往需要估计这种变化的大小.

1. 两个正态总体均值差的区间估计

设原总体 $X_1 \sim N(\mu_1, \sigma_1^2)$,改变后的总体 $X_2 \sim N(\mu_2, \sigma_2^2)$,两总体相互独立. 两总体各取一个容量分别为 n_1 和 n_2 的样本,样本均值、方差分别记为 $\bar{X}_1$, S_1^2 和 $\bar{X}_2$, S_2^2.

(1) σ_1^2 和 σ_2^2 为已知,均值差 $\mu_1 - \mu_2$ 的区间估计

取 $\bar{X}_1 - \bar{X}_2$ 作为 $\mu_1 - \mu_2$ 的点估计,显然这个估计是无偏的.
有

$$E(\bar{X}_1 - \bar{X}_2) = \mu_1 - \mu_2, \quad D(\bar{X}_1 - \bar{X}_2) = \frac{\sigma_1^2}{n_1} + \frac{\sigma_2^2}{n_2},$$

故

$$U = \frac{(\bar{X}_1 - \bar{X}_2) - (\mu_1 - \mu_2)}{\sqrt{\frac{\sigma_1^2}{n_1} + \frac{\sigma_2^2}{n_2}}} \sim N(0,1).$$

对于已给的置信水平 $1-\alpha$,有

$$P\{-u_{\frac{\alpha}{2}} < U < u_{\frac{\alpha}{2}}\} = 1 - \alpha$$

即

$$P\left\{-u_{\frac{\alpha}{2}} < \frac{\bar{X}_1 - \bar{X}_2 - (\mu_1 - \mu_2)}{\sqrt{\frac{\sigma_1^2}{n_1} + \frac{\sigma_2^2}{n_2}}} < u_{\frac{\alpha}{2}}\right\} = 1 - \alpha$$

于是可得 $\mu_1 - \mu_2$ 的置信度为 $1-\alpha$ 的置信区间

$$\left((\bar{X}_1 - \bar{X}_2) - u_{\frac{\alpha}{2}} \sqrt{\frac{\sigma_1^2}{n_1} + \frac{\sigma_2^2}{n_2}}, \ (\bar{X}_1 - \bar{X}_2) + u_{\frac{\alpha}{2}} \sqrt{\frac{\sigma_1^2}{n_1} + \frac{\sigma_2^2}{n_2}}\right). \tag{5.16}$$

其中 $u_{\frac{\alpha}{2}}$ 是标准正态分布 $\frac{\alpha}{2}$ 水平上侧分位数.

(2) $\sigma_1^2 = \sigma_2^2 = \sigma^2$，但 σ^2 未知，$\mu_1 - \mu_2$ 的区间估计

仍取 $\bar{X}_1 - \bar{X}_2$ 作为 $\mu_1 - \mu_2$ 的估计量，由定理 4.8 可知，

$$T = \frac{(\bar{X}_1 - \bar{X}_2) - (\mu_1 - \mu_2)}{S_W \sqrt{\frac{1}{n_1} + \frac{1}{n_2}}} \sim t(n_1 + n_2 - 2).$$

其中，

$$S_W^2 = \frac{(n_1 - 1)S_1^2 + (n_2 - 1)S_2^2}{n_1 + n_2 - 2}.$$

对于已给的置信水平 $1 - \alpha$，有

$$P\{|T| < t_\alpha\} = 1 - \alpha,$$

即

$$P\left\{-t_\alpha < \frac{(X_1 - X_2) - (\mu_1 - \mu_2)}{S_W \sqrt{\frac{1}{n_1} + \frac{1}{n_2}}} < t_\alpha\right\} = 1 - \alpha$$

从而得到 $\mu_1 - \mu_2$ 的置信度为 $1 - \alpha$ 的置信区间

$$\left(\bar{X}_1 - \bar{X}_2 - t_\alpha(n_1 + n_2 - 2) S_W \sqrt{\frac{1}{n_1} + \frac{1}{n_2}},\ \bar{X}_1 - \bar{X}_2 + t_\alpha(n_1 + n_2 - 2) S_W \sqrt{\frac{1}{n_1} + \frac{1}{n_2}}\right).$$

(5.17)

例 5.13 某大学从该年在 A、B 两市招收的新生中，分别抽查 5 名男生和 6 名男生，测得其身高（单位：厘米）

A 市：172 178 180.5 174 175

B 市：174 171 176.5 168 172.5 170

设两市学生的身高分别服从正态分布 $N(\mu_1, \sigma^2)$ 和 $N(\mu_2, \sigma^2)$，试求 $\mu_1 - \mu_2$ 的置信度为 0.95 的置信区间．

解

$$\bar{X}_1 = 175.9, \qquad s_1^2 = \frac{45.2}{4}.$$

$$\bar{X}_2 = 172, \qquad s_2^2 = \frac{45.5}{5}.$$

$$\bar{X}_1 - \bar{X}_2 = 3.9, \qquad s_W = \sqrt{\frac{45.2 + 45.5}{5 + 6 - 2}} = 3.17.$$

对于给定的 $\alpha = 0.05$，查自由度为 9 的 t 分布双侧分位数表，得

$$t_{0.05}(9) = 2.262.$$

$$t_{0.05}\, s_W \sqrt{\frac{1}{n_1} + \frac{1}{n_2}} = 2.262 \times 3.17 \times 0.61$$

$$= 4.374.$$

由（5.17），得置信区间

$$(3.9 - 4.374,\ 3.9 + 4.374) = (-0.474,\ 8.274).$$

2. 两个正态总体方差比 σ_1^2/σ_2^2 的区间估计

由定理 4.10 知

$$\frac{S_1^2/\sigma_1^2}{S_2^2/\sigma_2^2} \sim F(n_1 - 1, n_2 - 1).$$

于是

$$P\left\{ F_{1-\frac{\alpha}{2}}(n_1 - 1,\ n_2 - 1) < \frac{S_1^2/\sigma_1^2}{S_2^2/\sigma_2^2} < F_{\frac{\alpha}{2}}(n_1 - 1,\ n_2 - 1) \right\} = 1 - \alpha.$$

即

$$P\left\{ \frac{1}{F_{\frac{\alpha}{2}}(n_1 - 1,\ n_2 - 1)} \cdot \frac{S_1^2}{S_2^2} < \frac{\sigma_1^2}{\sigma_2^2} < \frac{1}{F_{1-\frac{\alpha}{2}}(n_1 - 1,\ n_2 - 1)} \cdot \frac{S_1^2}{S_2^2} \right\} = 1 - \alpha.$$

由于

$$F_{1-\frac{\alpha}{2}}(n_2 - 1,\ n_1 - 1) = \frac{1}{F_{\frac{\alpha}{2}}(n_1 - 1,\ n_2 - 1)},$$

所以 $\dfrac{\sigma_1^2}{\sigma_2^2}$ 的置信度为 $1-\alpha$ 的置信区间是

$$\left(\frac{1}{F_{\frac{\alpha}{2}}(n_1 - 1,\ n_2 - 1)} \cdot \frac{S_1^2}{S_2^2},\ F_{\frac{\alpha}{2}}(n_2 - 1,\ n_1 - 1) \cdot \frac{S_1^2}{S_2^2} \right). \tag{5.18}$$

例 5.14 在例 5.13 中，设两市学生身高分别服从正态分布 $N(\mu_1, \sigma_1^2)$ 和 $N(\mu_2, \sigma_2^2)$，求方差比 $\dfrac{\sigma_1^2}{\sigma_2^2}$ 的 0.95 置信区间.

解 由例 5.13 知

$$s_1^2 = \frac{45.2}{4} = 11.3,\quad s_2^2 = \frac{45.5}{5} = 9.1,$$

查 F 分布上侧分位数表，得

$F_{0.025}(4,5)=7.39$, $F_{0.025}(5,4)=9.36$.

故由（5.18）得置信区间

$$\left(\frac{1}{7.39}\cdot\frac{11.3}{9.1},\ 9.36\cdot\frac{11.3}{9.1}\right)=(0.17,\ 11.62).$$

表5.1　正态分布期望与方差的置信区间

待估参数	条件	抽样分布	双侧置信区间
μ	σ^2 已知	$U=\dfrac{\bar{X}-\mu}{\sigma/\sqrt{n}}\sim N(0,1)$	$\left(\bar{X}-u_{\frac{\alpha}{2}}\cdot\dfrac{\sigma}{\sqrt{n}},\ \bar{X}+u_{\frac{\alpha}{2}}\cdot\dfrac{\sigma}{\sqrt{n}}\right)$, $P\{|U|\geq u_{\frac{\alpha}{2}}\}=\alpha$
	σ^2 未知	$T=\dfrac{\bar{X}-\mu}{S/\sqrt{n}}\sim t(n-1)$	$\left(\bar{X}-t_{\alpha}(n-1)\cdot\dfrac{S}{\sqrt{n}},\ \bar{X}+t_{\alpha}(n-1)\cdot\dfrac{S}{\sqrt{n}}\right)$, $P\{|T|\geq t_{\alpha}\}=\alpha$
σ^2		$W=\dfrac{(n-1)S^2}{\sigma^2}\sim\chi^2(n-1)$	$\left(\dfrac{(n-1)S^2}{\chi^2_{\frac{\alpha}{2}}(n-1)},\ \dfrac{(n-1)S^2}{\chi^2_{1-\frac{\alpha}{2}}(n-1)}\right)$
$\mu_1-\mu_2$	σ_1^2,σ_2^2 已知	$U=\dfrac{(\bar{X}_1-\bar{X}_2)-(\mu_1-\mu_2)}{\sqrt{\dfrac{\sigma_1^2}{n_1}+\dfrac{\sigma_2^2}{n_2}}}\sim N(0,1)$	$\left((\bar{X}_1-\bar{X}_2)-u_{\frac{\alpha}{2}}\cdot\sqrt{\dfrac{\sigma_1^2}{n_1}+\dfrac{\sigma_2^2}{n_2}},\right.$ $\left.(\bar{X}_1-\bar{X}_2)+u_{\frac{\alpha}{2}}\cdot\sqrt{\dfrac{\sigma_1^2}{n_1}+\dfrac{\sigma_2^2}{n_2}}\right)$
	已知 $\sigma_1^2=\sigma_2^2=\sigma^2$，但 σ^2 未知	$T=\dfrac{(\bar{X}_1-\bar{X}_2)-(\mu_1-\mu_2)}{S_W\sqrt{\dfrac{1}{n_1}+\dfrac{1}{n_2}}}\sim t(n_1+n_2-2)$, $S_W^2=\dfrac{(n_1-1)S_1^2+(n_2-1)S_2^2}{n_1+n_2-2}$	$\left((\bar{X}_1-\bar{X}_2)-t_{\alpha}(n_1+n_2-2)\cdot S_W\sqrt{\dfrac{1}{n_1}+\dfrac{1}{n_2}},\right.$ $\left.(\bar{X}_1-\bar{X}_2)+t_{\alpha}(n_1+n_2-2)\cdot S_W\sqrt{\dfrac{1}{n_1}+\dfrac{1}{n_2}}\right)$
$\dfrac{\sigma_1^2}{\sigma_2^2}$		$F=\dfrac{S_1^2/\sigma_1^2}{S_2^2/\sigma_2^2}\sim F(n_1-1,n_2-1)$	$\left(\dfrac{1}{F_{\frac{\alpha}{2}}(n_1-1,\ n_2-1)}\cdot\dfrac{S_1^2}{S_2^2},\right.$ $\left.F_{\frac{\alpha}{2}}(n_2-1,\ n_1-1)\cdot\dfrac{S_1^2}{S_2^2}\right)$

习 题 五

1. 设 $X_1, X_2, \cdots, X_n$ 是总体 X 的样本，$\bar{X} = \dfrac{1}{n}\sum\limits_{i=1}^{n} X_i$，$S^2 = \dfrac{1}{n-1}\sum\limits_{i=1}^{n}(X_i - \bar{X})^2$，分别按总体服从下列分布，求 $E(S^2)$.

(1) X 服从均匀分布：$f(x) = \begin{cases} \dfrac{1}{b-a} & a \leq x \leq b, \\ 0 & \text{其他}. \end{cases}$

(2) X 服从泊松分布：$P\{X=x\} = \dfrac{\lambda^x}{x!}e^{-\lambda}$，$\lambda > 0$，$x = 0, 1, 2, \cdots$

(3) X 服从二项分布：$P(X=x) = C_m^x p^x (1-p)^{m-x}$，$x = 0, 1, 2, \cdots m$

2. 设 $X_1, X_2, \cdots, X_n$ 是总体 X 的一个样本，$EX = \mu$. 试证：

$$\widehat{S_0^2} = \dfrac{1}{n}\sum_{i=1}^{n}(X_i - \mu)^2$$ 是总体方差的无偏估计量.

3. 对样本 $X_1, X_2, \cdots, X_n$ 作变换

$$Y_i = m(X_i - a) \quad (a, m \text{ 为常数}, m \neq 0)$$

试证：(1) $\bar{X} = \dfrac{\bar{Y}}{m} + a$；

(2) $S_X^2 = \dfrac{1}{m^2} S_Y^2$.

4. 设 $X_1, X_2, \cdots, X_n$ 是来自总体 X 的一个样本，试证估计量

$$\bar{X} = \dfrac{1}{n}\sum_{i=1}^{n} X_i, \quad W = \sum_{i=1}^{n} a_i X_i \quad (a_i \geq 0 \text{ 为常数}, \sum_{i=1}^{n} a_i = 1)$$ 都是 EX 的无偏估计，且 $\bar{X}$ 的方差不超过 W 的方差.

5. 从某种灯泡的总体中随机抽取 10 个样本，测得其寿命（小时）为
   1520　1483　1827　1654　1631　1483　1411　1660　1540　1987，试求方差的无偏估计.

6. 设 $X_1, X_2, \cdots, X_n$ $(n \geq 2)$ 为正态总体 $N(\mu, \sigma^2)$ 的一个样本，适当选择常数 C，使

$$C\sum_{i=1}^{n-1}(X_{i+1}-X_i)^2$$

为 σ^2 的无偏估计.

7. 设总体 X 的密度函数是

$$f(x;\alpha) = \begin{cases} \alpha x^{\alpha-1}, & 0<x<1, \ \alpha>0, \\ 0, & \text{其他}. \end{cases}$$

$x_1, x_2, \cdots, x_n$ 是取自 X 的一组样本值, 求参数 α 的最大似然估计值.

8. 设总体 X 服从韦布尔分布, 密度函数是

$$f(x;\theta) = \theta\alpha x^{\alpha-1}e^{-\theta x^{\alpha}} \qquad x>0, \ \theta>0, \ \alpha>0$$

其中 α 为已知, $X_1, X_2, \cdots, X_n$ 是来自 X 的样本, 求参数 θ 的最大似然估计量.

9. 设总体 X 服从马克斯韦尔分布, 密度函数是

$$f(x;\alpha) = \begin{cases} \dfrac{4x^2}{\alpha^3\sqrt{\pi}}e^{-(\frac{x}{\alpha})^2}, & x>0, \ \alpha>0, \\ 0, & x\leq 0. \end{cases}$$

$X_1, X_2, \cdots, X_n$ 是总体 X 的样本, 求 α 的最大似然估计量.

10. 已知某电子仪器的使用寿命服从指数分布, 密度函数是

$$f(x;\lambda) = \lambda e^{-\lambda x} \qquad x>0, \ \lambda>0$$

今随机抽取 14 台, 测得寿命数据如下（单位：小时）

  1812 1890 2580 1789 2703 1921 2054
  1354 1967 2324 1884 2120 2304 1480

求 λ 的最大似然估计值.

11. 设总体 X 服从 $[a,b]$ 区间上的均匀分布, $X_1, X_2, \cdots, X_n$ 是总体 X 的一组样本, 求 a 和 b 的最大似然估计量.

12. 设总体 X 的密度函数为

$$f(x;\theta) = \frac{1}{\theta}e^{-\frac{x}{\theta}} \qquad x>0, \ \theta>0$$

问 $\bar{X} = \dfrac{1}{n}\sum\limits_{i=1}^{n}X_i$ 是否为 θ 的无偏估计? 为什么?

13. 求习题 7, 9 中参数的矩估计量和 10 中参数的矩估计值.

14. 对球的直径作了 5 次测量, 测得结果是 6.33 6.37 6.36 6.32 6.37（厘米）, 试求样本均值和样本方差.

15. 在一批螺丝钉中, 随机抽取 16 个, 测其长度（厘米）为:

2.23　2.21　2.20　2.24　2.22　2.25　2.21　2.24
2.25　2.23　2.25　2.21　2.24　2.23　2.25　2.22

设螺丝钉的长度服从正态分布，试求总体均值 μ 的90%置信区间.

(1) 若已知 $\sigma = 0.01$；

(2) 若 σ 未知.

16. 设正态总体方差 σ^2 为已知，问抽取的样本容量 n 应为多大，才能使总体均值 μ 的置信度为0.95的置信区间长不大于 L.

17. 在测量反应时间中，一心理学家估计的标准差是0.05秒，为了以95%的置信度使他的平均反应时间的估计误差不超过0.01秒，应取容量为多大的测量样本？

18. 对某机器生产的滚珠轴承随机抽取196个样本，测得直径的均值为0.826厘米，样本标准差为0.042厘米，求滚珠轴承均值的95%与99%置信区间.

19. 在一批铜丝中，随机抽取9根，测得其抗拉强度为：

578　582　574　568　596　572　570　584　578

设抗拉强度服从正态分布，求 σ^2 的置信度为0.95的置信区间.

20. 求习题14的期望与方差的0.90置信区间（设总体服从正态分布）.

21. 为比较 A 牌与 B 牌灯泡的寿命，随机抽取 A 牌灯泡10只，测得平均寿命 $\bar{X}_A = 1400$ 小时，样本标准差 $S_A = 52$ 小时；随机抽取 B 牌灯泡8只，测得平均寿命 $\bar{X}_B = 1250$ 小时，样本标准差 $S_B = 64$ 小时. 设两总体都服从正态分布，且方差相等，求两总体均值差 $\mu_A - \mu_B$ 的95%置信区间.

22. 从两正态总体 X、Y 中分别抽取容量为16和10的两个样本，求得 $\sum_{i=1}^{16}(x_i - \bar{x})^2 = 380$，$\sum_{j=1}^{10}(y_j - \bar{y})^2 = 180$. 试求方差比 $\dfrac{\sigma_X^2}{\sigma_Y^2}$ 的95%置信区间.

*23. 设总体 X 的期望为 μ，方差为 σ^2，分别抽取容量为 n_1、n_2 的两个独立随机样本，$\bar{X}_1$，$\bar{X}_2$ 为两个样本的均值，试证：如果 a, b 是满足 $a+b=1$ 的常数，则 $Y = a\bar{X}_1 + b\bar{X}_2$ 就是 μ 的无偏估计量，并确定 a, b，使 DY 最小.

*24. 设总体 X、Y 相互独立，且 $X \sim N(\mu_1, \sigma^2)$，$Y \sim N(\mu_2, \sigma^2)$，从中分别抽取容量为 n_1，n_2 的简单随机样本，记 S_1^2，S_2^2 为样本方差，试证：当常数 a, b 满足 $a+b=1$ 时，$Z = aS_1^2 + bS_2^2$ 是 σ^2 的无偏估计量，并确定 a, b，使 DZ 最小.

*第六章 假设检验

§6.1 问题的提法

上一章讨论了对总体分布中未知参数的估计方法,本章将介绍统计推断中另一类重要问题——假设检验.

设总体 X 的分布函数 $F(x,\theta)$ 的形式已知,但是其中参数 θ 未知. 现对未知参数 θ 提出假设:"θ_0 为其真值",试问,如何根据样本的信息来对这个假设作检验:是否定还是接受这个假设呢?例如,已知样本来自正态总体 $N(\mu,\sigma^2)$,μ 未知. 问是否有理由认为它是来自均值为 μ_0 的正态总体呢?换一种说法:"假设"它来自均值为 μ_0 的总体 $N(\mu_0,\sigma^2)$,问如何利用样本信息来检验上述"假设"的真伪?这类问题称为参数的假设检验.

设总体分布函数的表达形式未知,现假设它的分布函数为某个指定函数 $F_0(x)$,问怎样利用样本信息来对假设作出成立与否的判断?这类问题称为非参数假设检验.

本章主要讲正态总体参数的假设检验问题,最后介绍一种非参数检验.

一、假设检验基本问题的提法

下面通过例题来说明这个问题.

例 6.1 用精确方法测量某化工厂排放的气体中,有害气体的含量服从正态分布 $N(23,2^2)$. 今用一简便方法测定 6 次,所得数据为 23,21,19,24,18,18(单位:十万分之一). 问用简单方法测量有害气体的含量是否有系统偏差?

设 X 表示用简单方法测量的有害气体的含量，显然 X 是一随机变量，现在的问题是：如何根据 6 个观测值，判断等式"$EX=23$"成立与否？

例 6.2 用传统工艺加工的红果罐头，每瓶平均维生素 C 的含量为 19 毫克．现改进加工工艺，抽查 16 瓶罐头，测得 V_C 含量为

23 20.5 21 22 20 22.5 19 20 23

20.5 18.8 20 19.5 22 18 23（毫克）．

若假定新工艺的方差（1）$\sigma^2=4$ 为已知；（2）σ^2 未知，问新工艺下 V_C 的含量是否比旧工艺下含量高？

若用 X 表示新工艺下生产罐头的 V_C 含量，X 是一随机变量．问题就化为：如何根据样本判断不等式"$EX\leqslant19$"是否成立．

例 6.3 某纺织厂生产的纱线，其强力服从正态分布，为比较甲、乙两地生产的棉花所纺纱线的强力，各抽取 7 个和 8 个样品进行测量，得数据如下（单位：千克）

甲地：1.55 1.47 1.52 1.60 1.43 1.53 1.54．

乙地：1.42 1.49 1.46 1.34 1.38 1.54 1.38 1.51．

问这两种棉花所纺纱线的强力有无显著差异？其强力的方差有无显著差异？

用 X 表示甲地棉花所纺纱线的强力，Y 表示乙地棉花所纺纱线的强力，问题就化为如何判断等式"$EX=EY$"成立与否，"$DX=DY$"成立与否．

例 6.4 总体 X 服从何种分布未知，现假设"$X\sim N(\mu,\sigma^2)$"，问如何根据样本来判断这个假设是否成立？

上面四个例子提出的问题不同，前三个是总体分布的形式已知，但含未知参数．判断关于未知参数的假设是否成立，属**参数检验**．例 6.4 是对总体分布函数进行检验，属**非参数检验**．

例 6.1、例 6.2 是关于一个随机变量参数的检验，叫做一个总体的参数检验．例 6.3 涉及的是两个随机变量，叫两个总体的参数检验．

统计假设简称假设，通常用字母"H"来表示．如果关于总体有两个两者必居其一的假设 H_0 和 H_1：要么 H_0 成立而 H_1 不成立，要么 H_1 成立而 H_0 不成立．习惯上，把其中的一个称做**原假设**（**基本假设或零假设**），而把另一个称做**对立假设或备择假设**．一般以 H_0 表示原假设，以 H_1 表示其备择假设．如例 6.1 中的原假设和备择假设可以分别写作"$H_0: \mu=23$，$H_1: \mu\neq 23$"．在两个

两者必居其一的假设中，关于原假设和备择假设的划分并不是绝对的．在处理具体问题时，通常把着重考察并且便于处理的假设作为原假设．

二、假设检验的基本思想

前面提出了各种不同的假设，如何对这些假设进行检验，判断其真伪呢? 下面通过对例6.1的检验，来说明假设检验的基本思想——小概率原理．

例6.1中，有害气体含量的测量结果 X 服从正态分布，且方差为4，即 $X \sim N(\mu, 2^2)$，现在对参数 μ 提出待检验假设

$$H_0: \mu = 23, \quad H_1: \mu \neq 23$$

如果这一假设成立，则有 $X \sim N(23, 2^2)$．$X_1, X_2, \cdots, X_6$ 是 X 的一个样本，则

$$\bar{X} = \frac{1}{6}(X_1 + X_2 + \cdots + X_6) \sim N\left(23, \frac{4}{6}\right).$$

考虑统计量

$$U = \frac{\bar{X} - 23}{2/\sqrt{6}} \sim N(0, 1).$$

于是

$$P\left\{\left|\frac{\bar{X} - 23}{2/\sqrt{6}}\right| > u_{\frac{\alpha}{2}}\right\} = \alpha.$$

取 $\alpha = 0.05$，查正态函数表，得 $u_{\frac{\alpha}{2}} = 1.96$，即

$$P\left\{\left|\frac{\bar{X} - 23}{2/\sqrt{6}}\right| > 1.96\right\} = 0.05.$$

说明 $\{|U| > 1.96\}$ 是一个小概率事件，它在100次独立重复试验中平均只能出现5次，故在一次试验中，实际上不可能出现．

对于上面的例子，$\bar{X} = 20.5$，$|U| = 3.06 > 1.96$，即小概率事件 $\{|U| > 1.96\}$ 在一次试验中发生了，这是不合情理的．究其原因，只能是由假设"$\mu = 23$"造成的，因而不能接受这一假设，也就是说，不能认为用简便方法测量无系统偏差．

从上面的例子可以看出假设检验的推理方法和步骤：先假定所作假设 H_0 成立，然后找出一个在假设 H_0 成立条件下出现可能性甚小的小概率事件，如果试验或抽样的结果导致该事件发生，则表明假设有问题，应予以否定，即拒绝接受这个假设，否则不能拒绝原来的假设，这时称假设与试验结果是相容的．

小概率原理是认为小概率事件在一次试验中实际上不会发生，并且若小概率事件在一次试验中发生了，就被认为不合理，判原来假设不成立．假设检验用了反证法的思想，但它又不同于纯数学中的反证法，因为这里的"不合理"不是形式逻辑中的绝对矛盾，可以说，它是带有"概率性质的反证法"．

三、显著性水平与拒绝域

小概率原理关于"小概率"的值并没有统一规定，因为这不是理论问题，而是实际问题．通常根据实际问题的要求，规定一个界限 $\alpha(0<\alpha<1)$，当一个事件的概率不大于 α 时，即认为它是小概率事件．在假设检验问题中，α 称做**显著性水平**，通常取 $\alpha=0.10,0.05,0.01,0.005,0.001,\cdots$

拒绝原假设 H_0 的区域称为**否定域**或**拒绝域**，例 6.1 中的拒绝域是 $\left|\dfrac{\overline{X}-23}{2/\sqrt{6}}\right|>1.96$，即 $(-\infty,-1.96)\cup(1.96,+\infty)$，其显著性水平为 0.05．

拒绝域与 α 有关，根据不同的 α，查表得到不同的 $u_{\frac{\alpha}{2}}$，记 $\lambda=u_{\frac{\alpha}{2}}$，称为**临界值**．

如果根据样本值计算出的统计量的值落入拒绝域，则认为假设不成立，即在显著水平 α 下拒绝 H_0，否则认为在显著水平 α 下，H_0 与试验结果相容（或接受 H_0）．

例 6.1 中的原假设是 $H_0:\mu=23$，备择假设是 $H_1:\mu\neq 23$ 的形式．这类假设检验的拒绝域位于接受域的两侧（图 6-1），

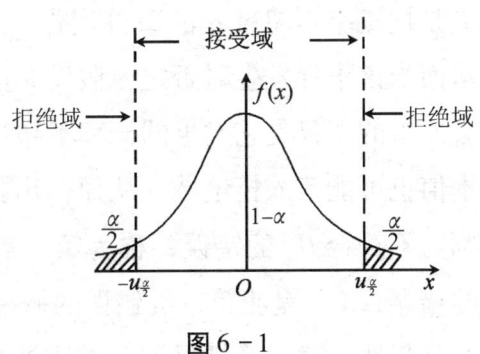

图 6-1

称为**双侧**(或**双边**)假设检验.

例 6.2 中提出的原假设的形式是 H_0: $\mu \leqslant 19$,备择假设为 H_1: $\mu > 19$. 称这类假设检验为**单侧**(或**单边**)假设检验,它的拒绝域在接受域的一侧(图 6-2).

最后将假设检验的一般步骤归纳如下:

(1) 提出原假设 H_0,备择假设 H_1;

(2) 选择检验的统计量并找出在假设 H_0 成立的条件下,该统计量所服从的概率分布;

(3) 根据所给的显著水平 α,查概率分布临界值表,找出检验统计量的临界值 λ,并确定拒绝域;

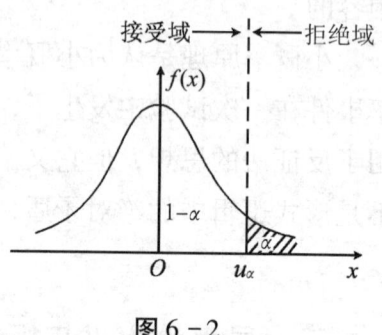

图 6-2

(4) 用样本值计算统计量的值,将其与临界值比较,根据比较结果,确定样本值是否落入拒绝域,最后对 H_0 作出结论.

由于正态随机变量的普遍性和重要性,我们下面将分别讨论一个正态总体和两个正态总体的假设检验问题.

四、假设检验的两类错误

统计推断方法是由样本推断总体,也就是由局部推断整体,因而所作结论不能保证绝对不犯错误,而只能以较大概率来保证其可靠性. 检验水平 α 的意义是把概率不超过 α 的事件当作一次试验中实际不会发生的"小概率事件",从而当该事件发生时否定原假设. 但在一次试验中,小概率事件并不是绝对不会发生的,只是它发生的概率不超过 α 而已,也就是说,在原假设成立时,样本值也可能落入拒绝域,从而作出拒绝的判断,这种把客观上符合假设 H_0 而判为不符合 H_0 的错误,称为**第一类错误**,它是:"以真为假"或称"弃真"的错误,α 就是犯第一类错误的概率的最大允许值.

当然,我们希望犯第一类错误的概率小些,因此只要使 α 小些. 但此时还应注意另一个问题,即当原假设 H_0 不成立时,而样本值却落入了接受域,从而作出接受的结论. 也就是说, 把不符合 H_0 的总体当成符合 H_0 的总体加以接受, 这种错误称为第二类错误, 它是"以假为真"或称"纳伪"的错误. 显著性水平 α 越小, 拒绝域就越小, 从而接受域就变大, 犯第二类错误的概率也就越大. 一般用 β 表示犯第二类错误的概率.

人们自然希望犯两类错误的概率同时都很小. 但当样本容量 n 一定时, α 小, β 就大, β 小, α 就大, 不能做到 α、β 同时非常小. 下面通过图形加以说明.

当 $H_0: \mu = \mu_0$ 成立时,
$$U = \frac{\bar{X} - \mu_0}{\sigma/\sqrt{n}} \sim N(0,1).$$

当 $H_0: \mu = \mu_0$ 不成立时($\mu \neq \mu_0$), 不妨设 $\mu > \mu_0$
$$U' = \frac{\bar{X} - \mu_0}{\sigma/\sqrt{n}} \sim N\left(\frac{\mu - \mu_0}{\sigma/\sqrt{n}}, 1\right)$$

此时 U' 与 U 的图像形状一样, 只是向右移动了 $\triangle = \dfrac{\mu - \mu_0}{\sigma/\sqrt{n}}$ 个单位.

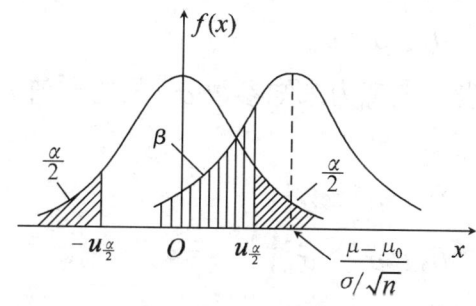

拒绝域→|←接受域→|←拒绝域

图 6-3

从图 6-3 可以看出, 当 α 小时, $u_{\frac{\alpha}{2}}$ 向右移动, 从而 β 变大. 反之, 若要 β 小, $u_{\frac{\alpha}{2}}$ 必须向左移动, 此时 α 又会增大.

对于固定的 α, 可以通过增大样本容量 n 来减小 β. 因为 n 增大, $\triangle$ 也会变大, 从而图 6-3 右边的正态曲线就向右移, 又临界值 $u_{\frac{\alpha}{2}}$ 保持不动, 故表示 β 的阴影部分就会缩小, 也就是说犯第二类错误的概率减小. 因此, 在实际工作中, 样本容量不能太小, n 不能小于 5, 否则 β 就会很大, 最好 $n \geq 10$. 总之，n 越大越好．

在实际应用中，人们通常只注意控制犯第一类错误的概率．当显著水平 α 给定，犯第一类错误的概率上界也就确定了．但对 β 情况却不同，我们难以知道它的大小．从图 6-3 来看，β 的大小与右边的正态曲线的确切位置有关．

究竟 α 取多大合适，没有严格的统一标准，要视两种错误发生的严重性而定．如第一类错误发生所造成的后果较严重，则 α 应取小些；若第二类错误发生造成的不利程度大，则 α 可取得大些．一般 α 取 0.05，有时也取 0.01 或 0.1．

§6.2 一个正态总体的假设检验

一个正态总体的检验，即关于正态总体的数学期望和方差的假设检验．设 $X \sim N(\mu, \sigma^2)$，$X_1, X_2, \cdots, X_n$ 是来自 X 的样本，$\bar{X}$ 和 S^2 相应为样本均值和样本方差．关于总体数学期望 μ 的假设，表现为未知参数 μ 和给定值 μ_0 的比较，有三种形式：

$H_0: \mu = \mu_0, \quad H_1: \mu \neq \mu_0;$

$H_0: \mu \leq \mu_0, \quad H_1: \mu > \mu_0;$

$H_0: \mu \geq \mu_0, \quad H_1: \mu < \mu_0.$

关于总体方差 σ^2 的假设，表现为未知参数 σ^2 与给定值 σ_0^2 的比较，也有三种形式：

$H_0: \sigma^2 = \sigma_0^2, \quad H_1: \sigma^2 \neq \sigma_0^2;$

$H_0: \sigma^2 \leq \sigma_0^2, \quad H_1: \sigma^2 > \sigma_0^2;$

$H_0: \sigma^2 \geq \sigma_0^2, \quad H_1: \sigma^2 < \sigma_0^2.$

关于 μ 的假设检验，区分总体方差 σ^2 已知和未知两种情况：当 σ^2 已知时，使用 U 检验；当 σ^2 未知时，使用 t 检验．关于 σ^2 的假设检验，使用 χ^2 检验．

一、已知方差 σ^2，关于期望 μ 的假设检验

1. $H_0: \mu = \mu_0, H_1: \mu \neq \mu_0$

例 6.5 某百货商场的日销售额服从正态分布，去年的日均销售额为 53.6

(万元),方差为 6^2,今年随机抽查了 10 个日销售额,分别是

57.2 57.8 58.4 59.3 60.7 71.3 56.4 58.9 47.5 49.5.

根据经验,方差没有变化,问今年的日均销售额与去年相比有无显著变化? $\alpha = 0.05$.

解 待检验的假设是

$$H_0: \mu = 53.6, \quad H_1: \mu \neq 53.6.$$

在假设 H_0 真实的情形下,统计量服从标准正态分布. 即

$$U = \frac{\bar{X} - 53.6}{6/\sqrt{10}} \sim N(0,1).$$

根据显著水平 $\alpha = 0.05$,由标准正态分布表可见 $P\{|U| \geq 1.96\} = 0.05$,即拒绝域为 $V = \{|U| > 1.96\}$.

根据样本值计算 $\bar{x} = 57.7$,

$$U = \frac{57.7 - 53.6}{6/\sqrt{10}} = 2.16.$$

由于 $|U| = 2.16 > 1.96$,故拒绝原假设,也就是说,今年的日均销售额与去年不同.

检验步骤 现将假设 $H_0: \mu = \mu_0$ 的检验步骤归纳如下:

(1) 提出待检验的假设 $H_0: \mu = \mu_0$,$H_1: \mu \neq \mu_0$;

(2) 选取统计量 $U = \dfrac{\bar{X} - \mu_0}{\sigma/\sqrt{n}}$,在 H_0 成立条件下,$U \sim N(0,1)$;

(3) 根据检验的显著性水平 $\alpha (0 < \alpha < 1)$,查正态分布表得临界值 $u_{\frac{\alpha}{2}}$,即

$$P\{|U| > u_{\frac{\alpha}{2}}\} = \alpha,$$

从而确定出拒绝域

$$\left|\frac{\bar{X} - \mu_0}{\sigma/\sqrt{n}}\right| > u_{\frac{\alpha}{2}};$$

(4) 计算统计量 U,若 $|U| > u_{\frac{\alpha}{2}}$,则拒绝 H_0,否则 H_0 相容.

2. $H_0: \mu \leq \mu_0$,$H_1: \mu > \mu_0$

例 6.6 同例 6.2,设 $\alpha = 0.05$,$\sigma^2 = 4$.

解 这里需要检验的假设是

$$H_0: \mu \leq 19, \quad H_1: \mu > 19.$$

仿照1，取统计量

$$U = \frac{\bar{X} - 19}{\sigma/\sqrt{n}}.$$

但与**1**不同的是，在 H_0 真实的情形下，U 的分布不能确定．由题设知

$$U' = \frac{\bar{X} - \mu}{\sigma/\sqrt{n}} \sim N(0,1),$$

U' 中含有未知参数 μ，无法计算 U' 的值．但我们发现，当 H_0 成立时，$U \leq U'$，因而事件

$$\{U > u_\alpha\} \subset \{U' > u_\alpha\},$$

故

$$P\{U > u_\alpha\} \leq P\{U' > u_\alpha\}.$$

在 H_0 真实的前提下，由

$$P\left\{\frac{\bar{X} - \mu}{\sigma/\sqrt{n}} > u_\alpha\right\} = \alpha,$$

可知

$$P\left\{\frac{\bar{X} - 19}{\sigma/\sqrt{n}} > u_\alpha\right\} \leq \alpha.$$

即当 α 很小时，事件 $\left\{\dfrac{\bar{X} - 19}{\sigma/\sqrt{n}} > u_\alpha\right\}$ 比 $\left\{\dfrac{\bar{X} - \mu}{\sigma/\sqrt{n}} > u_\alpha\right\}$ 的概率更小，故在显著性水平 α 下，是一个小概率事件，因而，

$$V = \left\{\frac{\bar{X} - 19}{\sigma/\sqrt{n}} > u_\alpha\right\}$$

是 $H_0: \mu \leq 19$ 的拒绝域．查正态分布函数表，知 $u_\alpha = 1.64$．由于

$$U = \frac{\bar{X} - 19}{\sigma/\sqrt{n}} = \frac{20.8 - 19}{2/\sqrt{16}} = 3.6 > 1.64,$$

可见应拒绝原假设 $\mu \leq 19$，而接受备择假设 $\mu > 19$．

检验步骤 现在由例6.6归纳出假设 $H_0: \mu \leq \mu_0$ 的检验的一般步骤：

(1) 提出假设 $H_0: \mu \leq \mu_0$，$H_1: \mu > \mu_0$；

(2) 取统计量 $U = \dfrac{\bar{X} - \mu_0}{\sigma/\sqrt{n}}$ （注意：U 不一定服从标准正态分布），当 H_0 成立时，有

$$P\left\{\dfrac{\bar{X} - \mu_0}{\sigma/\sqrt{n}} > u_\alpha\right\} \leq P\left\{\dfrac{\bar{X} - \mu}{\sigma/\sqrt{n}} > u_\alpha\right\} = \alpha \;^{*)};$$

(3) 由选定的显著水平 α，查正态分布表得 u_α，由于

$$P\left\{\dfrac{\bar{X} - \mu_0}{\sigma/\sqrt{n}} > u_\alpha\right\} \leq \alpha,$$

取拒绝域

$$V = \left\{\dfrac{\bar{X} - \mu_0}{\sigma/\sqrt{n}} > u_\alpha\right\};$$

(4) 计算统计量 U 的值，若 $U > u_\alpha$，则拒绝 H_0.

此检验的拒绝域是用统计量 U 构造的，故称之为 U 检验.

同理可得，假设 $H_0: \mu \geq \mu_0$ 显著水平为 α 的拒绝域为

$$V = \left\{\dfrac{\bar{X} - \mu_0}{\sigma/\sqrt{n}} < -u_\alpha\right\},$$

具体的推导过程请读者自己完成.

在例 6.6 中，原假设是 $H_0: \mu \leq 19$，备择假设是 $H_1: \mu > 19$，原假设和备择假设是否可以互换呢？也即如何提原假设好呢？例中问的是新工艺的 V_c 含量是否比老工艺的含量高，原解中的假设是 $H_0: \mu \leq 19$，结果拒绝了 H_0，就是说新工艺的 V_c 含量比老工艺高，得到了所希望的结论. 这样拒绝原假设所犯的错误的概率是一个不超过 α 的小概率事件，因而理由是充分的. 但若把 $\mu > 19$ 取作原假设，这时结论错误的概率为犯第二类错误的概率 β. 一方面 β 的大小难以掌握，另一方面接受的理由也不充分. 在进行单边检验时，提假设应注意

---

*) 因为 $U' = \dfrac{\bar{X} - \mu}{\sigma/\sqrt{n}} \sim N(0,1)$，所以 $P\{U' > u_\alpha\} = \alpha$.

两点：一是要所答是所问，不能所答非所问；二是把等号放在原假设里．若在例 6.6 中，把原假设改为 $H_0: \mu < 19$，$H_1: \mu \geq 19$．检验结果否定了原假设，接受了备择假设，说明 V_c 含量不低于 19，不是题里所要求回答的问题，即所答非所问．

二、未知方差 σ^2，关于期望 μ 的假设检验

在实际工作中，方差往往是不知道的．所以未知方差 σ^2，关于期望 μ 的检验显得更为重要．

1. $H_0: \mu = \mu_0$，$H_1: \mu \neq \mu_0$

因为 σ^2 未知，自然想到利用它的无偏估计量 S^2 来代替，从而考虑统计量

$$T = \frac{\bar{X} - \mu_0}{S/\sqrt{n}}.$$

当 H_0 成立时

$$T \sim t(n-1).$$

对给定的 α，查 t 分布的分位数表，得统计量 T 的临界值 t_α．

$$P\{|T| > t_\alpha\} = \alpha,$$

从而得拒绝域

$$V = \left\{ \left| \frac{\bar{X} - \mu_0}{S/\sqrt{n}} \right| > t_\alpha \right\}.$$

根据样本值计算统计量 T 的值，若 $|T| > t_\alpha$，则拒绝 H_0，否则接受 H_0．由于此检验的拒绝域是利用统计量 T 构造的，故常称之为 t 检验．

例 6.7 以往一台机器生产的垫圈的平均厚度为 0.050 厘米，为了检查这台机器是否处于正常工作状态，现抽取 10 个垫圈的一组样本，测得其平均厚度为 0.053 厘米，样本方差为 0.0032^2，在显著水平（1）$\alpha = 0.05$，（2）$\alpha = 0.01$ 下，检验机器是否处于正常工作状态．

解 提出原假设和备择假设

$$H_0: \mu = 0.050, \quad H_1: \mu \neq 0.050.$$

取统计量

$$T = \frac{\overline{X} - 0.050}{S/\sqrt{n}}.$$

(1) 当 $\alpha = 0.05$ 时，查 t 分布分位数表，得

$$t_{0.05}(9) = 2.262.$$

由给定的样本均值与样本均方差，计算统计量，

$$|T| = \frac{0.053 - 0.050}{0.0032} \cdot \sqrt{10} = 2.96 > 2.262.$$

从而拒绝 H_0，即在显著水平 $\alpha = 0.05$ 下，认为机器工作状态不正常．

(2) 当 $\alpha = 0.01$ 时，$t_{0.01}(9) = 3.250$，

$$|T| = 2.96 < 3.250.$$

从而认为 H_0 是相容的，即不能认为机器工作不正常．

例 6.7 是在 0.05 的显著水平下拒绝 H_0，而在 0.01 显著水平下又接受了 H_0，对这种情况的处理，一般是再取样本检验，否则就拒绝 H_0，即要对机器进行适当调整才能再工作．

2. $H_0: \mu \leq \mu_0, \quad H_1: \mu > \mu_0$

仿照 1，自然想到取统计量

$$T = \frac{\overline{X} - \mu_0}{S/\sqrt{n}}.$$

可是 T 的分布不知道（注意：在假设 $\mu = \mu_0$ 成立的条件下，T 服从 t 分布，此处的假设是 $\mu \leq \mu_0$，故统计量 T 不一定服从 t 分布）．显然，在 H_0 成立条件下，

$$T' = \frac{\overline{X} - \mu}{S/\sqrt{n}}$$

服从 t 分布，且有 $T \leq T'$，$\{T > \lambda\} \subset \{T' > \lambda\}$，故

$$P\left\{\frac{\overline{X} - \mu_0}{S/\sqrt{n}} > t_{2\alpha}\right\} \leq P\left\{\frac{\overline{X} - \mu}{S/\sqrt{n}} > t_{2\alpha}\right\}.$$

由于 T' 服从自由度为 $n-1$ 的 t 分布，可见

$$P\left\{\frac{\bar{X}-\mu}{S/\sqrt{n}} > t_{2\alpha}(n-1)\right\} = \alpha.$$

其中 $t_{2\alpha}(n-1)$ 是自由度为 $n-1$ 的 t 分布,显著性水平为 2α 的上侧分位数,于是

$$P\left\{\frac{\bar{X}-\mu_0}{S/\sqrt{n}} > t_{2\alpha}(n-1)\right\} \leq \alpha.$$

所以 H_0 的显著性水平 2α 的拒绝域为

$$V = \left\{\frac{\bar{X}-\mu_0}{S/\sqrt{n}} > t_{2\alpha}(n-1)\right\}.$$

把样本值代入,计算统计量 $T = \dfrac{\bar{x}-\mu_0}{S/\sqrt{n}}$ 的值,若 $T > t_{2\alpha}(n-1)$,则拒绝 H_0,否则 H_0 相容.

例 6.8 某厂生产的缆绳,其抗拉强度的均值为 10600 千克,今改进工艺后,生产一批缆绳,抽取 10 根,测得抗拉强度(千克/cm^2)为:

10533 10641 10688 10572 10793

10729 10600 10683 10721 10570.

认为抗拉强度服从正态分布. 当显著水平 $\alpha=0.05$ 时,问新生产的缆绳的抗拉强度是否比过去生产缆绳的抗拉强度要高.

解 需要检验假设是

$$H_0: \mu \leq 10600, \quad H_1: \mu > 10600.$$

使用统计量

$$T = \frac{\bar{X}-10600}{S/\sqrt{10}}.$$

这里,显著水平 $\alpha=0.05$,自由度为 $10-1=9$. 查 t 分布分位数表(附表 5),知 $t_{0.1}(9)=1.833$.

因此,当显著性水平 $\alpha=0.05$ 时,H_0 的拒绝域为

$$V = \left\{\frac{\bar{X}-10600}{S/\sqrt{10}} > 1.833\right\}.$$

由样本值算得 $\bar{x} = 10653$, $s^2 = \dfrac{62928}{9}$,

$$T = \dfrac{10653 - 10600}{83.62/\sqrt{10}} = 2.004 > 1.833.$$

所以拒绝 H_0, 即认为抗拉强度有明显提高.

检验步骤请读者作为练习写出来. 关于检验假设 $H_0: \mu \geq \mu_0$ 的拒绝域的推导和检验步骤也请读者完成.

三、未知期望 μ, 关于方差 σ^2 的假设检验

方差是随机变量的一个重要数字特征, 它反映了随机变量取值的分散程度. 在生产实践和科学试验中, 往往需要了解生产或试验的稳定性、精确性等. 这就需要考查方差的变化, 也就是要对方差进行假设检验. 我们仍分双边检验和单边检验两种情况来加以讨论.

1. 期望 μ 未知, 检验假设 $H_0: \sigma^2 = \sigma_0^2$, $H_1: \sigma^2 \neq \sigma_0^2$

例 6.9 某炼铁厂铁水的含碳量 X, 在正常情况下服从正态分布, 现对操作工艺进行了某些改变, 从中抽取 7 炉铁水的试样, 测得含碳量数据如下:
4.421   4.052   4.357   4.394   4.326   4.287   4.683. 问是否可以认为新工艺炼出的铁水含碳量的方差仍为 0.112^2 ($\alpha = 0.05$).

解 待检验的假设是

$$H_0: \sigma^2 = 0.112^2, \quad H_1: \sigma^2 \neq 0.112^2$$

检验应基于 σ^2 与 σ_0^2 的比较. 由于总体方差 σ^2 未知, 而样本方差 S^2 是方差 σ^2 的无偏估计, 所以检验应基于 S^2 与 σ_0^2 的比较: S^2 与 σ_0^2 之比不应太大或太小, 否则就应拒绝 H_0.

由定理 4.5 可知, 若 H_0 成立, 统计量

$$W = \dfrac{(n-1)S^2}{\sigma_0^2} = \dfrac{\sum_{i=1}^{n}(X_i - \bar{X})^2}{\sigma_0^2}$$

服从 $n-1$ 个自由度的 χ^2 分布，即

$$W = \frac{(n-1)S^2}{\sigma_0^2} \sim \chi^2(n-1).$$

因此选 W 做检验统计量．根据 W 的分布，确定两个实数 λ_1 和 λ_2，使之满足

$$P\{W < \lambda_1\} = 0.025,$$
$$P\{W > \lambda_2\} = 0.025.$$

由 χ^2 分布分位数表知

$$\lambda_1 = \chi^2_{0.975}(6) = 1.237,$$
$$\lambda_2 = \chi^2_{0.025}(6) = 14.449.$$

根据所给的样本值，计算统计量 W 的值：

$$\bar{x} = 4.36, \quad \sum_{i=1}^{7}(x_i - \bar{x})^2 = 0.2106,$$
$$W = \frac{0.2106}{0.112^2} = 16.79.$$

因为 $W = 16.79 > 14.449$，所以拒绝 H_0，即不能认为方差仍是 0.112^2．

现总结一下未知期望时，假设 $H_0: \sigma^2 = \sigma_0^2$ 的检验步骤：

(1) 提出待检验的假设 $H_0: \sigma^2 = \sigma_0^2$，$H_1: \sigma_1^2 \neq \sigma_0^2$．

(2) 选择统计量 $W = \dfrac{(n-1)S^2}{\sigma_0^2}$．

(3) 在 H_0 成立条件下，$W \sim \chi^2(n-1)$，

对规定的显著性水平 α，查 χ^2 分布分位数表，找出统计量 W 的下、上两个临界值 λ_1、λ_2，使之满足

$$P\{W < \lambda_1\} = \frac{\alpha}{2}, \qquad P\{W > \lambda_2\} = \frac{\alpha}{2}.$$

(4) 根据给定的样本值，计算统计量 W 的值，并作出相应判断：

若 $\lambda_1 < W < \lambda_2$，则 H_0 相容；否则拒绝 H_0．

2. 未知期望 μ，检验假设 $H_0: \sigma^2 \leq \sigma_0^2$，$H_1: \sigma^2 > \sigma_0^2$

这种情况在实际应用中比前一种显得更为重要．在生产中为了提高加工精度而改进工艺，改进了工艺以后，精度是否提高了？需要检验．另外在生产过

程中,为了解加工精度有无变化,需进行抽样检查,对抽得的样本计算样本方差 S^2,如发现 S^2 较 σ_0^2 大,可以检验假设 $H_0: \sigma^2 \leq \sigma_0^2$,经过检验,若拒绝 H_0,则说明精度变差了,需要停机检修.

现在来分析一下解决问题的办法. 设 $X_1, X_2, \cdots, X_n$ 是总体 $X \sim N(\mu, \sigma^2)$ 的样本,要检验假设

$$H_0: \sigma^2 \leq \sigma_0^2, \quad H_1: \sigma^2 > \sigma_0^2$$

为构造 H_0 的显著水平为 α 的拒绝域,我们利用关系式

$$P\left\{\frac{(n-1)S^2}{\sigma_0^2} > \lambda\right\} \leq P\left\{\frac{(n-1)S^2}{\sigma^2} > \lambda\right\}.$$

这表明若事件 $\left\{\frac{(n-1)S^2}{\sigma^2} > \lambda\right\}$ 是一个"小概率事件",则事件 $\left\{\frac{(n-1)S^2}{\sigma_0^2} > \lambda\right\}$ 也是一个"小概率事件". 查显著水平为 α、自由度为 $n-1$ 的 χ^2 分布分位数表,得统计量 $W_0 = \frac{(n-1)S^2}{\sigma_0^2}$ 的临界值 $\chi_\alpha^2(n-1)$. 如果根据所给样本值 $x_1, x_2, \cdots, x_n$ 计算,得

$$\frac{(n-1)s^2}{\sigma_0^2} = \frac{\sum_{i=1}^n (x_i - \bar{x})^2}{\sigma_0^2} > \chi_\alpha^2(n-1),$$

则拒绝原假设 $H_0: \sigma^2 \leq \sigma_0^2$,否则认为假设是相容的.

例 6.10 某洗衣粉包装机,在正常工作情况下,每袋标准重量为 1000 克,标准差 σ 不能超过 15 克. 假设每袋洗衣粉的净重服从正态分布. 某天为检查机器工作是否正常,从已装好的袋中,随机抽查 10 袋,测其净重(克)为:

1020 1030 968 994 1014 998 976 982 950 1048.

问这天机器工作是否正常($\alpha = 0.05$)?

解 设 X 为洗衣粉净重, $X \sim N(\mu, \sigma^2)$,现需要检验假设

(1) $H_0: \mu = 1000$,

(2) $H_0: \sigma^2 \leq 15^2$

是否成立.

(1) $H_0: \mu = 1000$, $H_1: \mu \neq 1000$

$$T = \frac{\bar{x} - 1000}{S/\sqrt{10}} \sim t(9)$$

查 $\alpha = 0.05$ 自由度为 9 的 t 分布分位数表，得 T 的临界值 $t_{0.05}(9) = 2.262$，经计算 $\bar{x} = 998$，$s = 30.23$，

$$|T| = \left| \frac{998 - 1000}{30.23/\sqrt{10}} \right| = 0.209 < 2.262.$$

故 H_0 相容，即可以认为 $\mu = 1000$．

(2) $H_0: \sigma^2 \leqslant 15^2$，$H_1: \sigma^2 > 15^2$，经计算，有

$$W = \frac{(n-1)s^2}{\sigma_0^2} = 36.55.$$

对于 $\alpha = 0.05$，自由度为 9，查 χ^2 分布分位数表，得 W 的临界值 $\lambda = 16.9$．由于 $W = 36.55 > 16.9$，因而拒绝 H_0．即认为包装机工作不正常，方差超过了 15^2，应停机检修．

若把一个正态总体均值与方差的假设检验表（表 6.1）与置信区间表（表 5.1）作一比较，我们发现两者之间有密切联系，双边检验对应于双侧置信区间．例如，"$H_0: \mu = \mu_0$" 的检验，等价于下述检验：找出总体均值的置信区间，如果置信区间包含 μ_0，则 H_0 是相容的，否则拒绝 H_0，单边检验对应于单侧置信区间，第五章我们没有讲述单侧置信区间，在有了单边检验的基础上，读者可以毫不费力地把其一一写出来．

表 6.1　　　　　　　　　一个正态总体的假设检验

条件	原假设	统计量	应查分布表	拒绝域
σ^2 已知	$H_0: \mu = \mu_0$	$U = \dfrac{\bar{X} - \mu_0}{\sigma/\sqrt{n}}$ 其中 $\bar{X} = \dfrac{1}{n}\sum\limits_{i=1}^{n} X_i$	$N(0,1)$	$\|U\| > u_{\frac{\alpha}{2}}$
	$H_0: \mu \leqslant \mu_0$			$U > u_\alpha$
	$H_0: \mu \geqslant \mu_0$			$U < -u_\alpha$
σ^2 未知	$H_0: \mu = \mu_0$	$T = \dfrac{\bar{X} - \mu_0}{S/\sqrt{n}}$ 其中 $S^2 = \dfrac{1}{n-1}\sum\limits_{i=1}^{n}(X_i - \bar{X})^2$	$t(n-1)$	$\|T\| > t_\alpha(n-1)$
	$H_0: \mu \leqslant \mu_0$			$T > t_{2\alpha}(n-1)$
	$H_0: \mu \geqslant \mu_0$			$T < -t_{2\alpha}(n-1)$

续表6.1

条件	原假设	统计量	应查分布表	拒绝域
μ 未知	$H_0: \sigma^2 = \sigma_0^2$	$W = \dfrac{(n-1)S^2}{\sigma_0^2}$	$\chi^2(n-1)$	$W > \chi^2_{\frac{\alpha}{2}}(n-1)$ 或 $W < \chi^2_{1-\frac{\alpha}{2}}(n-1)$
	$H_0: \sigma^2 \leqslant \sigma_0^2$			$W > \chi^2_{\alpha}(n-1)$
	$H_0: \sigma^2 \geqslant \sigma_0^2$			$W < \chi^2_{1-\alpha}(n-1)$

§6.3 两个正态总体的假设检验

在例 6.3 中，要求比较两产地所产的棉花纺出的纱线强力有无差异，这是属于两个正态总体的检验．实际工作中，这方面的问题很多，也很重要，因此有必要加以讨论．

设 X、Y 是两个相互独立的随机变量．$X \sim N(\mu_1, \sigma_1^2)$，$Y \sim N(\mu_2, \sigma_2^2)$．$X_1, X_2, \cdots, X_{n_1}$ 和 $Y_1, Y_2, \cdots, Y_{n_2}$ 分别是来自总体 X 和 Y 的样本．它们的样本均值和样本方差分别记为 $\bar{X}$，S_1^2 和 $\bar{Y}$，S_2^2．

关于总体期望 μ_1，μ_2 的假设检验，有三种形式：

$H_0: \mu_1 = \mu_2$，　$H_1: \mu_1 \neq \mu_2$；

$H_0: \mu_1 \leqslant \mu_2$，　$H_1: \mu_1 > \mu_2$；

$H_0: \mu_1 \geqslant \mu_2$，　$H_1: \mu_1 < \mu_2$．

关于总体方差的假设检验也有三种形式：

$$H_0: \sigma_1^2 = \sigma_2^2, \quad H_1: \sigma_1^2 \neq \sigma_2^2;$$
$$H_0: \sigma_1^2 \leq \sigma_2^2, \quad H_1: \sigma_1^2 > \sigma_2^2;$$
$$H_0: \sigma_1^2 \geq \sigma_2^2, \quad H_1: \sigma_1^2 < \sigma_2^2.$$

关于期望的假设检验，区分总体方差 σ_1^2 与 σ_2^2 已知和总体方差 σ_1^2 与 σ_2^2 未知但知其相等的两种情况．当 σ_1^2 与 σ_2^2 已知时，使用 U 检验；当 σ_1^2 与 σ_2^2 未知但知其相等时，使用 t 检验．

最后讨论一下成对数据均值的假设检验．

一、已知 σ_1^2，σ_2^2，关于期望 μ_1，μ_2 的假设检验

1. $H_0: \mu_1 = \mu_2$，$H_1: \mu_1 \neq \mu_2$

根据前面假设条件知：$\bar{X} \sim N\left(\mu_1, \dfrac{\sigma_1^2}{n_1}\right)$，

$$\bar{Y} \sim N\left(\mu_2, \frac{\sigma_2^2}{n_2}\right),$$

且 $\bar{X}$ 与 $\bar{Y}$ 相互独立，因而有

$$\bar{X} - \bar{Y} \sim N\left(\mu_1 - \mu_2, \frac{\sigma_1^2}{n_1} + \frac{\sigma_2^2}{n_2}\right).$$

$$\frac{(\bar{X} - \bar{Y}) - (\mu_1 - \mu_2)}{\sqrt{\dfrac{\sigma_1^2}{n_1} + \dfrac{\sigma_2^2}{n_2}}} \sim N(0, 1). \tag{6.1}$$

当 H_0 成立时，统计量

$$U = \frac{\bar{X} - \bar{Y}}{\sqrt{\dfrac{\sigma_1^2}{n_1} + \dfrac{\sigma_2^2}{n_2}}} \sim N(0, 1). \tag{6.2}$$

对给定的 α，查标准正态分布函数表，求出临界值 $u_{\frac{\alpha}{2}}$，使其满足

$$P\{|U| > u_{\frac{\alpha}{2}}\} = \alpha$$

从而得拒绝域

$$V = \left\{\left|\frac{\bar{X} - \bar{Y}}{\sqrt{\dfrac{\sigma_1^2}{n_1} + \dfrac{\sigma_2^2}{n_2}}}\right| > u_{\frac{\alpha}{2}}\right\}.$$

若根据样本值计算出的统计量 U 的值落在区间 $[-u_{\frac{\alpha}{2}}, u_{\frac{\alpha}{2}}]$ 之外，拒绝 H_0，否则认为 H_0 相容．

例 6.11 假设 A 厂生产的灯泡的使用寿命 $X \sim N(\mu_1, 95^2)$，B 厂生产的灯泡的使用寿命 $Y \sim N(\mu_2, 120^2)$．在两厂产品中各抽取了 100 只和 75 只样本，测得灯泡的平均寿命相应为 1180 小时和 1220 小时．问在显著水平 $\alpha = 0.05$ 下，这两个厂家生产的灯泡的平均寿命有无显著差异？

解 已知 $X \sim N(\mu_1, 95^2)$，$Y \sim N(\mu_2, 120^2)$，则

$$\bar{X} \sim N\left(\mu_1, \frac{95^2}{100}\right), \quad \bar{Y} \sim N\left(\mu_2, \frac{120^2}{75}\right).$$

需要检验的假设是 $H_0: \mu_1 = \mu_2$，$H_1: \mu_1 \neq \mu_2$；在 H_0 成立的条件下，统计量

$$U = \frac{\bar{X} - \bar{Y}}{\sqrt{\frac{95^2}{100} + \frac{120^2}{75}}} \sim N(0,1).$$

由 $\alpha = 0.05$，查正态分布表，得统计量 U 的临界值 $u_{\frac{\alpha}{2}} = 1.96$．
因为

$$|U| = \frac{|1180 - 1220|}{\sqrt{\frac{95^2}{100} + \frac{120^2}{74}}} = 2.38 > 1.96,$$

故否定 H_0，即认为两厂生产的灯炮平均寿命有显著差异．

2. $H_0: \mu_1 \leq \mu_2$，$H_1: \mu_1 > \mu_2$

这个问题的处理方法与前面一个正态总体的单边检验类似．
因为随机变量

$$\frac{(\bar{X} - \bar{Y}) - (\mu_1 - \mu_2)}{\sqrt{\frac{\sigma_1^2}{n_1} + \frac{\sigma_2^2}{n_2}}}$$

服从标准正态分布 $N(0,1)$，且在 H_0 成立的条件下（即 $\mu_1 - \mu_2 \leq 0$ 时），有

$$\frac{\bar{X} - \bar{Y}}{\sqrt{\frac{\sigma_1^2}{n_1} + \frac{\sigma_2^2}{n_2}}} \leq \frac{(\bar{X} - \bar{Y}) - (\mu_1 - \mu_2)}{\sqrt{\frac{\sigma_1^2}{n_1} + \frac{\sigma_2^2}{n_2}}}.$$

故事件

$$\left\{\frac{\bar{X}-\bar{Y}}{\sqrt{\frac{\sigma_1^2}{n_1}+\frac{\sigma_2^2}{n_2}}}>u_\alpha\right\}\subset\left\{\frac{(\bar{X}-\bar{Y})-(\mu_1-\mu_2)}{\sqrt{\frac{\sigma_1^2}{n_1}+\frac{\sigma_2^2}{n_2}}}>u_\alpha\right\}.$$

$$P\left\{\frac{\bar{X}-\bar{Y}}{\sqrt{\frac{\sigma_1^2}{n_1}+\frac{\sigma_2^2}{n_2}}}>u_\alpha\right\}\leqslant P\left\{\frac{(\bar{X}-\bar{Y})-(\mu_1-\mu_2)}{\sqrt{\frac{\sigma_1^2}{n_1}+\frac{\sigma_2^2}{n_2}}}>u_\alpha\right\}=\alpha.$$

因而，得到 H_0 的显著水平为 α 的拒绝域

$$V=\{U>u_\alpha\}, \tag{6.3}$$

其中 $U=\dfrac{\bar{X}-\bar{Y}}{\sqrt{\dfrac{\sigma_1^2}{n_1}+\dfrac{\sigma_2^2}{n_2}}}.$

即当统计量 U 的值大于 u_α 时，则拒绝 H_0，否则接受 H_0。

例 6.12 在某学院中，从比较喜欢参加体育运动的男生中，随意选出 50 名，测得平均身高是 174.34 厘米，在不愿参加运动的男生中随意选 50 名，测得其平均身高是 172.42 厘米，假设两种情形下，男生的身高都服从正态分布，其标准差相应为 5.35 厘米和 6.11 厘米。问该学院中参加体育运动的男生是否比不参加体育运动的男生身体要高些？（$\alpha=0.05$）。

解 以 X 表示喜欢参加运动的男生的身高，以 Y 表示不喜欢参加体育运动的男生的身高。根据题设 $X\sim N(\mu_1,5.35^2)$，$Y\sim N(\mu_2,6.11^2)$。这里的问题可以归结为假设 $H_0:\mu_1\leqslant\mu_2$，$H_1:\mu_1>\mu_2$ 的检验。检验使用统计量

$$U=\frac{\bar{X}-\bar{Y}}{\sqrt{\frac{\sigma_1^2}{n_1}+\frac{\sigma_2^2}{n_2}}}$$

$$=\frac{174.34-172.42}{\sqrt{\frac{5.35^2+6.11^2}{50}}}=1.67.$$

由 (6.3) 式知，拒绝域为 $V=\{U>u_\alpha\}$

查 $\alpha=0.05$ 的正态分布表得 $u_\alpha=1.64$。由于

$$U=1.67>1.64,$$

因此拒绝 H_0，即喜欢运动的男生身高比一般男生平均来讲明显偏高。

二、未知 σ_1^2, σ_2^2, 但知 $\sigma_1^2 = \sigma_2^2$, 关于期望 μ_1, μ_2 的假设检验

先从分析例题入手. 现在考虑例 6.3 中的检验问题.

例 6.13 某纺织厂生产的纱线, 其强力服从正态分布. 为比较甲、乙两地生产的棉花所纺纱线的强力, 各抽取 7 个和 8 个样本进行测量, 得数据如下 (单位: 千克)

甲地: 1.55 1.47 1.52 1.60 1.43 1.53 1.54.

乙地: 1.42 1.49 1.46 1.34 1.38 1.54 1.38 1.51.

问两种棉花所纺纱线的强力有无显著差异?

解 设甲地棉花所纺纱线的强力为 X, 乙地棉花所纺纱线的强力为 Y. 已知 $X \sim N(\mu_1, \sigma_1^2)$, $Y \sim N(\mu_2, \sigma_2^2)$, 其中 σ_1^2, σ_2^2 未知. 在这种情况下, 应先检验假设 "$H_0: \sigma_1^2 = \sigma_2^2$", 检验方法将在下面介绍, 此处不妨假设 "$\sigma_1^2 = \sigma_2^2$". 问题可以归结为假设 $H_0: \mu_1 = \mu_2$, $H_1: \mu_1 \neq \mu_2$ 的检验.

在前面检验假设 $H_0: \mu_1 = \mu_2$ 时, 由于 σ_1^2, σ_2^2 已知, 我们当时使用 (6.2) 中的统计量 U 来构造检验的拒绝域. 现在假设 $\sigma_1^2 = \sigma_2^2 = \sigma^2$. 统计量 U 有如下形式:

$$U = \frac{\bar{X} - \bar{Y}}{\sigma \cdot \sqrt{\frac{1}{n_1} + \frac{1}{n_2}}},$$

但其中的参数 σ^2 未知, 这时, 自然用由 (4.15) 式决定的两个样本的联合方差

$$S_w^2 = \frac{(n_1 - 1)S_1^2 + (n_2 - 1)S_2^2}{n_1 + n_2 - 2}$$

来代替 σ^2, 其中 S_1^2 和 S_2^2 相应为总体 X 和 Y 的样本方差. 由定理 4.8 知, 当假设 $H_0: \mu_1 = \mu_2$ 成立时, 统计量

$$T = \frac{\bar{X} - \bar{Y}}{S_w \cdot \sqrt{\frac{1}{n_1} + \frac{1}{n_2}}} \tag{6.4}$$

服从 t 分布, 自由度为 $n_1 + n_2 - 2$.

对于给定的显著性水平 α, 自由度 $\nu = n_1 + n_2 - 2$, 查 t 分布分位数表, 得

统计量 T 的临界值 t_α，满足

$$P\{|T| > t_\alpha(\nu)\} = \alpha.$$

于是得假设 $H_0: \mu_1 = \mu_2$ 的拒绝域

$$V = \{|T| > t_\alpha(\nu)\}.$$

对该例具体问题，有 $n_1 = 7$，$n_2 = 8$，$\bar{x} = 1.52$，$\bar{y} = 1.44$，$s_1^2 = 0.0031$，$s_2^2 = 0.0051$，

$$T = \frac{1.52 - 1.44}{\sqrt{\dfrac{6 \times 0.0031 + 7 \times 0.0051}{7 + 8 - 2}} \cdot \sqrt{\dfrac{1}{7} + \dfrac{1}{8}}} = 2.39.$$

对于显著水平 $\alpha = 0.05$，自由度为 13，查 t 分布分位数表，得统计量 T 的临界值 $t_{0.05}(13) = 2.16$.

由于 $T = 2.39 > 2.16$，故拒绝 H_0，即两种棉花所纺纱线强力有较明显的差异.

由上面的讨论，归纳出假设 $H_0: \mu_1 = \mu_2$ 的检验的一般步骤：

(1) 提出待检验的假设 $H_0: \mu_1 = \mu_2$，$H_1: \mu_1 \neq \mu_2$；

(2) 计算统计量

$$T = \frac{\bar{X} - \bar{Y}}{S_W \cdot \sqrt{\dfrac{1}{n_1} + \dfrac{1}{n_2}}}$$

的值；

(3) 根据所定显著水平 α，自由度 $\nu = n_1 + n_2 - 2$，查 t 分布分位数表，找出统计量 T 的临界值 $t_\alpha(\nu)$，并当 $|T| > t_\alpha(\nu)$ 时拒绝原假设.

关于假设 $H_0: \mu_1 \leq \mu_2$ 和假设 $H_0: \mu_1 \geq \mu_2$ 的检验，请参看表 6.2.

三、未知期望 μ_1，μ_2，关于方差 σ_1^2，σ_2^2 的假设检验

1. $H_0: \sigma_1^2 = \sigma_2^2$，$H_1: \sigma_1^2 \neq \sigma_2^2$

要检验假设 $\sigma_1^2 = \sigma_2^2$，自然想到用它们的无偏估计量 $S_1^2 = \dfrac{1}{n_1 - 1} \sum_{i=1}^{n_1} (X_i - \bar{X})^2$ 与 $S_2^2 = \dfrac{1}{n_2 - 1} \sum_{i=1}^{n_2} (Y_i - \bar{Y})^2$ 来比较. 易见，若假设 H_0 成立，则两个样本方差

的比，即统计量 $F=\dfrac{S_1^2}{S_2^2}$ 的值不应太大或太小. 但 F 应在什么范围内取值呢？这就需要根据 F 的分布来确定一个临界值. 由定理 4.10，在 H_0 成立时

$$F=\dfrac{S_1^2}{S_2^2}=\dfrac{S_1^2/\sigma_1^2}{S_2^2/\sigma_2^2}\sim F(n_1-1,n_2-1).$$

即统计量 F 服从自由度为 (n_1-1,n_2-1) 的 F 分布. 对于给定的显著性水平 α，可由查 F 分布的分位数表找出两个临界值 λ_1 和 λ_2，使之满足

$$P\{F<\lambda_1\}=\dfrac{\alpha}{2},$$

$$P\{F>\lambda_2\}=\dfrac{\alpha}{2}.$$

于是得 H_0：$\sigma_1^2=\sigma_2^2$ 的显著性水平为 α 的拒绝域：

$$V=\{F<\lambda_1\}\cup\{F>\lambda_2\}.$$

即"F 值小于 λ_1 或大于 λ_2"是小概率事件，当它发生时，应拒绝 H_0，否则认为假设"$\sigma_1^2=\sigma_2^2$"是相容的.

在例 6.13 中，σ_1^2 和 σ_2^2 均未知，我们曾假定其相等，这是需要检验的，现作为例题进行检验.

例 6.14 检验例 6.13 中的方差是否相等.

解 待检验假设 H_0：$\sigma_1^2=\sigma_2^2$，H_1：$\sigma_1^2\neq\sigma_2^2$ 统计量

$$F=\dfrac{S_1^2}{S_2^2}\sim F(6,7).$$

根据 $\alpha=0.05$，自由度 $(6,7)$，查出临界值 $\lambda_2=5.12$，$\lambda_1=\dfrac{1}{5.70}$. 计算统计量 F 的值，

$$F=\dfrac{s_1^2}{s_2^2}=\dfrac{0.0031}{0.0051}=0.608.$$

由于

$$\dfrac{1}{5.70}<F<5.12,$$

故可以认为 H_0 相容. 所以在例 6.13 中假设 $\sigma_1^2=\sigma_2^2$ 是合理的.

*2. $H_0: \sigma_1^2 \leq \sigma_2^2$

这类问题在实际工作中也是经常遇到的.如比较两种设备加工精度哪一种更优,技术革新后精度是否有提高等.

为构造假设 $H_0: \sigma_1^2 \leq \sigma_2^2$ 的否定域,我们选用统计量

$$F = \frac{S_1^2}{S_2^2}.$$

由定理 4.10 知,随机变量

$$F' = \frac{S_1^2/\sigma_1^2}{S_2^2/\sigma_2^2}$$

服从 F 分布,自由度为 (n_1-1, n_2-1).

对于给定的 α 和自由度 (n_1-1, n_2-1),查 F 分布分位数表,找出临界值 λ,使

$$P\{F' > \lambda\} = \alpha.$$

此外,在假设 H_0 成立时,$F \leq F'$,因此有

$$P\{F > \lambda\} \leq P\{F' > \lambda\} = \alpha.$$

即在 H_0 成立条件下,$\{F > \lambda\}$ 是"小概率事件",从而得 H_0 的拒绝域

$$V = \left\{\frac{S_1^2}{S_2^2} > \lambda\right\}$$

如果根据样本值算出的 $F = \frac{S_1^2}{S_2^2}$ 的值大于临界值 λ,则拒绝假设 H_0,否则认为 H_0 是相容的.

例 6.15 有两台机床生产同一型号的滚珠,根据已有经验,这两台机床生产的滚珠直径都服从正态分布.现从这两台机床生产的滚珠中分别抽取 7 个和 9 个样本,测得滚珠直径如下(单位:毫米):

甲机床:15.2 14.5 15.5 14.8 15.1 15.6 14.7.

乙机床:15.2 15.0 14.8 15.2 15.0 14.9 15.1 14.8 15.3.

问乙机床产品直径的方差是否比甲机床小?($\alpha = 0.05$)

解 用 X 和 Y 分别表示甲乙两机床的产品直径 $X \sim N(\mu_1, \sigma_1^2)$,$Y \sim N(\mu_2, \sigma_2^2)$,$X$、$Y$ 相互独立.

待检验的假设 $H_0: \sigma_1^2 \leq \sigma_2^2$,$H_1: \sigma_1^2 > \sigma_2^2$

统计量 $F = \dfrac{S_1^2}{S_2^2}$，随机变量 $F' = \dfrac{S_1^2/\sigma_1^2}{S_2^2/\sigma_2^2} \sim F(6,8)$，当 $\alpha = 0.05$ 时，临界值 $\lambda = 3.58$．计算 F 的值：

$$\bar{x} = 15.057, \qquad \bar{y} = 15.033,$$
$$s_1^2 = 0.1745, \qquad s_2^2 = 0.0438,$$

于是

$$F = \dfrac{s_1^2}{s_2^2} = \dfrac{0.1745}{0.0438} = 3.984 > 3.58．$$

故拒绝 H_0，也就是说，乙机床的方差明显地比甲机床小．

同理可得假设 $H_0: \sigma_1^2 \geqslant \sigma_2^2$ 的检验方法（见表 6.2）．

表 6.2　　　　　　　　　　两个正态总体的假设检验

条件	原假设	统计量	应查分布表	拒绝域
已知 σ_1^2，σ_2^2	$H_0: \mu_1 = \mu_2$	$U = \dfrac{\bar{X} - \bar{Y}}{\sqrt{\dfrac{\sigma_1^2}{n_1} + \dfrac{\sigma_2^2}{n_2}}}$	$N(0,1)$	$\|U\| > u_{\frac{\alpha}{2}}$
	$H_0: \mu_1 \leqslant \mu_2$			$U > u_\alpha$
	$H_0: \mu_1 \geqslant \mu_2$			$U < -u_\alpha$

续表 6.2

条件	原假设	统计量	应查分布表	拒绝域
已知 $\sigma_1^2=\sigma_1^2$ 但未知其值	$H_0: \mu_1=\mu_2$	$T=\dfrac{\bar{X}-\bar{Y}}{S_W\sqrt{\dfrac{1}{n_1}+\dfrac{1}{n_2}}}$ $S_W^2=\dfrac{(n_1-1)S_1^2+(n_2-1)S_2^2}{n_1+n_2-2}$	$t(n_1+n_2-2)$	$\lvert T\rvert > t_\alpha$
	$H_0: \mu_1\leq\mu_2$			$T>t_{2\alpha}$
	$H_0: \mu_1\geq\mu_2$			$T<-t_{2\alpha}$
未知 μ_1, μ_2	$H_0: \sigma_1^2=\sigma_2^2$	$F=\dfrac{S_1^2}{S_2^2}$	$F(n_1-1, n_2-1)$	$F>F_{\frac{\alpha}{2}}$ 或 $F<F_{1-\frac{\alpha}{2}}$
	$H_0: \sigma_1^2\leq\sigma_2^2$			$F>F_\alpha$
	$H_0: \sigma_1^2\geq\sigma_2^2$			$F<F_{1-\alpha}$

四、成对数据期望的假设检验

在实际工作中，成对数据指对两个总体 X，Y 进行独立地联合观测取得的数据，用 (X_1, Y_1)，(X_2, Y_2)，…，(X_n, Y_n) 表示。这时 $X_1, X_2, \cdots, X_n$ 和 $Y_1, Y_2, \cdots, Y_n$ 是分别来自 X 和 Y 的简单随机样本，但是与上面讨论的情形不同，两个样本之间不独立。因此不能直接用上面讲述的方法处理。其处理方法基于如下事实：检验两个总体的均值相等的假设 $\mu_1 = \mu_2$，等价于检验假设 $H_0: \mu_1 - \mu_2 = 0$。

例6.16 为检验工人技术培训的效果，抽选 9 名生产工人，记录培训前后的效率分数，得如下数据：

$(68,72)$，$(53,72)$，$(62,73)$，$(65,68)$，$(65,74)$，
$(55,67)$，$(74,80)$，$(81,88)$，$(45,47)$。

试以 $\alpha = 0.05$ 的显著水平，检验培训是否有效?

解 设培训后的效率分数为 X，培训前的效率分数为 Y，现在 X 和 Y 不独立。令 $Z = X - Y$，则 $Z \sim N(\mu, \sigma^2)$，$Z_i = X_i - Y_i (i = 1, 2, \cdots, n)$ 是来自 Z 的简单随机样本。问题可以化为检验假设 $H_0: \mu = 0$。使用统计量

$$T = \frac{\bar{Z} - \mu}{S/\sqrt{n}},$$

其中 S^2 为 Z 的样本方差。

$$S^2 = \frac{1}{n-1} \sum_{i=1}^{n} (Z_i - \bar{Z})^2, \quad \bar{Z} = \frac{1}{n} \sum_{i=1}^{n} Z_i.$$

当 H_0 成立时，T 服从自由度为 8 的 t 分布。对于给定的水平 $\alpha = 0.05$，自由度为 8，查 t 分布分位数表，得统计量 T 的临界值 $t_{0.05}(8) = 2.306$。

由样本值计算 T：

$$\bar{Z} = 8.11, \ s^2 = 5.35^2, \ |T| = 4.547.$$

由于小概率事件 $\{|T| > 2.306\}$ 发生了，故拒绝 H_0，表示技术培训后，生产工人的效率分数明显提高了。

§6.4 非参数检验

前面讨论的关于总体均值与方差的假设检验,都是先假定总体服从正态分布,这一假定本身往往是需要检验的. 对总体是否服从某种分布的检验属于非参数检验,这是本节要介绍的. 另外,"两个总体 X 和 Y 相互独立","X_1, $X_2,\cdots,X_n$ 同分布"等关于总体的一般性论断都是非参数检验.

非参数假设检验的内容丰富,方法也很多,我们只介绍总体分布的假设检验. 处理这类问题,一般先根据经验和理论以及统计资料的粗略分析,假定总体服从某种分布,然后用统计检验的方法,把经验统计分布与假定的理论概率分布相比较,视其吻合情况,判断所研究的总体是否可以用所假定的理论分布来描述. 这类统计检验称为分布拟合检验. 检验的方法很多,如正态概率纸法和 χ^2 检验法,概率纸法使用方便且直观. χ^2 检验法对一般的分布都适用. 由于篇幅所限,我们只介绍 χ^2 检验法.

非参数假设检验一般要求大样本容量.

χ^2 检验

设 $x_1,x_2,\cdots,x_n$ 是给定的一组样本值,现在的问题是如何根据这组样本值,检验总体 X 是否以 $F(x)$ 为分布函数.

首先假设 $F(x)$ 是已知的分布函数,不含未知参数. $F(x)$ 含未知参数的情形将在下面讨论.

原假设 H_0:总体 X 的分布函数为 $F(x)$.

在实数轴上取 m 个点 $t_1<t_2<\cdots<t_m$,这 m 个点把实数轴分成 $m+1$ 个区间:$(-\infty,t_1]$,$(t_1,t_2]$,$\cdots$,$(t_{m-1},t_m]$,$(t_m,+\infty)$. 用 ν_i 表示 $x_1,x_2,\cdots,x_n$ 中落入第 i 个区间的频数,而 $\dfrac{\nu_i}{n}$ 为相应的频率. 如果原假设 H_0 成立,则可以求出 X 在第 i 个区间取值的概率 p_i:

$$p_1 = P\{X \leq t_1\} = F(t_1),$$
$$p_2 = P\{t_1 < X \leq t_2\} = F(t_2) - F(t_1),$$
$$\cdots\cdots$$
$$p_i = P\{t_{i-1} < X \leq t_i\} = F(t_i) - F(t_{i-1}),$$
$$\cdots\cdots$$

$$p_{m+1} = P\{X > t_m\} = 1 - F(t_m).$$

根据概率和频率的关系可知,当 H_0 成立时, $\left|\dfrac{\nu_i}{n} - p_i\right|$ 应该比较小. 于是,

$$V = \sum_{i=1}^{m+1} \left(\dfrac{\nu_i}{n} - p_i\right)^2 \cdot \dfrac{n}{p_i}$$

也应该比较小. 这里用 $\dfrac{n}{p_i}$ 起"平衡"作用,否则当 p_i 很小时,即便 $\dfrac{\nu_i}{n}$ 与 p_i 的差相对于 p_i 来说很大,但 $\left(\dfrac{\nu_i}{n} - p_i\right)^2$ 仍然会很小,小概率部分吻合优劣得不到充分反映,影响检验的可靠性.

我们取

$$V = \sum_{i=1}^{m+1} \dfrac{(\nu_i - np_i)^2}{np_i} \tag{6.5}$$

作为检验统计量. 经研究知,在 H_0 成立的条件下,当 n 充分大时, V 近似地服从 m 个自由度的 χ^2 分布,且样本容量 n 越大,近似越好.

如果 $F(x)$ 中含有 r 个未知参数 $\theta_1, \theta_2, \cdots, \theta_r$,则需要用其估计值 $\hat{\theta}_1, \hat{\theta}_2, \cdots, \hat{\theta}_r$ 来代替,此时, V 的自由度就要减少 r 个,即 V 近似服从 $m-r$ 个自由度的 χ^2 分布.

当给定显著性水平 α 后,查 χ^2 分布分位数表,得统计量 V 的临界值 λ,满足
$$P\{V > \lambda\} = \alpha$$

根据样本值 $x_1, x_2, \cdots, x_n$,计算统计量 V,如果 V 的值大于 λ,则拒绝假设 H_0,否则假设 H_0 是相容的.

例 6.17 随机地抽取了某年海淀医院 2 月份新生男婴 50 名,测其体重如表 6.3.

表 6.3 （单位：克）

2520	3540	2600	3320	3120	3400	2900	2420	3280	3100
2980	3160	3100	3460	2740	3060	3700	3460	3500	1600
3100	3700	3280	2880	3120	3800	3740	2940	3580	2980
3700	3460	2940	3300	2980	3480	3220	3060	3400	2680
3340	2500	2960	2900	4600	2780	3340	2500	3300	3640

试在显著水平 $\alpha = 0.05$ 下检验新生男婴的体重是否服从正态分布?

解 用 X 表示新生儿体重,正态总体中的参数 μ 与 σ^2 未知,用估计值 $\bar{X}$、S^2 代替. 经计算得 $\bar{X} = 3160$,$s^2 = 465.5^2$,因此,待检验的假设为 H_0: $X \sim N(3160, 465.5^2)$. 现在需要根据样本值计算统计量

$$V = \sum_{i=1}^{m+1} \frac{(\nu_i - np_i)^2}{np_i}$$

的值,为此我们需要先求出 ν_i, p_i.

对数据进行分组,分成 7 组,在数轴上选取 6 个分点:2450,2700,2950,3200,3450,3700. 将数轴分成 7 个区间 $(-\infty, 2450], (2450, 2700], \cdots, (3700, +\infty)$.

当 H_0 成立时,先计算 p_i 的值.

$$p_1 = F(t_1),$$
$$p_2 = F(t_2) - F(t_1),$$
$$\cdots\cdots$$
$$p_7 = 1 - F(t_6).$$

而

$$F(t_1) = \Phi\left(\frac{2450 - 3160}{465.5}\right) = \Phi(-11.53) = 0.063,$$

$$F(t_2) = \Phi\left(\frac{2700 - 3160}{465.5}\right) = \Phi(-0.99) = 0.161,$$

$$F(t_3) = \Phi\left(\frac{2950 - 3160}{465.5}\right) = \Phi(-0.45) = 0.326,$$

$$F(t_4) = \Phi\left(\frac{3200 - 3160}{465.5}\right) = \Phi(0.086) = 0.536,$$

$$F(t_5) = \Phi\left(\frac{3450 - 3160}{465.5}\right) = \Phi(0.62) = 0.732,$$

$$F(t_6) = \Phi\left(\frac{3700 - 3160}{465.5}\right) = \Phi(1.16) = 0.877.$$

所以

$$p_1 = F(t_1) = 0.063,$$
$$p_2 = F(t_2) - F(t_1) = 0.098,$$
$$p_3 = F(t_3) - F(t_2) = 0.165,$$

$$p_4 = F(t_4) - F(t_3) = 0.210,$$
$$p_5 = F(t_5) - F(t_4) = 0.196,$$
$$p_6 = F(t_6) - F(t_5) = 0.145,$$
$$p_7 = 1 - F(t_6) = 0.123.$$

为清楚起见,在计算统计量 V 时,可以列一个计算表,如表 6.4.

表 6.4

i	1	2	3	4	5	6	7
p_i	0.063	0.098	0.165	0.210	0.196	0.145	0.123
np_i	3.15	4.90	8.25	10.50	9.80	7.25	6.15
ν_i	2	5	7	12	10	11	3
$(np_i - \nu_i)^2$	1.323	0.010	1.563	2.250	0.040	14.063	9.923
$\dfrac{(np_i - \nu_i)^2}{np_i}$	0.420	0.002	0.189	0.214	0.004	1.940	1.613

于是,
$$V = \sum_{i=1}^{7} \frac{(np_i - \nu_i)^2}{np_i} = 4.38.$$

$\alpha = 0.05$,查自由度为 4 的 χ^2 分布分位数表[*],得统计量 V 的临界值 $\lambda = 9.4988$.

由于 $V = 4.38 < 9.4988$,故假设 H_0 是相容的,即可以认为新生男婴的体重服从正态分布 $N(3160, 465.5^2)$.

χ^2 检验法应用比较广泛,不管事先给出的分布函数 $F(X)$ 形式如何,都可以检验一个总体是否以它为分布函数.从例 6.17 可以看出,对连续型随机变量的样本,χ^2 检验计算量比较大,通过下面例题可以看到,对于离散型情形,χ^2 检验却很方便.

例 6.18 某工厂近 5 年来共发生了 63 次事故,按星期几分类如表 6.5.

---

[*] 在检验的假设 "$H_0: X \sim N(\mu, \sigma^2)$" 中,$\mu, \sigma^2$ 是未知参数,用样本均值与样本方差代替,故自由度为 $m - 2$.

表6.5

星期	1	2	3	4	5	6
次数	9	10	11	8	13	12

问事故是否与星期几有关?

解 引进随机变量 X，以 $X=i$ 表示事故发生在星期 i. 显然， $i=1,2,\cdots,6$（星期日休息）. 若发生事故与星期几无关，则应有 $P(X=i)=\dfrac{1}{6}$.

检验假设 $H_0: P\{X=i\}=\dfrac{1}{6}$ （$i=1,2,\cdots,6$）.

使用统计量(6.5)， $m=5$， $p_i=P(X=i)$.
在 H_0 成立条件下，统计量

$$V=\sum_{i=1}^{6}\dfrac{\left(\nu_i-\dfrac{n}{6}\right)^2}{\dfrac{n}{6}}$$

近似服从5个自由度的 χ^2 分布. 由于 $V=1.67<\chi_{0.25}^{2}(5)=6.626$. 故在显著水平 $\alpha=0.25$ 下， H_0 是相容的. 即不能认为出事故与星期几有关.

习 题 六

1. 什么是第一类错误? 什么是第二类错误?

2. 何谓显著性水平? 若将显著性水平减小，对犯第二类错误的概率有什么影响?

3. 什么是拒绝域? 什么是接受域? 双边检验与单边检验的拒绝域有什么区别?

4. 在产品质量检验时，原假设 H_0：产品合格. 为了使次品混入正品的可能性很小，在 n 固定的条件下，显著性水平 α 应取大些还是小些?

5. 由经验知某味精厂袋装味精的重量 $X \sim N(\mu,\sigma^2)$，其中 $\mu=15$， $\sigma^2=0.05$，技术革新后，改用机器包装，抽查8个样品，测得重量为（单位：克）：
14.7　15.1　14.8　15　15.3　14.9　15.2　14.6. 已知方差不变，问机

器包装的平均重量是否仍为 15（显著水平 $\alpha=0.05$）？

6. 已知某炼铁厂铁水含碳量服从正态分布 $N(4.550,0.108^2)$，现观测了 9 炉铁水，其平均含碳量为 4.484，如果估计方差没有变化，可否认为现在生产的铁水平均含碳量仍为 4.550（$\alpha=0.05$）？

7. 在某砖厂生产的一批砖中，随机地抽测 6 块，其抗断强度为：32.66　30.06　31.64　30.22　31.87　31.05 千克/厘米^2. 设砖的抗断强度 $X\sim N(\mu,1.1^2)$. 问能否认为这批砖的抗断强度是 32.50 千克/厘米^2（$\alpha=0.01$）？

8. 某厂生产的钢筋断裂强度 $X\sim N(\mu,\sigma^2)$，$\sigma=35$（千克/厘米^2），今从现在生产的一批钢筋中抽测 9 个样本，得到的样本均值 $\overline{X}$ 较以往的均值 μ 大 17（千克/厘米^2）. 设总体方差不变，问能否认为这批钢筋的强度有明显提高（$\alpha=0.05$，$\alpha=0.1$）？

9. 某灯泡厂生产的灯泡平均寿命是 1120 小时，现从一批新生产的灯泡中抽取 8 个样本，测得其平均寿命为 1070 小时，样本方差 $S^2=109^2$（小时^2），试检验灯泡的平均寿命有无变化（$\alpha=0.05$ 和 $\alpha=0.01$）？

10. 正常人的脉搏平均为 72 次/分，今对某种疾病患者 10 人，测其脉搏为 54　68　65　77　70　64　69　72　62　71（次/分）. 设患者的脉搏次数 X 服从正态分布，试在显著水平 $\alpha=0.05$ 下，检验患者的脉搏与正常人的脉搏有无差异？

11. 过去某工厂向 A 公司订购原材料，自订货日开始至交货日止，平均为 49.1 日. 现改为向 B 公司订购原料. 随机抽取向 B 公司订的 8 次货，交货天数为：

46　38　40　39　52　35　48　44

问 B 公司交货日期是否较 A 公司为短（$\alpha=0.05$）？

12. 用一台自动包装机包装葡萄糖，规定标准每袋净重 500 克. 假定在正常情况下，糖的净重服从正态分布. 根据长期资料表明，标准差为 15 克. 现从某一班的产品中随机取出 9 袋，测得重量为：497　506　518　511　524　510　488　515　512. 问包装机工作是否正常：（1）标准差有无变化？（2）平均重量是否符合规定标准？（$\alpha=0.05$）

13. 某种罐头在正常情况下，按规格平均净重 379 克，标准差为 11 克. 现在抽查 10 盒，测得如下数据：

370.74　372.80　386.43　398.14　369.21
381.67　367.90　371.93　386.22　393.08（克）

试根据抽样结果,说明平均净重和标准差是否符合规格要求(提示:检验 H_0: $\mu=379$, H_0: $\sigma \leq 11$, $\alpha=0.05$).

14. 为校正试用的普通天平,把在该天平上称量为 100 克的 10 个试样在计量标准天平上进行称量,得如下结果:

  99.3 98.7 100.5 101.2 98.3 99.7 99.5 102.1 100.5 99.2

假设在天平上称量的结果服从正态分布,问普通天平称量结果与标准天平有无显著差异($\alpha=0.05$)?

15. 某牌香烟生产者自称其尼古丁的含量方差为 2.3,现随机抽取 8 支,得样本标准差为 2.4,问能否同意生产者的自称?$\alpha=0.05$,假定香烟中尼古丁含量服从正态分布.

16. 加工某一机器零件,根据其精度要求,标准差不得超过 0.9,现从该产品中抽测 19 个样本,得样本标准差 $s=1.2$,当 $\alpha=0.05$ 时,可否认为标准差变大?

17. 测得 A、B 两批电子器件的样本的电阻为(单位:欧姆):

 A. 0.140 0.138 0.143 0.142 0.144 0.137

 B. 0.135 0.140 0.142 0.136 0.138 0.140

设 A、B 两批器件的电阻分别服从 $N(\mu_1, \sigma_1^2)$, $N(\mu_2, \sigma_2^2)$,试问,能否认为 A,B 两总体服从相同的正态分布?

18. 从城市的某区中抽取 16 名学生测其智商,平均值为 107,样本标准差为 10,而从该城市的另一区抽取的 16 名学生的智商平均值为 112,样本标准差为 8,试问在显著水平 $\alpha=0.05$ 下,这两组学生智商有无差异?

19. 用老工艺生产的机械零件方差较大,抽查了 25 个,得 $s_1^2=6.47$,现改用新工艺生产,抽查 25 个零件,得 $s_2^2=3.19$,设两种生产过程皆服从正态分布,问新工艺的精度是否比老工艺显著地好($\alpha=0.05$)?

20. 为比较甲、乙两种安眠药的疗效,将 20 名患者分成两组,每组 10 人,如服药后延长的睡眠时间分别近似服从正态分布,其数据如下表所示:

	a	b	c	d	e	f	g	h	i	j
甲	1.9	0.8	1.1	0.1	-0.1	4.4	5.5	1.6	4.6	3.4
乙	0.7	-1.6	-0.2	-1.2	-0.1	3.4	3.7	0.8	0	2.0

问在显著水平 $\alpha = 0.05$ 下，两种安眠药的疗效有无显著差异？

*21. 10 名失眠患者，服用甲、乙两种安眠药，延长的睡眠时间数据同 20 题，可以认为服用安眠药增加的睡眠时间服从正态分布，问两种安眠药的疗效有无显著差异（$\alpha = 0.05$），（注意，这里是成对数据）．

*22. 取 9 份马铃薯的块茎，将每份块茎分成两半，分别用两种不同方法测定其淀粉含量，每对测定结果的差值如下：

0.2 0.0 0.2 0.3 −0.3 0.2 0.0 −0.1 0.1

问分析结果是否说明两种测定方法有显著差异（$\alpha = 0.05$）？

23. 检验了 26 匹马，测得每 100 毫升的血清中，所含的无机磷平均为 3.29 毫升，样本标准差为 0.27 毫升，又检验了 18 头羊，100 毫升的血清中含无机磷平均为 3.96 毫升，标准差为 0.40 毫升，试以 0.05 的显著水平检验马与羊的血清中含无机磷的量是否有显著性差异？

*24. 某车床生产滚珠，随机抽取了 50 个产品，测得它们的直径为（单位：毫米）：

15.0 15.8 15.2 15.1 15.9 14.7 14.8 15.5 15.6 15.3
15.1 15.3 15.0 15.6 15.7 14.8 14.5 14.2 14.9 14.9
15.2 15.0 15.3 15.6 15.1 14.9 14.2 14.6 15.8 15.2
15.9 15.0 14.9 14.8 15.1 14.9 15.3 14.5 15.5 15.1
15.1 15.0 15.3 14.7 14.5 15.5 15.0 14.7 14.6 14.2

经过计算知道，样本均值 $\bar{x} = 15.1$，样本方差 $s^2 = (0.4325)^2$．问滚珠直径是否服从正态分布 $N(15.1, 0.4325^2)$？

*25. 在一正 20 面体的 20 个面上，分别标以数字 0,1,2,…,9，每个数字在两个面上标出．为检验其匀称性，共作 800 次投掷试验，数字 0,1,…9 朝正上方的次数如下表：

数字	0	1	2	3	4	5	6	7	8	9
频数	74	92	83	79	80	73	77	75	76	91

问：该正 20 面体是否匀称？

*第七章 回归分析

回归分析方法是数理统计中常用的方法,用以处理多个变量间的相互关系.

在自然现象和社会现象中,普遍存在着变量之间的关系,这种关系大致可以分为两大类,这就是**函数关系**和**相关关系**.函数关系即所谓的确定性关系,它反映客观现象的严格依存性,例如,自由落体运动中下落的距离 S 与所需时间 t 之间有函数关系

$$S = \frac{1}{2}gt^2 \quad (0 \leqslant t \leqslant T),$$

变量 S 的值由 t 唯一确定.又如,某种产品的总产值 V 由产品数量 N 和价格 P 所决定,有函数关系

$$V = NP.$$

只要 N,P 确定,V 就完全确定了.若价格 P 固定,则总产值 V 就由产量 N 唯一确定.

相关关系则不同,例如,人的身高与体重的关系,虽然人的身高不能确定体重,但是,一般说来,身高体就重些.又比如,施肥量与农作物产量之间的关系,虽然适当增加施肥量可以提高产量,但是对施肥量一样的同一农作物,产量会有高有低,不能用普通的函数关系来表达.变量间的这种非确定性的关系就是相关关系.

回归分析方法是处理变量间相互关系的有力工具,一方面它提供了建立变量之间关系的数学表达式(通常称为经验公式)的一般方法,另一方面又给出了对所建立的经验公式的有效性的检验法,以及如何利用经验公式进行预测与控制.因而回归分析法的应用越来越广泛,在经济领域内也得到普遍应用.

一元回归分析是研究两个变量之间的相关关系,多元回归则研究多个变量间的相关关系.本章重点讨论一元线性回归,对多元回归只作简单地介绍.

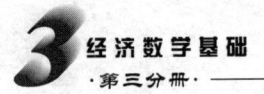

§7.1 一元线性回归的经验公式与最小二乘法

在一元线性回归里,设两个变量 x 和 Y,其中 x 是普通变量,Y 是随机变量,Y 依赖于 x 的值,但 x、Y 之间的关系不是函数关系. 在 $x = x_1, x_2, \cdots, x_n$ 的条件下,分别对 Y 进行观测或实验,得到若干对数据 $(x_1, y_1), (x_2, y_2), \cdots, (x_n, y_n)$,如何根据这些数据建立两个变量间的经验公式呢? 一般步骤是先用图象法,即把 $(x_1, y_1), (x_2, y_2), \cdots, (x_n, y_n)$ 看成 n 个点,画在直角坐标平面上,根据这些点的散布情况,初步确定其分析表达式的类型,然后再用分析法估计分析表达式中的未知参数. 最常用的方法是最小二乘法.

一、散点图与回归直线

例 7.1 由北京市城市居民家庭生活抽样调查,得 1978 至 1989 年的人均收入与人均食品消费的 12 年数据(表 7.1).

以年份作为 x,人均收入(或食品消费)为 Y,则根据这些数据可以建立 x 与 Y 的关系式.

表 7.1 北京市城市居民家庭生活抽样调查表[*]

年份	人均生活费收入(百元)	人均食品支出(百元)	年份	人均生活费收入(百元)	人均食品支出(百元)
1978	3.65	2.11	1984	6.94	3.74
1979	4.15	2.37	1985	9.08	4.67
1980	5.01	2.71	1986	10.68	5.43
1981	5.14	2.95	1987	11.82	6.05
1982	5.61	3.18	1988	14.37	7.43
1983	5.91	3.38	1989	15.97	8.41

在平面上选定直角坐标系 xoy,把 12 对数据作为 12 个点描在平面上

---

[*] 资料引自国家统计局综合司编《全国各省、自治区、直辖市历史统计资料汇编》第 89 页,并对元以下的数字作了四舍五入处理.

(图 7-1),这样的图称为**散点图**.

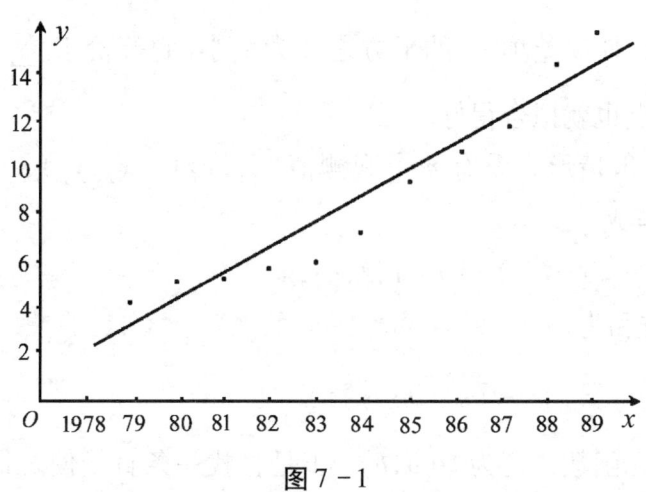

图 7-1

从上图可以看出,这 12 个点虽不在一条直线上,但大体散布在一条直线周围,故可以认为 x 与 Y 之间有线性关系存在,我们把其表示成

$$\hat{y} = a + bx \tag{7.1}$$

其中 y 的上方加"^",是为了区别于 Y 的实际值 y. 因为 Y 与 x 之间一般不具有函数关系.

关系式(7.1) 称为**回归方程**(或回归直线),因(7.1) 式是线性的,故又称一元线性回归方程,a 称为**回归常数**,b 称为**回归系数**.

要完全确定经验公式,就需要确定参数 a 和 b. 从散点图上看,可以在上面画一条直线,使该直线从总体上看最接近 12 个点,则这条直线在 y 轴上的截距就是要求的 a,斜率就是要求的 b. 这种几何作图的方法比较简单直观,但是精度差,局限性大,对非线性问题及多变量问题几乎无能为力. 因此下面介绍一种应用广泛的方法——最小二乘法.

二、最小二乘法

图 7-1 的 12 个点与任何一条直线都存在一定的距离,因而观测值 y_i 与 x_i 之间有关系式

$$y_i = a + bx_i + \varepsilon_i \quad (i=1,2,\cdots,12) \tag{7.2}$$

其中 x_i，y_i 是已知的，a，b，ε_i 是未知的．ε_i 是误差项．现在的问题是如何确定 a，b 的值，使误差项 ε_i 的平方之和为最小（它等价于 $\sum\limits_{i=1}^{12}|\varepsilon_i|$ 最小）．此时直线与 12 个点也就拟合得好．

现在讨论一般情形．设有 n 个观测值 $(x_1,y_1),(x_2,y_2),\cdots,(x_n,y_n)$，则 (7.2) 式又可写成

$$\varepsilon_i = y_i - (a + bx_i) \quad i = 1, 2, \cdots, n.$$

全部误差的平方和为

$$\sum_{i=1}^n \varepsilon_i^2 = \sum_{i=1}^n [y_i - (a + bx_i)]^2, \tag{7.3}$$

它是 a，b 的二元函数，记为 $Q(a,b)$．于是，找一条直线使之最接近这 n 个点的问题，就转化为找两个数 $\hat{a}$，$\hat{b}$，使 $Q(a,b)$ 在 $a = \hat{a}$，$b = \hat{b}$ 处达到最小值．

由于 $Q(a,b)$ 是 n 个量的平方之和，所以使 $Q(a,b)$ 最小的原则称为平方和最小原则，习惯上称为**最小二乘原则**．由最小二乘原则求 a，b 估计值的方法称为**最小二乘法**．

$Q(a,b)$ 是 a，b 的二元函数，按照最小二乘原则，可用多元函数求极值的方法找出 $\hat{a}$，$\hat{b}$，即求解方程组

$$\begin{cases} \dfrac{\partial Q}{\partial a} = -2\sum\limits_{i=1}^n [y_i - (a+bx_i)] = 0, \\ \dfrac{\partial Q}{\partial b} = -2\sum\limits_{i=1}^n [y_i - (a+bx_i)]x_i = 0. \end{cases} \tag{7.4}$$

整理后得

$$\begin{cases} na + n\bar{x}b = n\bar{y}, \\ n\bar{x}a + \sum\limits_{i=1}^n x_i^2 b = \sum\limits_{i=1}^n x_i y_i. \end{cases} \tag{7.5}$$

其中 $\bar{x} = \dfrac{1}{n}\sum\limits_{i=1}^n x_i$，$\bar{y} = \dfrac{1}{n}\sum\limits_{i=1}^n y_i$．此方程称为**正规方程**．

由于 x_i 不全等，正规方程组的系数行列式

$$\begin{vmatrix} n & n\bar{x} \\ n\bar{x} & \sum_{i=1}^{n} x_i^2 \end{vmatrix} = n(\sum_{i=1}^{n} x_i^2 - n\bar{x}^2) = n\sum_{i=1}^{n}(x_i - \bar{x})^2 \neq 0,$$

故此方程组有唯一解:

$$\widehat{a} = \bar{y} - \widehat{b}\bar{x}, \tag{7.6}$$

$$\widehat{b} = \frac{\sum_{i=1}^{n} x_i y_i - n\bar{x}\bar{y}}{\sum_{i=1}^{n} x_i^2 - n\bar{x}^2} = \frac{\sum_{i=1}^{n}(x_i - \bar{x})(y_i - \bar{y})}{\sum_{i=1}^{n}(x_i - \bar{x})^2}. \tag{7.7}$$

于是,对于给定的 n 个观测值 $(x_1, y_1), (x_2, y_2), \cdots, (x_n, y_n)$,分别由公式(7.6),(7.7) 求出 $\widehat{a}, \widehat{b}$,就可得到所求的回归方程

$$\widehat{y} = \widehat{a} + \widehat{b}x. \tag{7.8}$$

若将 $\widehat{a} = \bar{y} - \widehat{b}\bar{x}$ 代入(7.8) 式,线性回归方程变为

$$\widehat{y} = \bar{y} + \widehat{b}(x - \bar{x}). \tag{7.9}$$

此式表明回归方程通过散点图的几何重心 $(\bar{x}, \bar{y})$.

记

$$l_{xx} = \sum_{i=1}^{n}(x_i - \bar{x})^2 = \sum_{i=1}^{n} x_i^2 - n\bar{x}^2,$$

$$l_{yy} = \sum_{i=1}^{n}(y_i - \bar{y})^2 = \sum_{i=1}^{n} y_i^2 - n\bar{y}^2,$$

$$l_{xy} = \sum_{i=1}^{n}(x_i - \bar{x})(y_i - \bar{y}) = \sum_{i=1}^{n} x_i y_i - n\bar{x}\bar{y},$$

则有

$$\widehat{b} = \frac{l_{xy}}{l_{xx}},$$

$$\widehat{a} = \bar{y} - \widehat{b}\bar{x} = \bar{y} - \frac{l_{xy}}{l_{xx}} \cdot \bar{x}.$$

例 7.2 找出例 7.1 中人均生活费收入 Y 对时间 x 的回归方程.

解 求回归方程的计算量比较大，为简化计算，经常将原始数据作适当的处理，这里我们采用 $x_i' = x_i - \bar{x}$，$y_i' = y_i - \bar{y}$ 的形式进行计算，这种形式称为**离差式**. 把计算的有关结果列入表(7.2).

表 7.2

序号	时间 x_i	收入 y_i	$x_i' = x_i - \bar{x}$	$y_i' = y_i - \bar{y}$	$x_i'^2$	$y_i'^2$	$x_i' y_i'$
1	1978	3.65	−5.5	−4.54	30.25	20.61	24.37
2	1979	4.15	−4.5	−4.04	20.25	16.32	18.18
3	1980	5.01	−3.5	−3.18	12.25	10.11	11.13
4	1981	5.14	−2.5	−3.05	6.25	9.30	7.625
5	1982	5.61	−1.5	−2.58	2.25	6.66	3.87
6	1983	5.91	−0.5	−2.28	0.25	5.20	1.14
7	1984	6.94	0.5	−1.25	0.25	1.56	−0.625
8	1985	9.08	1.5	0.89	2.25	0.79	1.395
9	1986	10.68	2.5	2.49	6.25	6.20	6.225
10	1987	11.82	3.5	3.63	12.25	13.18	12.705
11	1988	14.37	4.5	6.18	20.25	38.19	27.81
12	1989	15.97	5.5	7.78	30.25	60.53	42.79
∑	23803	98.33	/	/	143	188.65	157.145

$n = 12$，$\bar{x} = 1983.5$，$\bar{y} = 8.194$，

$$\hat{b} = \frac{l_{xy}}{l_{xx}} = \frac{l_{x'y'}}{l_{x'x'}} = \frac{157.145}{143} = 1.099 .$$

$$\hat{a} = \bar{y} - \hat{b}\bar{x} = 8.149 - 1.099 \times 1983.5 = -2171.67 .$$

所以回归方程为

$$\hat{y} = -2171.67 + 1.099 x .$$

也可写成

$$\hat{y} = 8.1965 + 1.099(x - 1983.5) ,$$

或

$$\hat{y} = 7.647 + 1.099(x - 1983) .$$

§7.2 一元线性回归效果的显著性检验

由前所述，我们由任何一组数据，代入(7.6)式和(7.7)式都可以得到经验公式. 这样的经验公式是否有意义，即自变量 x 的变化是否真的对因变量 y 有线性影响？要回答这个问题，需要建立一个检验方法.

一、平方和分解公式

回归方程 $\hat{y} = \hat{a} + \hat{b}x$ 只反映了由 x 的变化引起的 y 的变化，而没有包含误差项，所以回归值 $\hat{y}_i = \hat{a} + \hat{b}x_i$ 只是 y_i 中受 x_i 影响的那一部分. 而 $y_i - \hat{y}_i$ 则是除去 x_i 的影响后，受其他种种因素影响的部分，故把 $y_i - \hat{y}_i$ 称为残差或剩余，于是观测值 y_i 可以分解成回归值与残差之和，即

$$y_i = \hat{y}_i + (y_i - \hat{y}_i),$$

且

$$y_i - \bar{y} = (\hat{y}_i - \bar{y}) + (y_i - \hat{y}_i) \quad (见图7-2).$$

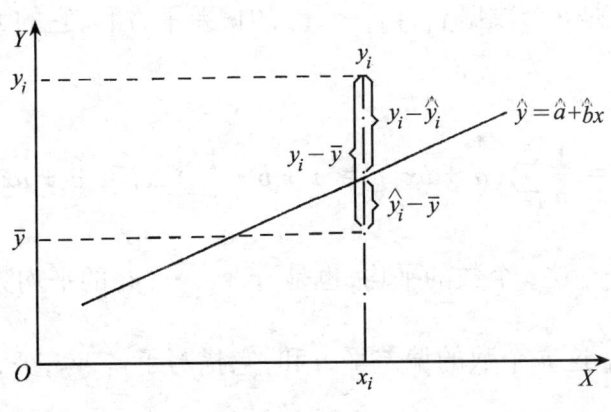

图 7-2

于是，$y_1,y_2,\cdots,y_n$ 的总偏差 $l_{yy} = \sum_{i=1}^{n}(y_i - \bar{y})^2$ 可以分解成两部分，即

$$l_{yy} = \sum_{i=1}^{n}(y_i - \bar{y})^2 = \sum_{i=1}^{n}[(\hat{y}_i - \bar{y}) + (y_i - \hat{y}_i)]^2$$

$$= \sum_{i=1}^{n}(\hat{y}_i - \bar{y})^2 + \sum_{i=1}^{n}(y_i - \hat{y}_i)^2 + 2\sum_{i=1}^{n}(\hat{y}_i - \bar{y})(y_i - \hat{y}_i).$$

又由 $\hat{a} = \bar{y} - \hat{b}\bar{x}$，可见

$$\sum_{i=1}^{n}(\hat{y}_i - \bar{y})(y_i - \hat{y}_i)$$

$$= \sum_{i=1}^{n}(\hat{a} + \hat{b}x_i - \bar{y})(y_i - \hat{a} - \hat{b}x_i) = \sum_{i=1}^{n}\hat{b}(x_i - \bar{x})[(y_i - \bar{y}) - \hat{b}(x_i - \bar{x})]$$

$$= \hat{b}\left[\sum_{i=1}^{n}(x_i - \bar{x})(y_i - \bar{y}) - \hat{b}\sum_{i=1}^{n}(x_i - \bar{x})^2\right] = 0.$$

从而有平方和分解公式

$$l_{yy} = \sum_{i=1}^{n}(y_i - \bar{y})^2 = \sum_{i=1}^{n}(\hat{y}_i - \bar{y})^2 + \sum_{i=1}^{n}(y_i - \hat{y}_i)^2. \tag{7.10}$$

记 $\sum_{i=1}^{n}(\hat{y}_i - \bar{y})^2 = U$，$\sum_{i=1}^{n}(y_i - \hat{y}_i)^2 = Q$，

则平方和分解公式(7.10)可以写成

$$l_{yy} = U + Q. \tag{7.11}$$

$\sum_{i=1}^{n}(y_i - \bar{y})^2$ 是 n 个数据 $y_1,y_2,\cdots,y_n$ 的偏差平方和，它的大小描述了这 n 个数据的分散程度.

由于 $\dfrac{1}{n}\sum_{i=1}^{n}\hat{y}_i = \dfrac{1}{n}\sum_{i=1}^{n}(\hat{a} + \hat{b}x_i) = \hat{a} + \hat{b} \cdot \dfrac{1}{n}\sum_{i=1}^{n}x_i = \hat{a} + \hat{b}\bar{x} = \bar{y}$，

即 $\bar{y}$ 是 $y_1,y_2,\cdots,y_n$ 这 n 个数的平均，也是 $\hat{y}_1,\hat{y}_2,\cdots,\hat{y}_n$ 的平均数，故 $\sum_{i=1}^{n}(\hat{y}_i - \bar{y})^2$ 就是 $\hat{y}_1,\hat{y}_2,\cdots,\hat{y}_n$ 这 n 个数的偏差平方和，它描写了 $\hat{y}_1,\hat{y}_2,\cdots,\hat{y}_n$ 的分散程度. 又 $\hat{y}_i$ 是回归直线上的纵坐标，相对应的横坐标是 x_i，因此，$\hat{y}_1,\hat{y}_2,\cdots,\hat{y}_n$ 的分散性来源于 $x_1,x_2,\cdots,x_n$ 的分散性，它是通过 x 对 Y 的相关关系引起的，因此 U 称为**回归平方和**.

关于 U 还有如下计算公式

$$U = \sum_{i=1}^{n} (\widehat{y}_i - \bar{y})^2 = \sum_{i=1}^{n} [\widehat{a} + \widehat{b}x_i - (\widehat{a} + \widehat{b}\bar{x})]^2$$

$$= \sum_{i=1}^{n} \widehat{b}^2 (x_i - \bar{x})^2 = \widehat{b}^2 l_{xx} = \widehat{b} l_{xy}. \tag{7.12}$$

$$Q = \sum_{i=1}^{n} (y_i - \widehat{y}_i)^2 = \sum_{i=1}^{n} [y_i - (\widehat{a} + \widehat{b}x_i)]^2, \tag{7.13}$$

表示除去 x 对 Y 的线性影响以外所有其他影响之和,称 Q 为**残差平方和**或**剩余平方和**. 实际上,它就是 $Q(a,b)$ 的最小值.

由(7.11)式和(7.12)式可得 Q 的计算式

$$Q = l_{yy} - U = l_{yy} - \widehat{b} l_{xy}.$$

由上式可知,若 $Q=0$,则 $l_{yy}=U$,说明 y_i 的值由回归值 $\widehat{y}_i$ 完全确定,即 Y 的值由 x 所确定,故 x 与 Y 之间线性关系非常密切. 反之,若 $U=0$, $l_{yy}=Q$,表明 y_i 的离差与 x 无关,是由 x 以外的因素引起的. 当 l_{yy} 给定后,U, Q 的大小反映了 x 对 Y 的影响程度,U 越大,x 对 Y 的线性影响就越大. 因此,可以用 Q, U 相对的比值来判断 x 与 Y 之间的线性相关程度.

二、F 检验法

有了平方和分解公式,我们可以建立 x 与 Y 之间的线性相关关系的检验法. 考虑比值 $\dfrac{U}{Q}$,它反映了线性相关关系与随机因素对 Y 的影响的大小,比值越大,说明线性关系越强,但大到什么程度就能说明有线性相关关系呢?这就需要适当选取统计量并找出其分布,用与第六章的假设检验相似的方法进行检验,通常选用

$$F \triangleq \frac{U}{Q/(n-2)} \tag{7.14}$$

作为检验统计量.

为了确定统计量 F 的分布，需对数据的结构提出正态性假定：

$$Y_1 = a + bx_1 + \varepsilon_1,$$
$$Y_2 = a + bx_2 + \varepsilon_2,$$
$$\cdots\cdots\cdots\cdots$$
$$Y_n = a + bx_n + \varepsilon_n. \tag{7.15}$$

其中 $\varepsilon_1,\varepsilon_2,\cdots,\varepsilon_n$ 是随机变量，它们相互独立，都服从零均值同方差的正态分布，即 $\varepsilon_i \sim N(0,\sigma^2)$（$\sigma^2$ 是与 x 无关的未知数）。由此可知 $Y_i \sim N(a+bx_i,\sigma^2)$。

可以证明 $E(\hat{b}) = b$，$E(\hat{a}) = a$，$E\left(\dfrac{Q}{n-2}\right) = \sigma^2$，即 $\hat{a}$，$\hat{b}$，$\dfrac{Q}{(n-2)}$ 分别是 a，b，σ^2 的无偏估计量（证明请读者自己完成），记 $S^2 = \dfrac{Q}{(n-2)}$。

在上述假定下，为判明 x，Y 之间是否有线性相关关系，可以提出待检验的假设：

假设 H_0：$b = 0$。

之所以这样假设，是因为：若 H_0 成立，即 $b=0$，$Y = a + \varepsilon$，说明 x 对 Y 没有线性影响，也就是 x，Y 之间不存在线性相关关系。若否定 H_0，即 $b \neq 0$，说明 x，Y 之间存在线性相关关系。

在假设 H_0 成立时，统计量 $F = \dfrac{U}{Q/(n-2)}$ 服从自由度为 1，$n-2$ 的 F 分布（我们不作证明）。对给定的显著水平 α，可由 F 分布分位数表得到 F 的临界值 λ。如果对一组给定的数据 $(x_1,y_1),(x_2,y_2),\cdots,(x_n,y_n)$，经计算得出的统计量 F 的值大于 λ，则否定 H_0，即 $b \neq 0$，说明 x，Y 之间有线性相关关系。

因此，相关性检验的步骤可以归纳如下：

（1）提出假设 H_0：$b=0$，H_1：$b \neq 0$；

（2）在 H_0 成立时，统计量 $F = \dfrac{U}{Q/(n-2)} \sim F(1,n-2)$，由给定的显著水平 α，查 F 分布分位数表得临界值 λ；

（3）计算 U，Q，F 的值；

（4）比较 λ 与 F 的值，若 $F > \lambda$，则否定假设"H_0：$b=0$"，即认为 x，Y 之间存在线性相关关系。否则，H_0 相容，没有理由认为 x，Y 之间有线性相关关系。

例7.3 对例7.2所求的回归方程做 F 检验.

解 提出待检验假设 $H_0: b=0$, $H_1: b\neq 0$

当 $\alpha=0.05$ 时,自由度为 $(1,10)$,查 F 表得 $\lambda=4.96$.

由表（7.2）知 $l_{x'y'}=157.145$,$l_{y'y'}=188.65$.

从而得

$$U = \hat{b} l_{x'y'} = 1.099 \times 157.15 = 172.71.$$

$$Q = l_{y'y'} - U = 188.65 - 172.71 = 15.94.$$

$$F = (n-2)\frac{U}{Q} = 108.35.$$

因为 $F=108.35>4.96$,故否定 H_0,即人均生活费收入与时间有线性相关关系. 习惯上说,直线回归是显著的. 当 F 大于相应于 $\alpha=0.01$ 的临界值 λ 时,称直线回归是高度显著的. 实际上,$\alpha=0.01$ 时,$\lambda=10.04<F$,故上例高度显著.

前面已找出人均生活费收入对时间的回归方程,并且通过了显著性检验,说明二者有显著的线性相关关系. 我们再回过来看一下散点图7-1,可以发现,这些点除受时间的影响呈现增长趋势外,还有另外某种规律性,因此可以想象,还有其他因素影响生活费收入,如我们所知的自然条件、政策因素等等,这就需要考虑多元回归的问题.

例7.4 求表7.1中的北京城市居民的人均食品支出对人均生活费收入的回归方程.

解 （1）作散点图如下,从图7-3中可以看出,这12个点大致在一条直线上.

为求回归方程,把所需计算的数据列入表7.3.

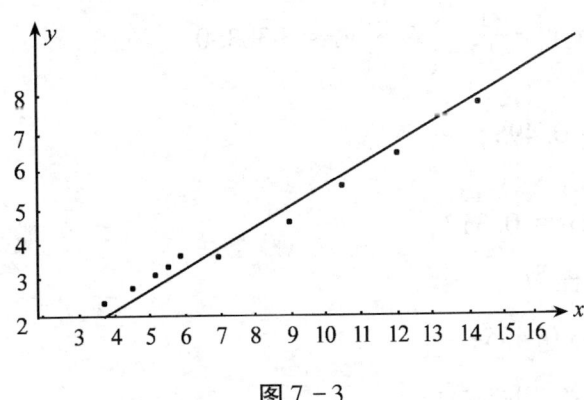

图7-3

表7.3

x_i	y_i	x_i^2	y_i^2	$x_i y_i$	$\hat{y}_i$
3.65	2.11	13.32	4.45	7.70	2.12
4.15	2.37	17.22	5.62	9.84	2.37
5.01	2.72	25.10	7.34	13.58	2.80
5.14	2.95	26.42	8.70	15.16	2.86
5.61	3.18	31.47	10.11	17.84	3.09
5.91	3.38	34.93	11.42	19.98	3.24
6.94	3.79	48.16	14.36	26.30	3.75
9.08	4.67	82.45	21.81	42.40	4.81
10.68	5.43	114.06	29.48	57.93	5.60
11.82	6.05	139.71	36.60	71.51	6.17
14.37	7.43	206.50	55.20	106.77	7.43
15.97	8.41	225.04	70.73	134.31	8.22
$\sum$ 98.33	52.48	994.38	275.82	523.38	

$$n = 12, \bar{x} = 8.194, \bar{y} = 4.373,$$

$$l_{xx} = \sum_{i=1}^{12} x_i^2 - 12\bar{x}^2 = \sum_{i=1}^{n} x_i^2 - \frac{1}{12}(\sum_{i=1}^{n} x_i)^2 = 188.648,$$

$$l_{yy} = \sum_{i=1}^{12} y_i^2 - \frac{1}{12}(\sum y_i)^2 = 275.82 - \frac{1}{12}(52.48)^2 = 46.31,$$

$$l_{xy} = \sum_{i=1}^{12} x_i y_i - \frac{1}{12}\sum_{i=1}^{12} x_i \sum_{i=1}^{12} y_i = 93.350.$$

$$\hat{b} = \frac{l_{xy}}{l_{xx}} = 0.495,$$

$$\hat{a} = \bar{y} - \hat{b}\bar{x} = 0.317,$$

故所求回归直线方程为

$$\hat{y} = 0.317 + 0.495x.$$

关于此题的显著性检验有:

$$U = \hat{b} l_{xy} = 0.495 \times 93.35 = 46.21,$$

$$Q = l_{yy} - U = 46.31 - 46.21 = 0.10,$$

$$F = \frac{(n-2)U}{Q} = 4621.$$

可见线性回归效果高度显著. 从表（7.3）中也可看出 $\hat{y}_i$ 与 y_i 也非常接近.

三、相关系数检验法

为检验相关性，也可选用

$$R \triangleq \frac{\sum_{i=1}^{n}(x_i - \bar{x})(y_i - \bar{y})}{\sqrt{\sum_{i=1}^{n}(x_i - \bar{x})^2 \cdot \sum_{i=1}^{n}(y_i - \bar{y})^2}} = \frac{l_{xy}}{\sqrt{l_{xx} l_{yy}}} \tag{7.16}$$

做为统计量，R 称为**相关系数**，当 $|R|$ 较大时，应否定假设 "$H_0: b=0$".

对于假设 "$H_0: b=0$"，由 F 与 R 提供的两种检验方法实际是一回事，这是因为 F 与 R 有如下关系式：

$$F = (n-2)\frac{R^2}{1-R^2}. \tag{7.17}$$

不难验证

$$U = \hat{b} l_{xy} = \frac{l_{xy}^2}{l_{xx}} = l_{yy} R^2, \tag{7.18}$$

$$Q = l_{yy} - U = l_{yy}(1-R^2), \tag{7.19}$$

于是

$$F = (n-2)\frac{U}{Q} = (n-2)\frac{R^2}{1-R^2}, \quad |R| = \sqrt{\frac{F}{n-2+F}}.$$

由(7.19)式可知

(1) $|R| \leq 1$；

(2) 当 l_{yy} 固定时，$|R|$ 越接近 1, Q 就越小，特别当 $|R|=1$ 时，$Q=0$，这时 n 个点在一条直线上. 若 $R=0$，则 $Q=l_{yy}$.

由(7.17)式可以看出，$|R|$ 越大，F 的值也就越大，R^2 还可以表示成

$$R^2 = \frac{U}{l_{yy}} = 1 - \frac{Q}{l_{yy}}. \qquad (7.20)$$

(3) 当 $R>0$ 时，称 x 与 Y 正相关；当 $R<0$ 时，称 x 与 Y 负相关.

在 F 检验中，F 分布的第一自由度恒为 1，F 的临界值由第二自由度 $n-2$ 来确定. 在相关系数的检验中，R 的临界值 r_α 的自由度为 $n-2$. 本书附表 7 给出了相关系数的临界值表，对于给定的显著性水平 α 和样本容量 n 可查出 R 的临界值，当 $|R|>r_\alpha(n-2)$ 时，我们认为线性回归效果显著，否则认为线性回归效果不显著.

由例 7.3 可以计算出 $R = \dfrac{l_{x'y'}}{\sqrt{l_{x'x'} l_{y'y'}}} \approx 0.957$，查附表 7，$r_{0.01}(10) = 0.7079$，$r_{0.001}(10) = 0.8233$，可见 $R > r_\alpha(10)$，回归效果高度显著.

§7.3 一元线性回归的预测与控制

如果变量 Y 与 x 之间的线性相关关系显著，利用观测数据 (x_1, y_1)，(x_2, y_2)，$\cdots$，(x_n, y_n) 求出的线性回归方程

$$\widehat{y} = \widehat{a} + \widehat{b} x$$

就大致反映了变量 Y 与 x 之间的变化规律，因此我们可以利用回归方程进行预测与控制.

一、预 测

考虑一元线性回归模型

$$Y = a + bx + \varepsilon.$$

其中 ε 是随机项，$\varepsilon \sim N(0, \sigma^2)$. 设在 $x_1, x_2, \cdots, x_n$ 时对 Y 进行了 n 次独立观

测，$y_1, y_2, \cdots, y_n$ 是相应的观测结果，因此有

$$y_i = a + bx_i + \varepsilon_i \quad (i = 1, 2, \cdots, n).$$

假设 ε_i 相互独立且服从 $N(0, \sigma^2)$ 分布，则 $y_i \sim N(a + bx_i, \sigma^2)$ 分布，相应的回归方程为

$$\hat{y} = \hat{a} + \hat{b}x.$$

预测问题，就是对当 $x = x_0$ 时的 Y 的取值作出估计. 因为 Y 是随机变量，x，Y 之间的关系不是确定性的，所以不能精确地知道 Y 的相应值 Y_0. 这时自然想到利用 $\hat{y} = \hat{a} + \hat{b}x_0$ 作为 $Y_0 = a + bx_0 + \varepsilon_0$ 的预测值，这就是**点预测**.

在实际应用中，往往不满足于预测值的点估计，还需要知道预测的精确性与可靠性，因此，应当对 Y_0 作区间估计，即对于给定的置信度 $1 - \alpha$，求出 Y_0 的置信区间，称为**预测区间**.

为了建立 Y_0 的置信区间，我们利用统计量

$$T \triangleq \frac{Y_0 - \hat{y}_0}{S\sqrt{1 + \dfrac{1}{n} + \dfrac{(x_0 - \bar{x})^2}{l_{xx}}}}, \tag{7.21}$$

其中

$$S = \sqrt{\frac{Q}{(n-2)}}. \tag{7.22}$$

当 $\varepsilon_i \sim N(0, \sigma^2)$ 且相互独立时，T 服从 $n-2$ 个自由度的 t 分布(**证明略**).
当给定置信度 $1 - \alpha$ 时，查 $n-2$ 个自由度的 t 分布分位数表得 λ，使

$$P\left\{ \left| \frac{Y_0 - \hat{y}_0}{S\sqrt{1 + \dfrac{1}{n} + \dfrac{(x_0 - \bar{x})^2}{l_{xx}}}} \right| \leq \lambda \right\} = 1 - \alpha \tag{7.23}$$

由此得出 Y_0 的 $1 - \alpha$ 置信度的置信区间

$$\left(\hat{y}_0 - \lambda S \sqrt{1 + \frac{1}{n} + \frac{(x_0 - \bar{x})^2}{l_{xx}}},\ \hat{y}_0 + \lambda S \sqrt{1 + \frac{1}{n} + \frac{(x_0 - \bar{x})^2}{l_{xx}}} \right). \tag{7.24}$$

记

$$\delta(x) = \lambda S \sqrt{1 + \frac{1}{n} + \frac{(x-\bar{x})^2}{l_{xx}}},$$

$$\nu_1(x) = \hat{y} - \delta(x),$$
$$\nu_2(x) = \hat{y} + \delta(x), \qquad (7.25)$$

对于任意的 x，$Y = a + bx + \varepsilon$ 的 $1 - \alpha$ 预测区间为

$$(\hat{y} - \delta(x), \hat{y} + \delta(x)).$$

其中 $\hat{y} = \hat{a} + \hat{b}x$. 夹在二曲线 $\nu_1(x)$ 和 $\nu_2(x)$ 之间的部分就是 $Y = a + bx + \varepsilon$ 的 $1 - \alpha$ "预测带"。回归直线 $\hat{y} = \hat{a} + \hat{b}x$ 为预测带的"中线". 预测带在 $x = \bar{x}$ 处最窄，当 x 越远离 $\bar{x}$，预测带越宽，两端呈喇叭口状(图 7-4).

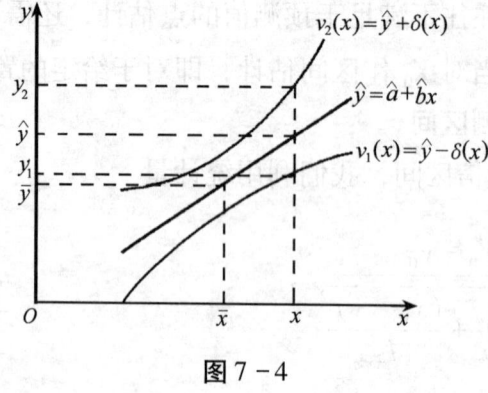

图 7-4

当 n 较大，且 x 较接近 $\bar{x}$ 时，有

$$\sqrt{1 + \frac{1}{n} + \frac{(x-\bar{x})^2}{l_{xx}}} \approx 1.$$

因此(7.24)就近似于

$$(\hat{y} - \lambda S, \hat{y} + \lambda S). \qquad (7.26)$$

又当 n 较大时，自由度为 $n-2$ 的 t 分布接近标准正态分布 $N(0,1)$. 所以这里的 λ 也可由查正态分布表得到. 故(7.26)可以表示成

$$(\hat{y} - u_{\frac{\alpha}{2}} S, \hat{y} + u_{\frac{\alpha}{2}} S). \qquad (7.26')$$

$\hat{y} - u_{\frac{\alpha}{2}} S$，$\hat{y} + u_{\frac{\alpha}{2}} S$ 是两条直线，如图 7-5 所示.

特别地，当 $\alpha = 0.05$ 时，$u_{\frac{\alpha}{2}} = 1.96$，置信区间是 $(\hat{y} - 1.96S, \hat{y} + 1.96S)$.

置信区间的长度直接关系到预测效果,其长度为 $2\lambda S\sqrt{1+\dfrac{1}{n}+\dfrac{(x-\bar{x})^2}{l_{xx}}}$,其中 $S=\sqrt{\dfrac{Q}{n-2}}$ 是关键的量.

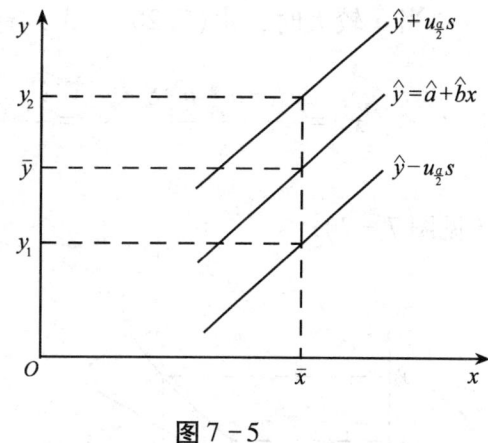

图 7-5

例 7.5 假设人均生活费收入服从正态分布,利用例 7.2 的结果,对 1990 年的人均生活费收入作预测.

解 将 $x_0=1990$ 代入回归方程 $\hat{y}=8.1965+1.099(1990-1983.5)$,得 $\hat{y}_0=15.34$.

$$S=\sqrt{\dfrac{Q}{10}}=1.26,$$

$$\sqrt{1+\dfrac{1}{12}+\dfrac{(1990-1983.5)^2}{143}}=1.17,$$

$$\lambda=2.228.$$

故 1990 年人均生活费收入的预测区间为

$(15.34-1.26\times1.17\times2.228, 15.34+1.26\times1.17\times2.228)$

$=(12.06, 18.62)$.

二、控 制

控制是预测的反问题.即如果要求 Y 的观测值 y 落在指定区间 (y_1,y_2) 内,我们应该怎样控制 x 的取值呢?亦即要求 x_1,x_2,使 x 的取值满足 $x_1<x<x_2$ 时,所对应 Y 的观测值 y 以 $1-\alpha$ 的概率落在区间 (y_1,y_2) 内.

由(7.24)式中解出 x_1 和 x_2 是比较困难的,但若利用几何图形就很容易理解.从示意图 7-6 中可以看出,由于 x_0 处的预测区间要包含在指定区间 (y_1,y_2) 内才能满足控制的要求,所以讨论控制问题时,指定的控制区间的长度 y_2-y_1,应大于预测区间的长度 $2\lambda S\sqrt{1+\dfrac{1}{n}+\dfrac{(x_0-\bar{x})^2}{l_{xx}}}$ 才能求解.

当 n 较大时，由 (7.26′) 式，有

$$x_1 = \frac{y_1 - \hat{a} + u_{\frac{\alpha}{2}}S}{\hat{b}}, \quad x_2 = \frac{y_2 - \hat{a} - u_{\frac{\alpha}{2}}S}{\hat{b}} \qquad (7.27)$$

(见图 7-7).

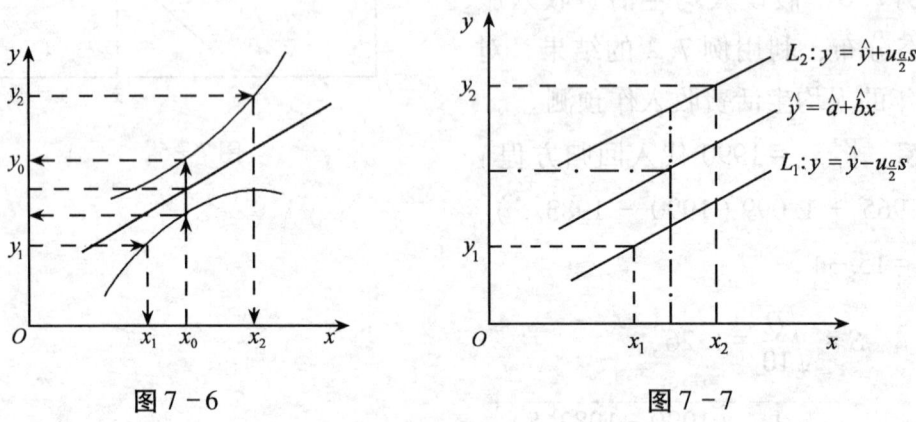

图 7-6 　　　　　　　　　　图 7-7

§7.4 非线性问题的线性化

在实际问题中，变量之间的相关关系不一定是线性的，当变量之间存在着非线性关系时，一般应该用回归曲线来描述. 通常是根据散点图所呈现出的形状与常见的已知函数图形作比较，选择一条曲线拟合散点图上这些点，但直接求回归曲线往往比较困难，对一些特殊类型，可以通过适当的变量替换化为线性回归问题来处理.

为了便于选择适当的曲线类型，我们列举一些常用的曲线方程及其图形，并给出相应的化为直线方程的变量替换公式.

1. 双曲线型

$$\frac{1}{y} = a + \frac{b}{x} \quad (\text{图 7-8}).$$

令 $y' = \dfrac{1}{y}, \; x' = \dfrac{1}{x}$，则有

$$y' = a + bx'.$$

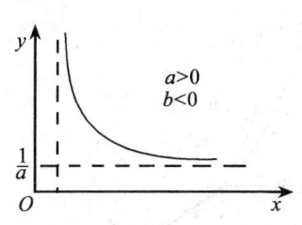

图 7-8

2. 指数曲线型

(1) $y = ce^{bx}$ （$c>0$）（图 7-9）.

令 $y' = \ln y$, $a = \ln c$, 则有

$$y' = a + bx.$$

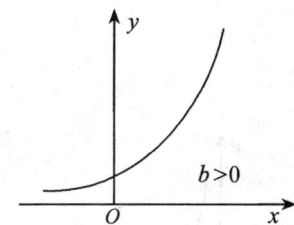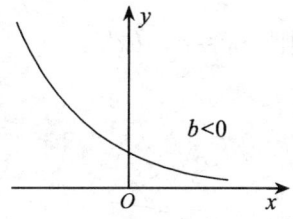

图 7-9

(2) $y = ce^{\frac{b}{x}}$ （$c>0$）（图 7-10）.

令 $y' = \ln y$, $x' = \dfrac{1}{x}$, $a = \ln c$, 则有

$$y' = a + bx'.$$

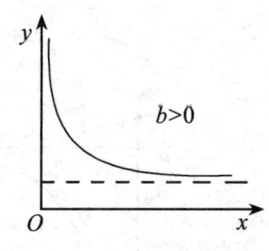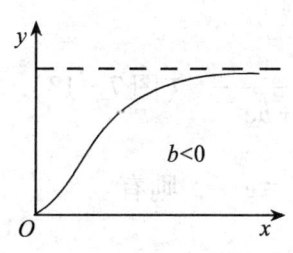

图 7-10

3. 幂函数型

$$y = cx^b \quad (c>0) \quad （图 7-11）.$$

令 $y' = \ln y$, $x' = \ln x$, $a = \ln c$, 则有

$$y' = a + bx'.$$

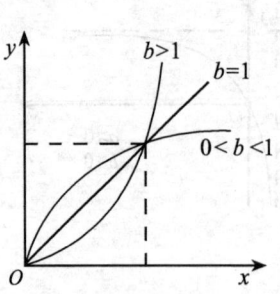
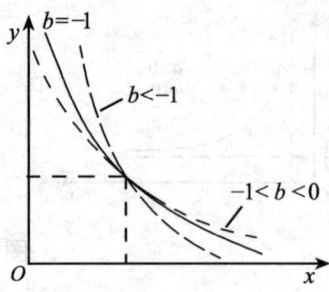

图 7-11

4. 对数曲线型

$$y = a + b\ln x \quad (图7-12).$$

令 $x' = \ln x$,则 $y = a + bx'$.

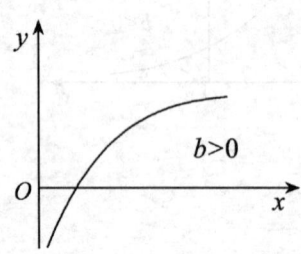
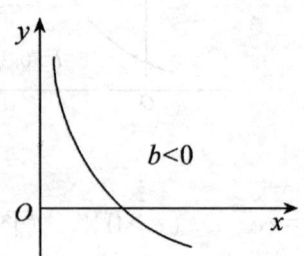

图 7-12

5. S 曲线型

$$y = \frac{1}{a + be^{-x}} \quad (图7-13).$$

令 $y' = \dfrac{1}{y}$, $x' = e^{-x}$,则有

$$y' = a + bx'.$$

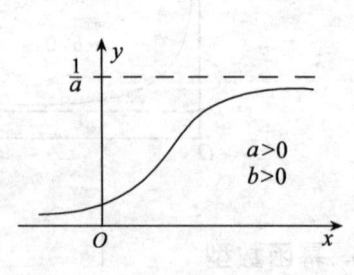

图 7-13

例 7.6 某种消费品每年的销售额资料如表 7.4. 试建立销售额 Y 对时间 t(年)的回归方程.

表 7.4

年度 t	销售额 Y（万元）	增长率（%）	年度 t	销售额 Y（万元）	增长率（%）
1973	3.0		1980	31.0	38
1974	4.2	40	1981	44.6	44
1975	5.7	36	1982	60.1	35
1976	8.3	46	1983	84.3	40
1977	11.5	39	1984	118.6	41
1978	16.0	39	1985	163.9	38
1979	22.4	40			

解 根据时间序列资料画出散点图(图 7-14).

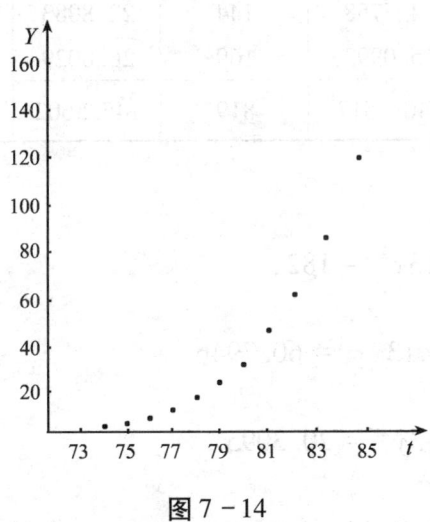

图 7-14

从散点图上看，时间 t 与销售额 Y 之间不是线性关系，因此需要确定 t 与 Y 之间相关关系的函数形式．我们把当年 t 对前一年 $t-1$ 的增长率列在表内，可以看出，资料在观测期内增加的百分率接近相等，因此，可以认为两者之间近似指数函数关系 $Y = \alpha e^{bt}$．作变量替换，令 $y = \ln Y$，$a = \ln \alpha$，变换后化为 $y = a + bt$．按例 7.2 的计算方法，把计算过程列在表 7.5 中．

表 7.5

年 份 x	销售额 Y	$y = mY$	x^2	y^2	xy	回归值 $\hat{Y}$
1	3.0	1.0986	1	1.2069	1.0986	3.0041
2	4.2	1.4351	4	2.0595	2.8702	4.1953
3	5.7	1.7405	9	3.0293	5.2215	5.8590
4	8.3	2.1163	16	4.4787	8.4652	8.1823
5	11.5	2.4423	25	5.0648	12.2115	11.4270
6	16.0	2.7726	36	7.6873	16.6356	15.9583
7	22.4	3.1091	49	9.6665	21.7637	22.2865
8	31.0	3.4340	64	11.7924	27.4720	31.1240
9	44.6	3.7977	81	14.4225	34.1793	43.4660
10	60.1	4.0960	100	16.7772	40.9600	60.7022
11	84.3	4.4344	121	19.6639	48.7784	84.7732
12	118.6	4.7758	144	22.8083	57.3096	118.3894
13	163.9	5.0993	169	26.0029	66.2909	165.3360
∑		40.3517	819	145.5602	343.2565	

$$x = t - 1973, \quad \bar{x} = 7.$$

$$l_{xx} = \sum_{i=1}^{13} x_i^2 - 13\bar{x}^2 = 182,$$

$$l_{xy} = \sum_{i=1}^{13} x_i y_i - 13\bar{x}\bar{y} = 60.7946,$$

$$l_{yy} = \sum_{i=1}^{13} y_i^2 - 13\bar{y}^2 = 20.3095.$$

$$\hat{b} = \frac{l_{xy}}{l_{xx}} = 0.3340,$$

$$\hat{a} = 0.7660.$$

得回归方程

$$\hat{y} = 0.7660 + 0.3340x \tag{7.28}$$

$$= 0.7660 + 0.3340(t - 1972).$$

再化成指数形式

$$\hat{Y} = 2.1511 e^{0.3340(t-1972)}. \tag{7.29}$$

表 7.5 最后一栏列出回归值 $\hat{Y}$，它与 Y 非常接近，下面对(7.28)式作 F

检验.

$$U = \hat{b}\, l_{xy} = 20.3054,$$
$$Q = l_{yy} - U = 0.0041,$$
$$F = 20.3054 \times 11 \div 0.0041 = 54478.$$

由 F 值之大,可见高度显著.

请读者对 $t=1987$,$\alpha=0.05$,作点预测和区间预测.

［**评注**］ 我们本章例题都是手工计算的,应用统计软件可以很方便地计算出 l_{xx}、l_{yy}、l_{xy}、U、Q 等值,也可直接得到 $\hat{a}$,$\hat{b}$.

§7.5 多元线性回归的最小二乘法

前面讨论的只是两个变量间的相互关系,因变量只与一个自变量有关.但在许多实际问题中,一个随机变量往往受多个因素的影响,处理这类问题要用多元回归分析.多元线性回归分析原理与一元线性回归分析相同,只是计算更加复杂,但利用统计软件,问题就变得非常简单了.

一、多元线性回归的数学模型

设随机变量 Y 与自变量 $x_1, x_2, \cdots, x_k$ 有关系式

$$Y = b_0 + b_1 x_1 + b_2 x_2 + \cdots + b_k x_k + \varepsilon. \tag{7.30}$$

其中 ε 是随机项,服从正态分布 $N(0, \sigma^2)$.

$$(y_1; x_{11}, x_{21}, \cdots, x_{k1}),$$
$$(y_2; x_{12}, x_{22}, \cdots, x_{k2}),$$
$$\cdots\cdots\cdots\cdots\cdots$$
$$(y_n; x_{1n}, x_{2n}, \cdots, x_{kn}),$$

是 n 组观测数据,y_j 是在 $x_1 = x_{1j}, x_2 = x_{2j}, \cdots, x_k = x_{kj}$ 的条件下,对 Y 的观测值,假定

$$\begin{cases} Y_1 = b_0 + b_1 x_{11} + b_2 x_{21} + \cdots + b_k x_{k1} + \varepsilon_1, \\ Y_2 = b_0 + b_1 x_{12} + b_2 x_{22} + \cdots + b_k x_{k2} + \varepsilon_2, \\ \cdots\cdots\cdots\cdots\cdots\cdots\cdots\cdots\cdots\cdots \\ Y_n = b_0 + b_1 x_{1n} + b_2 x_{2n} + \cdots + b_k x_{kn} + \varepsilon_n. \end{cases} \quad (7.31)$$

$b_0, b_1, \cdots, b_k$ 是待估参数，称做回归系数；$\varepsilon_1, \varepsilon_2, \cdots, \varepsilon_n$ 相互独立都服从正态分布 $N(0, \sigma^2)$，是随机误差，σ^2 未知．

我们的任务是根据样本观测值，求出未知参数 $b_0, b_1, \cdots, b_k$ 的估计值 $\widehat{b}_0, \widehat{b}_1, \cdots, \widehat{b}_k$，从而得到 Y 对 $x_1, x_2, \cdots, x_k$ 的线性回归方程．

二、最小二乘估计与正规方程

我们仍用最小二乘法求 $b_0, b_1, \cdots, b_k$ 的估计值．

令

$$Q(b_0, b_1, \cdots, b_k) = \sum_{j=1}^{n} [y_j - (b_0 + b_1 x_{1j} + b_2 x_{2j} + \cdots + b_k x_{kj})]^2.$$

称使 $Q(b_0, b_1, \cdots, b_k)$ 达到最小值的 $\widehat{b}_0, \widehat{b}_1, \cdots, \widehat{b}_k$ 为 $b_0, b_1, \cdots, b_k$ 的最小二乘估计．

$$\begin{cases} \dfrac{\partial Q}{\partial b_0} = -2 \sum_{j=1}^{n} [y_j - (b_0 + b_1 x_{1j} + \cdots + b_k x_{kj})] = 0, \\ \dfrac{\partial Q}{\partial b_1} = -2 \sum_{j=1}^{n} [y_j - (b_0 + b_1 x_{1j} + \cdots + b_k x_{kj})] x_{1j} = 0, \\ \cdots\cdots\cdots\cdots\cdots\cdots\cdots\cdots\cdots\cdots\cdots\cdots\cdots\cdots \\ \dfrac{\partial Q}{\partial b_k} = -2 \sum_{j=1}^{n} [y_j - (b_0 + b_1 x_{1j} + \cdots + b_k x_{kj})] x_{kj} = 0. \end{cases} \quad (7.32)$$

由 (7.32) 的第一式得

$$b_0 + b_1 \bar{x}_1 + b_2 \bar{x}_2 + \cdots + b_k \bar{x}_k = \bar{y},$$

其中

$$\bar{x}_i = \frac{1}{n} \sum_{j=1}^{n} x_{ij}, \qquad i = 1, 2, \cdots k,$$

$$\bar{y} = \frac{1}{n}\sum_{j=1}^{n} y_j.$$

将上面结果代入(7.32)的其余各式,经整理可得方程组

$$\begin{cases} b_0 = \bar{y} - b_1\bar{x}_1 - b_2\bar{x}_2 - \cdots - b_k\bar{x}_k, \\ s_{11}b_1 + s_{12}b_2 + \cdots + s_{1k}b_k = s_{1y}, \\ s_{21}b_1 + s_{22}b_2 + \cdots + s_{2k}b_k = s_{2y}, \\ \cdots\cdots\cdots\cdots\cdots\cdots\cdots\cdots\cdots\cdots\cdots\cdots \\ s_{k1}b_1 + s_{k2}b_2 + \cdots + s_{kk}b_k = s_{ky}. \end{cases} \quad (7.33)$$

其中

$$s_{ij} = s_{ji} = \sum_{t=1}^{n}(x_{it} - \bar{x}_i)(x_{jt} - \bar{x}_j), \quad i,j = 1,2,\cdots,k,$$

$$s_{iy} = \sum_{t=1}^{n}(x_{it} - \bar{x}_i)(y_t - \bar{y}), \quad i = 1,2,\cdots,k.$$

方程组(7.33)称为**正规方程组**. 解正规方程组得 $\hat{b}_0, \hat{b}_1, \cdots, \hat{b}_k$,从而,回归方程为

$$\hat{y} = \hat{b}_0 + \hat{b}_1 x_1 + \hat{b}_2 x_2 + \cdots + \hat{b}_k x_k.$$

三、平方和分解公式

跟一元回归类似,仍有平方和分解公式

$$s_{yy} = U + Q. \quad (7.34)$$

其中

$$s_{yy} = \sum_{t=1}^{n}(y_t - \bar{y})^2,$$

$$U = \sum_{t=1}^{n}(\hat{y}_t - \bar{y})^2,$$

$$Q = \sum_{t=1}^{n}(y_t - \hat{y}_t)^2,$$

并分别称为偏差平方和、回归平方和与残差平方和.

四、相关性检验

与一元回归情况相似,首先建立待检验的假设

$$H_0: b_1 = b_2 = \cdots = b_k = 0$$

若经过检验否定假设 H_0,则认为 Y 与 $x_1, x_2, \cdots, x_k$ 之间存在线性相关关系.

选取统计量

$$F = \frac{U/k}{Q/(n-k-1)} \tag{7.35}$$

当 H_0 成立时,$F \sim F(k, n-k-1)$. 于是,对给定的显著水平 α,查 F 分布表得临界值 λ,计算统计量 F,若 $F > \lambda$,则拒绝 H_0,否则 H_0 相容.

在多元回归模型中,否定了 H_0,即认为回归方程是显著的,这是就总体 $x_1, x_2, \cdots, x_k$ 对 Y 的线性影响而言,并不意味着 k 个变量中,每一个 x_i 都与 Y 有线性相关关系. 另外,在实际工作中,往往需要知道哪些变量是重要的,Y 与它们有显著的线性关系;哪些变量不重要,Y 与它们的线性关系不显著,这样以便保留重要的变量,剔除那些不重要的变量.

五、回归变量主次因素的判别

回归平方和 U 刻划了全部自变量 $x_1, x_2, \cdots, x_k$ 对随机变量 Y 的线性影响. 若从这 k 个自变量中剔除某一个 x_i,考虑 Y 对剩下的 $k-1$ 个变量的线性回归,把相应的回归平方和记作 $U_{(i)}$,它反映了不包括 x_i 在内的其余 $k-1$ 个自变量对 Y 的线性作用. 我们称

$$u_i = U - U_{(i)} \tag{7.36}$$

为 $x_1, x_2, \cdots, x_k$ 中 x_i 的偏回归平方和. 这个偏回归平方和可以看作 x_i 产生的作用,因此用它来衡量 x_i 在 Y 对 $x_1, x_2, \cdots, x_k$ 的线性回归中的作用的大小.

假设 $H_0: b_i = 0$

取统计量

$$F_i = \frac{u_i}{Q/(n-k-1)}. \tag{7.37}$$

在 H_0 成立的条件下，$F_i \sim F(1, n-k-1)$ 分布. 对于 u_i, 有计算公式

$$u_i = \frac{\widehat{b_i}^2}{c_{ii}} \quad (i=1,2,\cdots,k) \tag{7.38}$$

其中 c_{ii} 是正规方程组(7.33) 的 k 个方程的系数矩阵

$$L = \begin{vmatrix} s_{11} & s_{12} & \cdots & s_{1k} \\ s_{21} & s_{22} & \cdots & s_{2k} \\ \cdots\cdots\cdots\cdots\cdots \\ s_{k1} & s_{k2} & \cdots & s_{kk} \end{vmatrix}$$

的逆矩阵 L^{-1} 的主对角线上的第 i 个元素.

对给定的显著水平 α，查自由度为 $(1, n-k-1)$ 的 F 分布分位数表，得临界值 λ. 若 $F_i > \lambda$，则否定 H_0（当 $\alpha = 0.05$ 时称 x_i 是显著的，$\alpha = 0.01$ 时，称 x_i 高度显著），当 $F_i < \lambda$，就应从回归方程中剔除 x_i.

习 题 七

1. 令 $X = x + h$, $Y = y + k$, h, k 为任意常数，试证明

$$\widehat{b} = \frac{n\sum X_i Y_i - (\sum X_i)(\sum Y_i)}{n\sum X_i^2 - (\sum X_i)^2} = \frac{n\sum x_i y_i - \sum x_i \sum y_i}{n\sum x_i^2 - (\sum x_i)^2}$$

其中 $\sum$ 是 i 从 1 到 n 求和，$\widehat{b}$ 是线性回归系数.

2. 随机抽取某地区 5 个家庭的年收入与年储蓄（千元）资料：

年收入 x	8	11	9	6	6
年储蓄 Y	0.6	1.2	1.0	0.7	0.3

(1) 求 Y 对 x 的回归方程 $\hat{Y} = \hat{a} + \hat{b}x$，并作散点图；

(2) 解释斜率 $\hat{b}$，截距 $\hat{a}$ 的意义；

(3) 求消费 C 对收入 x 的回归直线 $\hat{C} = \hat{a}' + \hat{b}'x$；

(4) 比较两回归直线的斜率 $\hat{b}$ 与 $\hat{b}'$ 的关系．

3. 为确定广告费用与销售额的关系，现作一统计，得资料如下表：

广告费 x（万元）	40	25	20	30	40	40	25	20	50	20	50	50
销售费 Y（万元）	490	395	420	475	385	525	480	400	560	365	510	540

(1) 求销售额 Y 对广告费 x 的回归方程；

(2) 以显著水平 $\alpha = 0.05$ 检验假设 $H_0: b = 0$；

(3) 求当广告费 $x = 35$ 时，销售额的点预测与区间预测．

4. 某进修班有学员 150 人，以 X、Y 分别表示期中与期末成绩，已知各统计量 $\bar{x} = 65$，$\bar{y} = 72$，$l_{xx} = 36000$，$l_{yy} = 24000$，$l_{xy} = 15000$，另有一学员期中缺考，期末得 57 分，试估计该学员期中考试成绩的 95% 预测区间．

5. 在服装标准的制定过程中，调查了很多人的身材，得到一系列服装各部位的尺寸与身高、胸围等的关系．下面是一组女青年身高 x 与裤长 y 的数据表：

i	x	y	i	x	y	i	x	y
1	168	107	11	158	100	21	156	99
2	162	103	12	156	99	22	164	107
3	160	103	13	165	105	23	168	108
4	160	102	14	158	101	24	165	106
5	156	100	15	166	105	25	162	103
6	157	100	16	162	105	26	158	101
7	162	102	17	150	97	27	157	101
8	159	101	18	152	98	28	172	110
9	168	107	19	156	101	29	147	95
10	159	100	20	159	103	30	155	99

(1) 求裤长 y 对身高 x 的回归方程;

(2) 检验回归方程的显著性.

*6. 某商品需求量 Y 与价格 x 的统计资料由下表给出:

需求量 Y	543	580	618	695	724	812	887	991	1186	1940
价格 x	61	54	50	43	38	36	28	23	19	10

试求需求函数方程(需求函数可用价格的幂函数近似表示).

常用概率统计数值表

附表1 二项分布累计概率值表 $\sum_{m=0}^{x}\binom{n}{m}p^m(1-p)^{n-m}$

n	x	$p=0.01$	$p=0.02$	$p=0.03$	$p=0.04$	$p=0.05$
5	0	0.9510	0.9039	0.8587	0.8153	0.7738
	1	9980	9962	9945	9852	9774
	2			9997	9994	9988
	3					
10	0	0.9044	0.8171	0.7374	0.6648	0.5987
	1	9957	9838	9655	9418	9139
	2	9999	9991	9972	9938	9885
	3			9999	9996	9990
15	0	0.8601	0.7386	0.6333	0.5421	0.4633
	1	9904	9647	9270	8809	8290
	2	9996	9970	9906	9797	9638
	3		9998	9992	9976	9945
	4			9999	9998	9994
	5					
20	0	0.8179	0.6676	0.5438	0.4420	0.3585
	1	9831	9401	8802	8103	7358
	2	9990	9929	9790	9561	9245
	3		9994	9973	9926	9841
	4			9997	9990	9974
	5				9999	9997
	6					
30	0	0.7397	0.5455	0.4040	0.2939	0.2146
	1	9639	8794	7731	6612	5535
	2	9967	9783	9399	8831	8122
	3	9998	9971	9881	9694	9392
	4	0.9999	0.9996	0.9982	0.9937	0.9844
	5			9997	9989	9967
	6				9999	9994
	7					9999
40	0	0.6690	0.4457	0.2957	0.1954	0.1285
	1	9393	8095	6615	5210	3991
	2	9925	9543	8822	7855	6767
	3	9993	9918	9686	9252	8619
	4		0.9988	0.9933	0.9790	0.9520
	5		9999	9988	9951	9861
	6			9998	9990	9966
	7				9998	9993
	8					9999

续 表

n	x	$p=0.06$	$p=0.07$	$p=0.08$	$p=0.09$
5	0	0.7339	0.6957	0.6591	0.6240
	1	9681	9575	9466	9326
	2	9980	9969	9955	9937
	3		9999	9998	9997
10	0	0.5386	0.4840	0.4344	0.3894
	1	8824	8483	8121	7746
	2	9812	9717	9599	9460
	3	9980	9964	9942	9912
15	0	0.3953	0.3367	0.2863	0.2430
	1	7738	7168	6597	6035
	2	9429	9171	8870	8534
	3	9896	9825	9727	9601
	4	9986	9972	9950	9918
	5	9999	9997	9993	9987
20	0	0.2901	0.2342	0.1887	0.1516
	1	6605	5869	5169	4546
	2	8850	8390	7879	7334
	3	9710	9529	9294	9007
	4	9944	9893	9817	9710
	5	9991	9981	9962	9962
	6	9999	9997	9994	9987
30	0	0.1563	0.1134	0.0820	0.0591
	1	4555	3694	2958	2343
	2	7324	6488	5654	4855
	3	8974	8450	7842	7175
	4	0.9685	0.9447	0.9126	0.8723
	5	9921	9838	9707	9519
	6	9983	9960	9918	9848
	7	9997	9992	9980	9959
40	0	0.0842	0.0549	0.0356	0.0230
	1	2990	2201	1594	1140
	2	5665	4625	3694	2894
	3	7827	3837	6007	5092
	4	0.9104	0.8546	0.7868	0.7103
	5	9691	9419	9033	8535
	6	9909	9801	9624	9361
	7	9977	9942	9873	9758
	8	9995	9985	9963	9920

续 表

n	x	p = 0.10	p = 0.20	p = 0.30	p = 0.40
5	0	0.5905	0.3277	0.1681	0.0778
	1	9185	7373	5282	3370
	2	9914	9421	8369	6826
	3	9995	9933	9692	9130
	4	9997	9997	9976	9898
	5		1.0000	1.0000	1.0000
10	0	0.3487	0.1074	0.0282	0.0060
	1	7361	3758	1493	0464
	2	9298	6778	3828	1673
	3	9872	8791	6496	3823
	4	0.9984	0.9672	0.8497	0.6331
	5	9999	9936	9527	8338
	6		9991	9894	9452
	7		9999	9984	9877
	8			9999	9983
15	0	0.2059	0.0352	0.0047	0.0005
	1	5490	1671	0353	0052
	2	8159	3980	1268	0271
	3	9445	6482	2969	0905
	4	9873	8358	5155	2173
	5	9978	9389	7216	4032
	6	0.9997	0.9819	0.8689	0.6098
	7		9958	9500	7869
	8		9992	9848	9050
	9		9999	9963	9662
	10			9993	9907

续 表

n	x	p = 0.10	p = 0.20	p = 0.30	p = 0.40
20	0	0.1216	0.0115	0.0008	—
	1	3917	0692	0076	0.0005
	2	6769	2061	0355	0036
	3	8670	4114	1071	0160
	4	9568	6296	2375	0510
	5	9887	8042	4164	1256
	6	0.9976	0.9133	0.6080	0.2500
	7	9996	9679	7723	4159
	8	9999	9900	8867	5956
	9		9974	9520	7553
	10		9994	9829	8725
	11		9999	9949	9435
	12			9987	9790
	13			9997	9935
30	0	0.0424	0.0012	0.0000	—
	1	1837	0405	0003	—
	2	4114	0442	0021	0.0000
	3	6474	1227	0093	0003
	4	8245	2552	0302	0015
	5	9268	4275	0766	0057
	6	0.9742	0.6070	0.1595	0.0172
	7	9922	7608	2814	0435
	8	9980	8713	4315	0940
	9	9995	9389	5988	1763
	10	9999	9744	7304	2915
	11		9905	8407	4311

续　表

n	x	p = 0.10	p = 0.20	p = 0.30	p = 0.40
30	12		0.9969	0.9155	0.5785
	13		9991	9599	7145
	14		0.9998	0.9831	0.8246
	15			9936	9029
	16			9979	9519
	17			9994	9798
	18			9998	9917
40	0	0.0148	0.0001	—	—
	1	0805	0015	—	—
	2	2228	0079	0.0001	—
	3	4231	0285	0006	—
	4	6290	0759	0026	—
	5	0.7937	0.1613	0.0086	0.0001
	6	9005	2859	0238	0006
	7	9581	4371	0553	0021
	8	9845	5931	1100	0061
	9	9949	7318	1959	0156
	10	0.9985	0.8392	0.3087	0.0352
	11	9996	9125	4406	0709
	12	9999	9568	5772	1285
	13		9806	7032	2112
	14		9921	8074	3174
	15		0.9971	0.8849	0.4402
	16		9990	9367	5681
	17		9997	9680	6885
	18		9999	9852	7911
	19			9937	8702
	20			0.9976	0.9256
	21			9991	9608
	22			9997	9811
	23			9999	9917

附表2　泊松分布概率值表 $P\{X=m\}=\dfrac{\lambda^m}{m!}\mathrm{e}^{-\lambda}$

m \ λ	0.1	0.2	0.3	0.4	0.5	0.6	0.7	0.8
0	0.904837	0.818731	0.740818	0.676320	0.606531	0.548812	0.496585	0.449329
1	0.090484	0.163746	0.222245	0.268128	0.303265	0.329287	0.347610	0.359463
2	0.004524	0.016375	0.033337	0.053626	0.075816	0.098786	0.121663	0.143785
3	0.000151	0.001092	0.003334	0.007150	0.012636	0.019757	0.028388	0.038343
4	0.000004	0.000055	0.000250	0.000715	0.001580	0.002964	0.004968	0.007669
5		0.000002	0.000015	0.000057	0.000158	0.000356	0.000696	0.001227
6			0.000001	0.000004	0.000013	0.000036	0.000081	0.000164
7					0.000001	0.000003	0.000008	0.000019
8							0.000001	0.000002
9								
10								
11								
12								
13								
14								
15								
16								
17								

续　表

0.9	1.0	1.5	2.0	2.5	3.0	3.5	4.0
0.406570	0.367879	0.223130	0.135335	0.082085	0.049787	0.030197	0.018316
0.365913	0.367879	0.334695	0.270671	0.205212	0.149361	0.105691	0.073263
0.164661	0.183940	0.251021	0.270671	0.256516	0.224042	0.184959	0.146525
0.049398	0.061313	0.125510	0.180447	0.213763	0.224042	0.215785	0.195367
0.011115	0.015328	0.047067	0.090224	0.133602	0.168031	0.188812	0.195367
0.060001	0.003066	0.014120	0.036089	0.066801	0.100819	0.132169	0.156293
0.000300	0.000511	0.003530	0.012030	0.027834	0.050409	0.077098	0.104196
0.000039	0.000073	0.000756	0.003437	0.009941	0.021604	0.038549	0.059540
0.000004	0.000009	0.000142	0.000859	0.003106	0.008102	0.016865	0.029770
	0.000001	0.000024	0.000191	0.000863	0.002701	0.006559	0.013231
		0.000004	0.000038	0.000216	0.000810	0.002296	0.005292
			0.000007	0.000049	0.000221	0.000730	0.001925
			0.000001	0.000010	0.000055	0.000213	0.000642
				0.000002	0.000013	0.000057	0.000197
					0.000002	0.000014	0.000056
					0.000001	0.000003	0.000015
						0.000001	0.000004
							0.000001

续 表

m \ λ	4.5	5.0	5.5	6.0	6.5	7.0	7.5	8.0
0	0.011109	0.006738	0.004087	0.002479	0.001503	0.000912	0.000553	0.000335
1	0.049990	0.033690	0.022477	0.014873	0.009773	0.006383	0.004148	0.002684
2	0.112479	0.084224	0.061812	0.044618	0.031760	0.022341	0.015556	0.010735
3	0.168718	0.140374	0.113323	0.089235	0.068814	0.052129	0.038888	0.028626
4	0.189808	0.175467	0.155819	0.133853	0.111822	0.091226	0.072917	0.057252
5	0.170827	0.175467	0.171001	0.160623	0.145369	0.127717	0.109374	0.091604
6	0.128120	0.146223	0.157117	0.160623	0.157483	0.149003	0.136719	0.122138
7	0.082363	0.104445	0.123449	0.137677	0.146234	0.149003	0.146484	0.139587
8	0.046329	0.065278	0.084872	0.103258	0.118815	0.130377	0.137328	0.139587
9	0.023165	0.036266	0.051866	0.068838	0.085811	0.101405	0.114441	0.124077
10	0.010424	0.018133	0.028526	0.041303	0.055777	0.070983	0.085830	0.099262
11	0.004264	0.008242	0.014263	0.022529	0.032959	0.045171	0.058521	0.072190
12	0.001599	0.003434	0.006537	0.011264	0.017853	0.026350	0.036575	0.048127
13	0.000554	0.001321	0.002766	0.005199	0.008927	0.014188	0.021101	0.029616
14	0.000178	0.000472	0.001086	0.002228	0.004144	0.007094	0.011305	0.016924
15	0.000053	0.000157	0.000399	0.000891	0.001796	0.003311	0.005652	0.009026
16	0.000015	0.000049	0.000137	0.000334	0.000730	0.001448	0.002649	0.004513
17	0.000004	0.000014	0.000044	0.000118	0.000279	0.000596	0.001169	0.002124
18	0.000001	0.000004	0.000014	0.000039	0.000100	0.000232	0.000487	0.000944
19		0.000001	0.000004	0.000012	0.000035	0.000085	0.000192	0.000397
20			0.000001	0.000004	0.000011	0.000030	0.000072	0.000159
21				0.000001	0.000004	0.000010	0.000026	0.000061
22					0.000001	0.000003	0.000009	0.000022
23						0.000001	0.000003	0.000008
24							0.000001	0.000003
25								0.000001
26								
27								
28								
29								

续 表

8.5	9.0	9.5	10.0	λ \ m	20	λ \ m	30
0.000203	0.000123	0.000075	0.000045	5	0.0001	12	0.0001
0.001730	0.001111	0.000711	0.000454	6	0.0002	13	0.0002
0.007350	0.004998	0.003378	0.002270	7	0.0005	14	0.0005
0.020826	0.014994	0.010696	0.007567	8	0.0013	15	0.0010
0.044255	0.033737	0.025403	0.018917	9	0.0029	16	0.0019
0.075233	0.060727	0.048265	0.037833	10	0.0058	17	0.0034
0.106581	0.091090	0.076421	0.063055	11	0.0106	18	0.0057
0.129419	0.117116	0.103714	0.090079	12	0.0176	19	0.0089
0.137508	0.131756	0.123160	0.112599	13	0.0271	20	0.0134
0.129869	0.131756	0.130003	0.125110	14	0.0382	21	0.0192
0.110303	0.118580	0.122502	0.125110	15	0.0517	22	0.0261
0.085300	0.097020	0.106662	0.113736	16	0.0646	23	0.0341
0.060421	0.072765	0.084440	0.094780	17	0.0760	24	0.0426
0.039506	0.050376	0.061706	0.072908	18	0.0814	25	0.0571
0.023986	0.032384	0.041872	0.052077	19	0.0888	26	0.0590
0.013592	0.019431	0.026519	0.034718	20	0.0888	27	0.0655
0.007220	0.010930	0.015746	0.021699	21	0.0846	28	0.0702
0.003611	0.005786	0.008799	0.012764	22	0.0767	29	0.0726
0.001705	0.002893	0.004644	0.007091	23	0.0669	30	0.0726
0.000762	0.001370	0.002322	0.003732	24	0.0557	31	0.0703
0.000324	0.000617	0.001103	0.001866	25	0.0446	32	0.0659
0.000132	0.000264	0.000433	0.000889	26	0.0343	33	0.0599
0.000050	0.000108	0.000216	0.000404	27	0.0254	34	0.0529
0.000019	0.000042	0.000089	0.000176	28	0.0182	35	0.0453
0.000007	0.000016	0.000025	0.000073	29	0.0125	36	0.0378
0.000002	0.000006	0.000014	0.000029	30	0.0083	37	0.0306
0.000001	0.000002	0.000004	0.000011	31	0.0054	38	0.0242
	0.000001	0.000002	0.000004	32	0.0034	39	0.0186
		0.000001	0.000001	33	0.0020	40	0.0139
			0.000001	34	0.0012	41	0.0102
						42	0.0073
						43	0.0051
				35	0.0007	44	0.0035
				36	0.0004	45	0.0023
				37	0.0002	46	0.0015
				38	0.0001	47	0.0010
				39	0.0001	48	0.0006

附表 3 标准正态分布表

$$\Phi(x) = \frac{1}{\sqrt{2\pi}} \int_{-\infty}^{x} e^{-\frac{t^2}{2}} dt \quad (x \geq 0)$$

x	0.00	0.01	0.02	0.03	0.04	0.05	0.06	0.07	0.08	0.09	x
0.0	0.5000	0.5040	0.5080	0.5120	0.5160	0.5199	0.5239	0.5279	0.5319	0.5359	0.0
0.1	0.5398	0.5438	0.5478	0.5517	0.5557	0.5596	0.5636	0.5675	0.5714	0.5753	0.1
0.2	0.5793	0.5832	0.5871	0.5910	0.5948	0.5987	0.6026	0.6064	0.6103	0.6141	0.2
0.3	0.6179	0.6217	0.6255	0.6293	0.6331	0.6368	0.6406	0.6443	0.6480	0.6517	0.3
0.4	0.6554	0.6591	0.6628	0.6664	0.6700	0.6736	0.6772	0.6808	0.6844	0.6879	0.4
0.5	0.6915	0.6950	0.6985	0.7019	0.7054	0.7088	0.7123	0.7157	0.7190	0.7224	0.5
0.6	0.7257	0.7291	0.7324	0.7357	0.7389	0.7422	0.7454	0.7486	0.7517	0.7549	0.6
0.7	0.7580	0.7611	0.7642	0.7673	0.7703	0.7734	0.7764	0.7794	0.7823	0.7852	0.7
0.8	0.7881	0.7910	0.7939	0.7967	0.7995	0.8023	0.8051	0.8078	0.8106	0.8133	0.8
0.9	0.8159	0.8186	0.8212	0.8238	0.8264	0.8289	0.8315	0.8340	0.8365	0.8389	0.9
1.0	0.8413	0.8438	0.8461	0.8485	0.8508	0.8531	0.8554	0.8577	0.8599	0.8621	1.0
1.1	0.8643	0.8665	0.8686	0.8708	0.8729	0.8749	0.8770	0.8790	0.8810	0.8830	1.1
1.2	0.8849	0.8869	0.8888	0.8907	0.8925	0.8944	0.8962	0.8980	0.8997	0.90147	1.2
1.3	0.90320	0.90490	0.90658	0.90824	0.90988	0.91140	0.91309	0.91466	0.91621	0.91774	1.3
1.4	0.91924	0.92073	0.92220	0.92364	0.92507	0.92647	0.92785	0.92922	0.93056	0.93189	1.4
1.5	0.93319	0.93448	0.93574	0.93699	0.93822	0.93943	0.94062	0.94179	0.94295	0.94408	1.5
1.6	0.94520	0.94630	0.94738	0.94845	0.94950	0.95053	0.95154	0.95254	0.95352	0.95449	1.6
1.7	0.95543	0.95637	0.95728	0.95818	0.95907	0.95994	0.96080	0.96164	0.96246	0.96327	1.7
1.8	0.96407	0.96485	0.96562	0.96638	0.96712	0.96784	0.96856	0.96926	0.96995	0.97062	1.8
1.9	0.97128	0.97193	0.97257	0.97320	0.97381	0.97441	0.97500	0.97558	0.97615	0.97670	1.9

续表

x	0.00	0.01	0.02	0.03	0.04	0.05	0.06	0.07	0.08	0.09	x
2.0	0.97725	0.97778	0.97831	0.97882	0.97932	0.97982	0.98030	0.98077	0.98124	0.98169	2.0
2.1	0.98214	0.98257	0.98300	0.98341	0.98382	0.98422	0.98461	0.98500	0.98537	0.98574	2.1
2.2	0.98610	0.98645	0.98679	0.98713	0.98745	0.98778	0.98809	0.98840	0.98870	0.98899	2.2
2.3	0.98928	0.98956	0.98983	0.99010	0.99036	0.99061	0.99086	0.99111	0.99134	0.99158	2.3
2.4	0.99180	0.99202	0.99224	0.99245	0.99266	0.99286	0.99305	0.99324	0.99343	0.99361	2.4
2.5	0.99379	0.99396	0.99413	0.99430	0.99446	0.99461	0.99477	0.99492	0.99506	0.99520	2.5
2.6	0.99534	0.99547	0.99560	0.99573	0.99586	0.99598	0.99609	0.99621	0.99632	0.99643	2.6
2.7	0.99653	0.99664	0.99674	0.99683	0.99693	0.99702	0.99711	0.99720	0.99728	0.99737	2.7
2.8	0.99745	0.99752	0.99760	0.99767	0.99774	0.99781	0.99788	0.99795	0.99801	0.99807	2.8
2.9	0.99813	0.99819	0.99825	0.99831	0.99836	0.99841	0.99846	0.99851	0.99856	0.99861	2.9
3.0	0.99865	0.99869	0.99874	0.99878	0.99882	0.99886	0.99889	0.99893	0.99897	0.99900	3.0
3.1	0.99903	0.99906	0.99910	0.99913	0.99916	0.99918	0.99921	0.99924	0.99926	0.99929	3.1
3.2	0.99931	0.99934	0.99936	0.99938	0.99940	0.99942	0.99944	0.99946	0.99948	0.99950	3.2
3.3	0.99952	0.99953	0.99955	0.99957	0.99958	0.99960	0.99961	0.99962	0.99964	0.99965	3.3
3.4	0.99966	0.99968	0.99969	0.99970	0.99971	0.99972	0.99973	0.99974	0.99975	0.99976	3.4
3.5	0.99977	0.99978	0.99978	0.99979	0.99980	0.99981	0.99981	0.99982	0.99983	0.99983	3.5
3.6	0.99984	0.99985	0.99985	0.99986	0.99986	0.99987	0.99987	0.99988	0.99988	0.99989	3.6
3.7	0.99989	0.99990	0.99990	0.99990	0.99991	0.99991	0.99992	0.99992	0.99992	0.99992	3.7
3.8	0.99993	0.99993	0.99993	0.99994	0.99994	0.99994	0.99994	0.99995	0.99995	0.99995	3.8
3.9	0.99995	0.99995	0.99996	0.99996	0.99996	0.99996	0.99996	0.99996	0.99997	0.99997	3.9
4.0	0.99997	0.99997	0.99997	0.99997	0.99997	0.99997	0.99998	0.99998	0.99998	0.99998	4.0
4.1	0.99998	0.99998	0.99998	0.99998	0.99998	0.99999	0.99999	0.99999	0.99999	0.99999	4.1
4.2	0.99999	0.99999	0.99999	0.99999	0.99999	0.99999	0.99999	0.99999	0.99999	0.99999	4.2
4.3	0.99999	0.99999	0.99999	0.99999	0.99999	0.99999	0.99999	0.99999	0.99999	0.99999	4.3
4.4	0.99999	0.99999	1.00000	1.00000	1.00000	1.00000	1.00000	1.00000	1.00000	1.00000	4.4

附表4　χ^2 分布上侧分位数表

$P\{x^2(n) > x_\alpha^2(n)\} = \alpha$

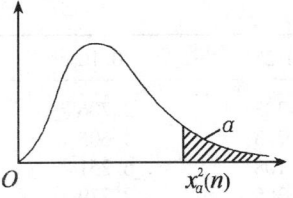

n \ α	α=0.995	0.99	0.975	0.95	0.90	0.75
1	–	–	0.001	0.004	0.016	0.102
2	0.010	0.020	0.051	0.103	0.211	0.575
3	0.072	0.115	0.216	0.352	0.584	1.213
4	0.207	0.297	0.484	0.711	1.064	1.923
5	0.412	0.554	0.831	1.145	1.610	2.675
6	0.676	0.872	1.237	1.635	2.204	3.455
7	0.989	1.239	1.690	2.167	2.833	4.255
8	1.344	1.646	2.180	2.733	3.490	5.071
9	1.735	2.088	2.700	3.325	4.168	5.899
10	2.156	2.558	3.247	3.940	4.865	6.737
11	2.603	3.053	3.816	4.575	5.578	7.584
12	3.074	3.571	4.404	5.226	6.304	8.438
13	3.565	4.107	5.009	5.892	7.042	9.299
14	4.075	4.660	5.629	6.571	7.790	10.165
15	4.601	5.229	6.262	7.261	8.547	11.037
16	5.142	5.812	6.908	7.962	9.312	11.912
17	5.697	6.408	7.564	8.672	10.085	12.792
18	6.265	7.015	8.231	9.390	10.865	13.675
19	6.844	7.633	8.907	10.117	11.651	14.562
20	7.434	8.260	9.591	10.851	12.443	15.452
21	8.034	8.897	10.283	11.591	13.240	16.344
22	8.643	9.542	10.982	12.338	14.042	17.240
23	9.260	10.196	11.689	13.091	14.848	18.137
24	9.886	10.856	12.401	13.848	15.659	19.037
25	10.520	11.524	13.120	14.611	16.473	19.939
26	11.160	12.198	13.844	15.379	17.292	20.843
27	11.808	12.879	14.573	16.151	18.114	21.749
28	12.461	13.565	15.308	16.928	18.939	22.657
29	13.121	14.257	16.047	17.708	19.768	23.567
30	13.787	14.954	16.791	18.493	20.599	24.478
31	14.458	15.655	17.539	19.281	21.434	25.390
32	15.134	16.362	18.291	20.072	22.271	26.304
33	15.815	17.074	19.047	20.867	23.110	27.219
34	16.501	17.789	19.806	21.664	23.952	28.136
35	17.192	18.509	20.569	22.465	24.797	29.054
36	17.887	19.233	21.336	23.269	25.643	29.973
37	18.586	19.960	22.106	24.075	26.492	30.893
38	19.289	20.691	22.878	24.884	27.343	31.815
39	19.996	21.426	23.654	25.695	28.196	32.737
40	20.707	22.164	24.433	26.509	29.051	33.660
41	21.421	22.906	25.215	27.326	29.907	34.585
42	22.138	23.650	25.999	28.144	30.765	35.510
43	22.859	24.398	26.785	28.965	31.625	36.436
44	23.584	25.148	27.575	29.787	32.487	37.363
45	24.311	25.901	28.366	30.612	33.350	38.291

续 表

α=0.25	0.10	0.05	0.025	0.01	0.005
1.323	2.706	3.841	5.024	6.635	7.879
2.773	4.605	5.991	7.378	9.210	10.597
4.108	6.251	7.815	9.348	11.345	12.838
5.385	7.779	9.488	11.143	13.277	14.860
6.626	9.236	11.071	12.833	15.086	16.750
7.841	10.645	12.592	14.449	16.812	18.548
9.037	12.017	14.067	16.013	18.475	20.278
10.219	13.362	15.507	17.535	20.090	21.955
11.389	14.684	16.919	19.023	21.666	23.589
12.549	15.987	18.307	20.483	23.209	25.188
13.701	17.275	19.675	21.920	24.725	26.757
14.845	18.549	21.026	23.337	26.217	28.299
15.984	19.812	22.362	24.736	27.688	29.819
17.117	21.064	23.685	26.119	29.141	31.319
18.245	22.307	24.996	27.488	30.578	32.801
19.369	23.542	26.296	28.845	32.000	34.267
20.489	24.769	27.587	30.191	33.409	35.718
21.605	25.989	28.869	31.526	34.805	37.156
22.718	27.204	30.144	32.852	36.191	38.582
23.828	28.412	31.410	34.170	37.566	39.997
24.935	29.615	32.671	35.479	38.932	41.401
26.039	30.813	33.924	36.781	40.289	42.796
27.141	32.007	35.172	38.076	41.638	44.181
28.241	33.196	36.415	39.364	42.980	45.559
29.339	34.382	37.652	40.646	44.314	46.928
30.435	35.563	38.885	41.923	45.642	48.290
31.528	36.741	40.113	43.194	46.963	49.645
32.620	37.916	41.337	44.461	48.278	50.993
33.711	39.087	42.557	45.722	49.588	52.336
34.800	40.256	43.773	46.979	50.892	53.672
35.887	41.422	44.985	48.232	52.191	55.003
36.973	42.585	46.194	49.480	53.486	56.328
38.058	43.745	47.400	50.725	54.776	57.648
39.141	44.903	48.602	51.966	56.061	58.964
40.223	46.059	49.802	53.203	57.342	60.275
41.304	47.212	50.998	54.437	58.619	61.581
42.383	48.363	52.192	55.668	59.892	62.883
43.462	49.513	53.384	56.896	61.162	64.181
44.539	50.660	54.572	58.120	62.428	65.476
45.616	51.805	55.758	59.342	63.691	66.766
46.692	52.949	56.942	60.561	64.950	68.053
47.766	54.090	58.124	61.777	66.206	69.336
48.840	55.230	59.304	62.990	67.459	70.616
49.913	56.369	60.481	64.201	68.710	71.893
50.985	57.505	61.656	65.410	69.957	73.166

附表5 t 分布双侧分位数表

$P[\,|t(n)|>t_\alpha(n)\,]=\alpha$

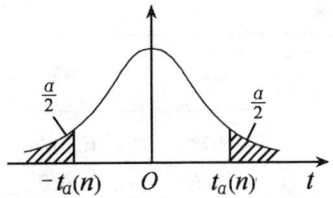

n \ α	0.9	0.8	0.7	0.6	0.5	0.4
1	0.158	0.325	0.510	0.727	1.000	1.376
2	0.142	0.289	0.445	0.617	0.816	1.061
3	0.137	0.277	0.424	0.584	0.765	0.978
4	0.134	0.271	0.414	0.569	0.741	0.941
5	0.132	0.267	0.408	0.559	0.727	0.920
6	0.131	0.265	0.404	0.553	0.718	0.906
7	0.130	0.263	0.402	0.549	0.711	0.896
8	0.130	0.262	0.399	0.546	0.706	0.889
9	0.129	0.261	0.398	0.543	0.703	0.883
10	0.129	0.260	0.397	0.542	0.700	0.879
11	0.129	0.260	0.396	0.540	0.697	0.876
12	0.128	0.259	0.395	0.539	0.695	0.873
13	0.128	0.259	0.394	0.538	0.694	0.870
14	0.128	0.258	0.393	0.537	0.692	0.868
15	0.128	0.258	0.393	0.536	0.691	0.866
16	0.128	0.258	0.392	0.535	0.690	0.865
17	0.128	0.257	0.392	0.534	0.689	0.863
18	0.127	0.257	0.392	0.534	0.688	0.862
19	0.127	0.257	0.391	0.533	0.688	0.861
20	0.127	0.257	0.391	0.533	0.687	0.860
21	0.127	0.257	0.391	0.532	0.686	0.859
22	0.127	0.256	0.390	0.532	0.686	0.858
23	0.127	0.256	0.390	0.532	0.685	0.858
24	0.127	0.256	0.390	0.531	0.685	0.857
25	0.127	0.256	0.390	0.531	0.684	0.856
26	0.127	0.256	0.390	0.531	0.684	0.856
27	0.127	0.256	0.389	0.531	0.684	0.855
28	0.127	0.256	0.389	0.530	0.683	0.855
29	0.127	0.256	0.389	0.530	0.683	0.854
30	0.127	0.256	0.389	0.530	0.683	0.854
40	0.126	0.255	0.388	0.529	0.681	0.851
60	0.126	0.254	0.387	0.527	0.679	0.848
120	0.126	0.254	0.386	0.256	0.677	0.845
∞	0.126	0.253	0.385	0.524	0.674	0.842

续 表

0.3	0.2	0.1	0.05	0.02	0.01	0.001
1.963	3.078	6.314	12.706	31.821	63.657	636.619
1.386	1.886	2.920	4.303	6.965	9.925	31.593
1.250	1.638	2.353	3.182	4.541	5.841	12.924
1.190	1.533	2.132	2.776	3.747	4.604	8.610
1.156	1.476	2.015	2.571	3.365	4.032	6.859
1.134	1.440	1.943	2.447	3.143	3.707	5.959
1.119	1.415	1.895	2.365	2.998	3.499	5.405
1.108	1.397	1.860	2.306	2.896	3.355	5.041
1.100	1.383	1.833	2.262	2.821	3.250	4.781
1.093	1.372	1.812	2.228	2.764	3.169	4.587
1.088	1.363	1.796	2.201	2.718	3.106	4.437
1.083	1.356	1.782	2.179	2.681	3.055	4.318
1.079	1.350	1.771	2.160	2.650	3.012	4.221
1.076	1.345	1.761	2.145	2.624	2.977	4.140
1.074	1.341	1.753	2.131	2.602	2.947	4.073
1.071	1.337	1.746	2.120	2.583	2.921	4.015
1.069	1.333	1.740	2.110	2.567	2.898	3.965
1.067	1.330	1.734	2.101	2.552	2.878	3.922
1.066	1.328	1.729	2.093	2.539	2.861	3.883
1.064	1.325	1.725	2.086	2.523	2.845	3.850
1.063	1.323	1.721	2.080	2.518	2.831	3.819
1.061	1.321	1.717	2.074	2.508	2.819	3.792
1.060	1.319	1.714	2.069	2.500	2.807	3.767
1.059	1.318	1.711	2.064	2.492	2.797	3.745
1.058	1.316	1.708	2.060	2.485	2.787	3.725
1.058	1.315	1.706	2.056	2.479	2.779	3.707
1.057	1.314	1.703	2.052	2.473	2.771	3.690
1.056	1.313	1.701	2.048	2.467	2.763	3.674
1.055	1.311	1.699	2.045	2.462	2.756	3.659
1.055	1.310	1.697	2.042	2.457	2.750	3.646
1.050	1.303	1.684	2.021	2.423	2.704	3.551
1.046	1.296	1.671	2.000	2.390	2.660	3.460
1.041	1.289	1.658	1.980	2.358	2.617	3.373
1.036	1.282	1.645	1.960	2.326	2.576	3.291

附表6 F 分布上侧分位数表

$$P\{F(n_1, n_2) > F_\alpha(n_1, n_2)\} = \alpha$$

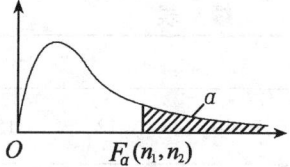

$\alpha = 0.10$

n_2 \ n_1	1	2	3	4	5	6	7	8	9
1	39.86	49.50	53.59	55.83	57.24	58.20	58.91	59.44	59.86
2	8.53	9.00	9.16	9.24	9.29	9.33	9.35	9.37	9.38
3	5.54	5.46	5.39	5.34	5.31	5.28	5.27	5.25	5.24
4	4.54	4.32	4.19	4.11	4.05	4.01	3.98	3.95	3.94
5	4.06	3.78	3.62	3.52	3.45	3.40	3.37	3.34	3.32
6	3.78	3.46	3.29	3.18	3.11	3.05	3.01	2.98	2.96
7	3.59	3.26	3.07	2.96	2.88	2.83	2.78	2.75	2.72
8	3.46	3.11	2.92	2.81	2.73	2.67	2.62	2.59	2.56
9	3.36	3.01	2.81	2.69	2.61	2.55	2.51	2.47	2.44
10	3.29	2.92	2.73	2.61	2.52	2.46	2.41	2.38	2.35
11	3.23	2.86	2.66	2.54	2.45	2.39	2.34	2.30	2.27
12	3.18	2.81	2.61	2.48	2.39	2.33	2.28	2.24	2.21
13	3.14	2.76	2.56	2.43	2.35	2.28	2.23	2.20	2.16
14	3.10	2.73	2.52	2.39	2.31	2.24	2.19	2.15	2.12
15	3.07	2.70	2.49	2.36	2.27	2.21	2.16	2.12	2.09
16	3.05	2.67	2.46	2.33	2.24	2.18	2.13	2.09	2.06
17	3.03	2.64	2.44	2.31	2.22	2.15	2.10	2.06	2.03
18	3.01	2.62	2.42	2.29	2.20	2.13	2.08	2.04	2.00
19	2.99	2.61	2.40	2.27	2.18	2.11	2.06	2.02	1.98
20	2.97	2.59	2.38	2.25	2.16	2.09	2.04	2.00	1.96
21	2.96	2.57	2.36	2.23	2.14	2.08	2.02	1.98	1.95
22	2.95	2.56	2.35	2.22	2.13	2.06	2.01	1.97	1.93
23	2.94	2.55	2.34	2.21	2.11	2.05	1.99	1.95	1.92
24	2.93	2.54	2.33	2.19	2.10	2.04	1.98	1.94	1.91
25	2.92	2.53	2.32	2.18	2.09	2.02	1.97	1.93	1.89
26	2.91	2.52	2.31	2.17	2.08	2.01	1.96	1.92	1.88
27	2.90	2.51	2.30	2.17	2.07	2.00	1.95	1.91	1.87
28	2.89	2.50	2.29	2.16	2.06	2.00	1.94	1.90	1.87
29	2.89	2.50	2.28	2.15	2.06	1.99	1.93	1.89	1.86
30	2.88	2.49	2.28	2.14	2.05	1.98	1.93	1.88	1.85
40	2.84	2.44	2.23	2.09	2.00	1.93	1.87	1.83	1.79
60	2.79	2.39	2.18	2.04	1.95	1.87	1.82	1.77	1.74
120	2.75	2.35	2.13	1.99	1.90	1.82	1.77	1.72	1.68
∞	2.71	2.30	2.08	1.94	1.85	1.77	1.72	1.67	1.63

续 表

									$\alpha=0.10$
10	12	15	20	24	30	40	60	120	∞
60.19	60.71	61.22	61.74	62.00	62.26	62.53	62.79	63.06	63.33
9.39	9.41	9.42	9.44	9.45	9.46	9.47	9.47	9.48	9.49
5.23	5.22	5.20	5.18	5.18	5.17	5.16	5.15	5.14	5.13
3.92	3.90	3.87	3.84	3.83	3.82	3.80	3.79	3.78	3.76
3.30	3.27	3.24	3.21	3.19	3.17	3.16	3.14	3.12	3.10
2.94	2.90	2.87	2.84	2.82	2.80	2.78	2.76	2.74	2.72
2.70	2.67	2.63	2.59	2.58	2.56	2.54	2.51	2.49	2.47
2.54	2.50	2.46	2.42	2.40	2.38	2.36	2.34	2.32	2.29
2.42	2.38	2.34	2.30	2.28	2.25	2.23	2.21	2.18	2.16
2.32	2.28	2.24	2.20	2.18	2.16	2.13	2.11	2.08	2.06
2.25	2.21	2.17	2.12	2.10	2.08	2.05	2.03	2.00	1.97
2.19	2.15	2.10	2.06	2.04	2.01	1.99	1.96	1.93	1.90
2.14	2.10	2.05	2.01	1.98	1.96	1.93	1.90	1.88	1.85
2.10	2.05	2.01	1.96	1.94	1.91	1.89	1.86	1.83	1.80
2.06	2.02	1.97	1.92	1.90	1.87	1.85	1.82	1.79	1.76
2.03	1.99	1.94	1.89	1.87	1.84	1.81	1.78	1.75	1.72
2.00	1.96	1.91	1.86	1.84	1.81	1.78	1.75	1.72	1.69
1.98	1.93	1.89	1.84	1.81	1.78	1.75	1.72	1.69	1.66
1.96	1.91	1.86	1.81	1.79	1.76	1.73	1.70	1.67	1.63
1.94	1.89	1.84	1.79	1.77	1.74	1.71	1.68	1.64	1.61
1.92	1.87	1.83	1.78	1.75	1.72	1.69	1.66	1.62	1.59
1.90	1.86	1.81	1.76	1.73	1.70	1.67	1.64	1.60	1.57
1.89	1.84	1.80	1.74	1.72	1.69	1.66	1.62	1.59	1.55
1.88	1.83	1.78	1.73	1.70	1.67	1.64	1.61	1.57	1.53
1.87	1.82	1.77	1.72	1.69	1.66	1.63	1.59	1.56	1.52
1.86	1.81	1.76	1.71	1.68	1.65	1.61	1.58	1.54	1.50
1.85	1.80	1.75	1.70	1.67	1.64	1.60	1.57	1.53	1.49
1.84	1.79	1.74	1.69	1.66	1.63	1.59	1.56	1.52	1.48
1.83	1.78	1.73	1.68	1.65	1.62	1.58	1.55	1.51	1.47
1.82	1.77	1.72	1.67	1.64	1.61	1.57	1.54	1.50	1.46
1.76	1.71	1.66	1.61	1.57	1.54	1.51	1.47	1.42	1.38
1.71	1.66	1.60	1.54	1.51	1.48	1.44	1.40	1.35	1.29
1.65	1.60	1.55	1.48	1.45	1.41	1.37	1.32	1.26	1.19
1.60	1.55	1.49	1.42	1.38	1.34	1.30	1.24	1.17	1.00

续 表

$\alpha=0.05$									
n_1 \ n_2	1	2	3	4	5	6	7	8	9
1	161.4	199.5	215.7	224.6	230.2	234.0	236.8	238.9	240.5
2	18.51	19.00	19.16	19.25	19.30	19.33	19.35	19.37	19.38
3	10.13	9.55	9.28	9.12	9.01	8.94	8.89	8.85	8.81
4	7.71	6.94	6.59	6.39	6.26	6.16	6.09	6.04	6.00
5	6.61	5.79	5.41	5.19	5.05	4.95	4.88	4.82	4.77
6	5.99	5.14	4.76	4.53	4.39	4.28	4.21	4.15	4.10
7	5.59	4.74	4.35	4.12	3.97	3.87	3.79	3.73	3.68
8	5.32	4.46	4.07	3.84	3.69	3.58	3.50	3.44	3.39
9	5.12	4.26	3.86	3.63	3.48	3.37	3.29	3.23	3.18
10	4.96	4.10	3.71	3.48	3.33	3.22	3.14	3.07	3.02
11	4.84	3.98	3.59	3.36	3.20	3.09	3.01	2.95	2.90
12	4.75	3.89	3.49	3.26	3.11	3.00	2.91	2.85	2.80
13	4.67	3.81	3.41	3.18	3.03	2.92	2.83	2.77	2.71
14	4.60	3.74	3.34	3.11	2.96	2.85	2.76	2.70	2.65
15	4.54	3.68	3.29	3.06	2.90	2.79	2.71	2.64	2.59
16	4.49	3.63	3.24	3.01	2.85	2.74	2.66	2.59	2.54
17	4.45	3.59	3.20	2.96	2.81	2.70	2.61	2.55	2.49
18	4.41	3.55	3.16	2.93	2.77	2.66	2.58	2.51	2.46
19	4.38	3.52	3.13	2.90	2.74	2.63	2.54	2.48	2.42
20	4.35	3.49	3.10	2.87	2.71	2.60	2.51	2.45	2.39
21	4.32	3.47	3.07	2.84	2.68	2.57	2.49	2.42	2.37
22	4.30	3.44	3.05	2.82	2.66	2.55	2.46	2.40	2.34
23	4.28	3.42	3.03	2.80	2.64	2.53	2.44	2.37	2.32
24	4.26	3.40	3.01	2.78	2.62	2.51	2.42	2.36	2.30
25	4.24	3.39	2.99	2.76	2.60	2.49	2.40	2.34	2.28
26	4.23	3.37	2.98	2.74	2.59	2.47	2.39	2.32	2.27
27	4.21	3.35	2.96	2.73	2.57	2.46	2.37	2.31	2.25
28	4.20	3.34	2.95	2.71	2.56	2.45	2.36	2.29	2.24
29	4.18	3.33	2.93	2.70	2.55	2.43	2.35	2.28	2.22
30	4.17	3.32	2.92	2.69	2.53	2.42	2.33	2.27	2.21
40	4.08	3.23	2.84	2.61	2.45	2.34	2.25	2.18	2.12
60	4.06	3.15	2.76	2.53	2.37	2.25	2.17	2.10	2.04
120	3.92	3.07	2.68	2.45	2.29	2.17	2.09	2.02	1.96
∞	3.84	3.00	2.60	2.37	2.21	2.10	2.01	1.94	1.88

续　表

$\alpha = 0.05$

10	12	15	20	24	30	40	60	120	∞
241.9	243.9	245.9	248.0	249.1	250.1	251.1	252.2	253.3	254.3
19.40	19.41	19.43	19.45	19.45	19.46	19.47	19.48	19.49	19.50
8.79	8.74	8.70	8.66	8.64	8.62	8.59	8.57	8.55	8.53
5.96	5.91	5.86	5.80	5.77	5.75	5.72	5.69	5.66	5.63
4.74	4.68	4.62	4.56	4.53	4.50	4.46	4.43	4.40	4.36
4.06	4.00	3.94	3.87	3.84	3.81	3.77	3.74	3.70	3.67
3.64	3.57	3.51	3.44	3.41	3.38	3.34	3.30	3.27	3.23
3.35	3.28	3.22	3.15	3.12	3.08	3.04	3.01	2.97	2.93
3.14	3.07	3.01	2.94	2.90	2.86	2.83	2.79	2.75	2.71
2.98	2.91	2.85	2.77	2.74	2.70	2.66	2.62	2.58	2.54
2.85	2.79	2.72	2.65	2.61	2.57	2.53	2.49	2.45	2.40
2.75	2.69	2.62	2.54	2.51	2.47	2.43	2.38	2.34	2.30
2.67	2.60	2.53	2.46	2.42	2.38	2.34	2.30	2.25	2.21
2.60	2.53	2.46	2.39	2.35	2.31	2.27	2.22	2.18	2.13
2.54	2.48	2.40	2.33	2.29	2.25	2.20	2.16	2.11	2.07
2.49	2.42	2.35	2.28	2.24	2.19	2.15	2.11	2.06	2.01
2.45	2.38	2.31	2.23	2.19	2.15	2.10	2.06	2.01	1.96
2.41	2.34	2.27	2.19	2.15	2.11	2.06	2.02	1.97	1.92
2.38	2.31	2.23	2.16	2.11	2.07	2.03	1.98	1.93	1.88
2.35	2.28	2.20	2.12	2.08	2.04	1.99	1.95	1.90	1.84
2.32	2.25	2.18	2.10	2.05	2.01	1.96	1.92	1.87	1.81
2.30	2.23	2.15	2.07	2.03	1.98	1.94	1.89	1.84	1.78
2.27	2.20	2.13	2.05	2.01	1.96	1.91	1.86	1.81	1.76
2.25	2.18	2.11	2.03	1.98	1.94	1.89	1.84	1.79	1.73
2.24	2.16	2.09	2.01	1.96	1.92	1.87	1.82	1.77	1.71
2.22	2.15	2.07	1.99	1.95	1.90	1.85	1.80	1.75	1.69
2.20	2.13	2.06	1.97	1.93	1.88	1.84	1.79	1.73	1.67
2.19	2.12	2.04	1.96	1.91	1.87	1.82	1.77	1.71	1.65
2.18	2.10	2.03	1.94	1.90	1.85	1.81	1.75	1.70	1.64
2.16	2.09	2.01	1.93	1.89	1.84	1.79	1.74	1.68	1.62
2.08	2.00	1.92	1.84	1.79	1.74	1.69	1.64	1.58	1.51
1.99	1.92	1.84	1.75	1.70	1.65	1.59	1.53	1.47	1.39
1.91	1.83	1.75	1.66	1.61	1.55	1.50	1.43	1.35	1.25
1.83	1.75	1.67	1.57	1.52	1.46	1.39	1.32	1.22	1.00

续 表

$\alpha = 0.025$

n_2 \ n_1	1	2	3	4	5	6	7	8	9
1	647.8	799.5	864.2	899.6	921.8	937.1	948.2	956.7	963.3
2	38.51	39.00	39.17	39.25	39.30	39.33	39.36	39.37	39.39
3	17.44	16.04	15.44	15.10	14.88	14.73	14.62	14.54	14.47
4	12.22	10.65	8.98	9.60	9.36	9.20	9.07	8.98	8.90
5	10.01	8.43	7.76	7.39	7.15	6.98	6.85	6.76	6.68
6	8.81	7.26	6.60	6.23	5.99	5.82	5.70	5.60	5.52
7	8.07	6.54	5.89	5.52	5.29	5.12	4.99	4.90	4.82
8	7.57	6.06	5.42	5.05	4.82	4.65	4.53	4.43	4.36
9	7.21	5.71	5.03	4.72	4.48	4.32	4.20	4.10	4.03
10	6.94	5.46	4.83	4.47	4.24	4.07	3.95	3.85	3.78
11	6.72	5.26	4.63	4.28	4.04	3.88	3.76	3.66	3.59
12	6.55	5.10	4.42	4.12	3.89	3.73	3.61	3.51	3.44
13	6.41	4.97	4.35	4.00	3.77	3.60	3.48	3.39	3.31
14	6.30	4.86	4.24	3.89	3.66	3.50	3.38	3.29	3.21
15	6.20	4.77	4.15	3.80	3.58	3.41	3.29	3.20	3.12
16	6.12	4.69	4.08	3.73	3.50	3.34	3.22	3.12	3.05
17	6.01	4.62	4.01	3.66	3.44	3.28	3.16	3.06	2.98
18	5.98	4.56	3.95	3.61	3.38	3.22	3.10	3.01	2.93
19	5.92	4.51	3.90	3.56	3.33	3.17	3.05	2.96	2.88
20	5.87	4.46	3.86	3.51	3.29	3.13	3.01	2.91	2.84
21	5.83	4.42	3.82	3.48	3.25	3.09	2.97	2.87	2.80
22	5.79	4.38	3.78	3.44	3.22	3.05	2.93	2.84	2.76
23	5.75	4.35	3.75	3.41	3.18	3.02	2.90	2.81	2.73
24	5.72	4.32	3.72	3.38	3.15	2.99	2.87	2.78	2.70
25	5.69	4.29	3.69	3.35	3.13	2.97	2.85	2.75	2.68
26	5.66	4.27	3.67	3.33	3.10	2.94	2.82	2.73	2.65
27	5.63	4.24	3.65	3.31	3.08	2.92	2.80	2.71	2.63
28	5.61	4.22	3.63	3.29	3.06	2.90	2.78	2.69	2.61
29	5.59	4.20	3.61	3.27	3.04	2.88	2.76	2.67	2.59
30	5.57	4.18	3.59	3.25	3.03	2.87	2.75	2.65	2.57
40	5.42	4.05	3.46	3.13	2.90	2.74	2.62	2.53	2.45
60	5.29	3.93	3.34	3.01	2.79	2.63	2.51	2.41	2.33
120	5.15	3.80	3.23	2.89	2.67	2.52	2.39	2.30	2.22
∞	5.02	3.69	3.12	2.79	2.57	2.41	2.29	2.19	2.11

续 表

$\alpha = 0.025$

10	12	15	20	24	30	40	60	120	∞
968.6	976.7	984.9	993.1	997.2	1001	1006	1010	1014	1018
39.40	39.41	39.43	39.45	39.46	39.46	39.47	39.48	39.49	39.50
14.42	14.34	14.25	14.17	14.12	14.08	14.04	13.99	13.95	13.90
8.84	8.75	8.66	8.56	8.51	8.46	8.41	8.36	8.31	8.26
6.62	6.52	6.43	6.33	6.28	6.23	6.18	6.12	6.07	6.02
5.46	5.37	5.27	5.17	5.12	5.07	5.01	4.96	4.90	4.85
4.76	4.67	4.57	4.47	4.42	4.36	4.31	4.25	4.20	4.14
4.30	4.20	4.10	4.00	3.95	3.89	3.84	3.78	3.73	3.67
3.96	3.87	3.77	3.67	3.61	3.56	3.51	3.45	3.39	3.33
3.72	3.62	3.52	3.42	3.37	3.31	3.26	3.20	3.14	3.08
3.53	3.43	3.33	3.23	3.17	3.12	3.06	3.00	2.94	2.88
3.37	3.28	3.18	3.07	3.02	2.96	2.91	2.85	2.79	2.72
3.25	3.15	3.05	2.95	2.89	2.84	2.78	2.72	2.66	2.60
3.15	3.05	2.95	2.84	2.79	2.73	2.67	2.61	2.55	2.49
3.06	2.96	2.86	2.76	2.70	2.64	2.59	2.52	2.46	2.40
2.99	2.89	2.79	2.68	2.63	2.57	2.51	2.45	2.38	2.32
2.92	2.82	2.72	2.62	2.56	2.50	2.44	2.38	2.32	2.25
2.87	2.77	2.67	2.56	2.50	2.44	2.38	2.32	2.26	2.19
2.82	2.72	2.62	2.51	2.45	2.39	2.33	2.27	2.20	2.13
2.77	2.68	2.57	2.46	2.41	2.35	2.29	2.22	2.16	2.09
2.73	2.64	2.53	2.42	2.37	2.31	2.25	2.18	2.11	2.04
2.70	2.60	2.50	2.39	2.33	2.27	2.21	2.14	2.08	2.00
2.67	2.57	2.47	2.36	2.30	2.24	2.18	2.11	2.04	1.97
2.64	2.54	2.44	2.33	2.27	2.21	2.15	2.08	2.01	1.94
2.61	2.51	2.41	2.30	2.24	2.18	2.12	2.05	1.98	1.91
2.59	2.49	2.39	2.28	2.22	2.16	2.09	2.03	1.95	1.88
2.57	2.47	2.36	2.25	2.19	2.13	2.07	2.00	1.93	1.85
2.55	2.45	2.34	2.23	2.17	2.11	2.05	1.98	1.91	1.83
2.53	2.43	2.32	2.21	2.15	2.09	2.03	1.96	1.89	1.81
2.51	2.41	2.31	2.20	2.14	2.07	2.01	1.94	1.87	1.79
2.39	2.29	2.18	2.07	2.01	1.94	1.88	1.80	1.72	1.64
2.27	2.17	2.06	1.94	1.88	1.82	1.74	1.67	1.58	1.48
2.16	2.05	1.94	1.82	1.76	1.69	1.61	1.53	1.43	1.31
2.05	1.94	1.83	1.71	1.64	1.57	1.48	1.39	1.27	1.00

续 表

$\alpha=0.01$									
n_2 \ n_1	1	2	3	4	5	6	7	8	9
1	4652	4999.5	5403	5625	5764	5859	5928	5982	6022
2	98.50	90.00	99.17	99.25	99.30	99.33	99.36	99.37	99.39
3	34.12	30.82	29.46	28.71	28.24	27.91	27.67	27.49	27.35
4	21.20	18.00	16.69	15.98	15.53	15.21	14.98	14.80	14.66
5	16.26	13.27	12.06	11.39	10.97	10.67	10.46	10.29	10.16
6	13.75	10.92	9.78	9.15	8.75	8.47	8.26	8.10	7.98
7	12.25	9.55	8.45	7.85	7.45	7.19	6.99	6.84	6.72
8	11.26	8.65	7.59	7.01	6.63	6.37	6.18	6.03	5.91
9	10.56	8.02	6.99	6.42	6.06	5.80	5.61	5.47	5.35
10	10.04	7.56	6.55	5.99	5.64	5.39	5.20	5.06	4.94
11	9.65	7.21	6.22	5.67	5.32	5.07	4.89	4.74	4.63
12	6.33	6.93	5.95	5.41	5.06	4.82	4.64	4.50	4.39
13	9.07	6.70	5.74	5.21	4.86	4.62	4.44	4.30	4.19
14	8.86	6.51	5.56	5.04	4.69	4.46	4.28	4.14	4.03
15	8.68	6.36	5.42	4.89	4.56	4.32	4.14	4.00	3.89
16	8.53	6.23	5.29	4.77	4.44	4.20	4.03	3.89	3.78
17	8.40	6.11	5.18	4.67	4.34	4.10	3.93	3.79	3.68
18	8.29	6.01	5.09	4.58	4.25	4.01	3.84	3.71	3.60
19	8.18	5.93	5.01	4.50	4.17	3.94	3.77	3.63	3.52
20	8.10	5.85	4.94	4.43	4.10	3.87	3.70	3.56	3.46
21	8.02	5.78	4.87	4.37	4.04	3.81	3.64	3.51	3.40
22	7.95	5.72	4.83	4.31	3.99	3.76	3.59	3.45	3.35
23	7.88	5.66	4.76	4.26	3.94	3.71	3.54	3.41	3.30
24	7.82	5.61	4.72	4.22	3.90	3.67	3.50	3.30	3.26
25	7.77	5.57	4.68	4.18	3.85	3.63	3.46	3.32	3.22
26	7.72	5.52	4.64	4.14	3.82	3.59	3.42	3.29	3.18
27	7.68	5.49	4.60	4.11	3.78	3.56	3.39	3.26	3.15
28	7.64	5.45	4.57	4.07	3.75	3.53	3.36	3.23	3.12
29	7.60	5.42	4.54	4.04	3.73	3.50	3.33	3.20	3.09
30	7.56	5.39	4.51	4.02	3.70	3.47	3.30	3.17	3.07
40	7.31	5.18	4.31	3.83	3.51	3.29	3.12	2.99	2.89
60	7.08	4.98	4.13	3.65	3.34	3.12	2.95	2.82	2.72
120	6.85	4.79	3.95	3.48	3.17	2.96	2.79	2.66	2.56
∞	6.63	4.61	3.78	3.32	3.02	2.80	2.64	2.61	2.41

续 表

									$\alpha=0.01$
10	12	15	20	24	30	40	60	120	∞
6056	6106	6157	6200	6235	6261	6287	6313	6339	6336
99.40	99.42	99.43	99.45	99.46	99.47	99.47	99.48	99.49	99.50
27.23	27.05	26.87	26.69	26.60	26.50	26.41	26.32	26.22	26.13
14.55	14.37	14.20	14.02	13.93	13.84	13.75	13.65	13.56	13.46
10.05	9.89	9.72	9.55	9.47	9.38	9.29	9.20	9.11	9.02
7.87	7.72	7.56	7.40	7.31	7.23	7.14	7.06	6.97	6.88
6.62	6.47	6.31	6.16	6.07	5.99	5.91	5.82	5.74	5.65
5.81	5.67	5.52	5.36	5.28	5.20	5.12	5.03	4.95	4.86
5.26	5.11	4.96	4.81	4.73	4.65	4.57	4.48	4.40	4.31
4.85	4.71	4.56	4.41	4.33	4.25	4.17	4.08	4.00	3.91
4.54	4.40	4.25	4.10	4.02	3.94	3.86	3.78	3.69	3.60
4.30	4.16	4.01	3.86	3.78	3.70	3.62	3.54	3.45	3.36
4.10	3.96	3.82	3.66	3.59	3.51	3.43	3.34	3.25	3.17
3.94	3.80	3.66	3.51	3.43	3.35	3.27	3.18	3.09	3.00
3.80	3.67	3.52	3.37	3.29	3.21	3.13	3.05	2.96	2.87
3.69	3.55	3.41	3.26	3.18	3.10	3.02	2.93	2.84	2.75
3.59	3.46	3.31	3.16	3.08	3.00	2.92	2.83	2.75	2.65
3.51	3.37	3.23	3.08	3.00	2.92	2.84	2.75	2.66	2.57
3.43	3.30	3.15	3.00	2.92	2.84	2.76	2.67	2.58	2.49
3.37	3.23	3.09	2.94	2.86	2.78	2.69	2.61	2.52	2.42
3.31	3.17	3.03	2.88	2.80	2.72	2.64	2.55	2.46	2.36
3.26	3.12	2.98	2.83	2.75	2.67	2.53	2.50	2.40	2.31
3.21	3.07	2.93	2.78	2.70	2.62	2.54	2.45	2.35	2.26
3.17	3.03	2.89	2.74	2.66	2.58	2.49	2.40	2.31	2.21
3.13	2.99	2.85	2.70	2.62	2.54	2.45	2.36	2.27	2.17
3.09	2.96	2.81	2.66	2.58	2.50	2.42	2.33	2.23	2.13
3.06	2.93	2.78	2.63	2.55	2.47	2.38	2.29	2.20	2.10
3.03	2.90	2.75	2.60	2.52	2.44	2.35	2.26	2.17	2.06
3.00	2.87	2.73	2.57	2.49	2.41	2.33	2.23	2.14	2.03
2.98	2.84	2.70	2.55	2.47	2.39	2.30	2.21	2.11	2.01
2.80	2.66	2.52	2.37	2.29	2.20	2.11	2.02	1.92	1.80
2.63	2.50	2.35	2.20	2.12	2.03	1.94	1.84	1.73	1.60
2.47	2.34	2.19	2.03	1.95	1.86	1.76	1.66	1.53	1.38
2.32	2.18	2.04	1.88	1.79	1.70	1.59	1.47	1.32	1.00

续表

$\alpha = 0.005$

n_2 \ n_1	1	2	3	4	5	6	7	8	9
1	16211	20000	21615	22500	23056	23437	23715	23925	24091
2	198.5	199.0	199.2	199.2	199.3	199.3	199.4	199.4	199.4
3	55.55	49.80	47.47	46.19	45.39	44.84	44.43	44.13	43.88
4	31.33	26.28	24.26	23.15	22.46	21.97	21.62	21.35	21.14
5	22.78	18.31	16.53	15.56	14.94	14.51	14.20	13.96	13.77
6	18.63	14.54	12.92	12.03	11.46	11.07	10.79	10.57	10.39
7	16.24	12.40	10.88	10.05	9.52	9.16	8.89	8.68	8.51
8	14.69	11.04	9.60	8.81	8.30	7.95	7.69	7.50	7.34
9	13.61	10.11	8.72	7.96	7.47	7.13	6.88	6.69	6.54
10	12.83	9.43	8.08	7.34	6.87	6.54	6.30	6.12	5.97
11	12.23	8.91	7.60	6.88	6.42	6.10	5.86	5.68	5.54
12	11.75	8.51	7.23	6.52	6.07	5.76	5.52	5.35	5.20
13	11.37	8.19	6.93	6.23	5.79	5.48	5.25	5.03	4.94
14	11.06	7.92	6.68	6.00	5.56	5.26	5.03	4.86	4.72
15	10.80	7.70	6.48	5.80	5.37	5.07	4.85	4.67	4.54
16	10.58	7.51	6.30	5.64	5.21	4.91	4.69	4.52	4.38
17	10.38	7.35	6.16	5.50	5.07	4.78	4.56	4.39	4.25
18	10.22	7.21	6.03	5.37	4.96	4.66	4.44	4.28	4.14
19	10.07	7.09	5.92	5.27	4.85	4.56	4.34	4.18	4.04
20	9.94	6.99	5.82	5.17	4.76	4.47	4.26	4.09	3.96
21	9.83	6.89	5.73	5.09	4.68	4.39	4.18	4.01	3.88
22	9.73	6.81	5.65	5.02	4.61	4.32	4.11	3.94	3.81
23	9.63	6.73	5.58	4.95	4.54	4.26	4.05	3.88	3.75
24	9.55	6.66	5.52	4.89	4.49	4.20	3.99	3.83	3.69
25	9.48	6.60	5.46	4.84	4.43	4.15	3.94	3.78	3.64
26	9.41	6.54	5.41	4.79	4.38	4.10	3.89	3.73	3.60
27	9.34	6.49	5.36	4.74	4.34	4.06	3.85	3.68	3.56
28	9.28	6.44	5.32	4.70	4.30	4.02	3.81	3.65	3.52
29	9.23	6.40	5.28	4.66	4.26	3.98	3.77	3.61	3.48
30	9.18	6.35	5.24	4.62	4.23	3.95	3.74	3.58	3.45
40	8.83	6.07	4.98	4.37	3.99	3.71	3.51	3.35	3.22
60	8.49	5.79	4.73	4.14	3.76	3.49	3.29	3.13	3.01
120	8.18	5.54	4.50	3.92	3.55	3.28	3.00	2.93	2.81
∞	7.88	5.30	4.28	3.72	3.35	3.09	2.90	2.74	2.62

续 表

$\alpha = 0.005$

10	12	15	20	24	30	40	60	120	∞
24224	24426	24630	24836	24940	25044	25148	25253	25359	25465
199.4	199.4	199.4	199.4	199.5	199.5	199.5	199.5	199.5	199.5
43.69	43.39	43.08	42.78	42.62	42.47	42.31	42.15	41.99	41.83
20.97	20.70	20.44	20.17	20.03	19.89	19.75	19.61	19.47	19.32
13.62	13.38	13.15	12.90	12.78	12.60	12.53	12.40	12.27	12.14
10.25	10.03	9.81	9.59	9.47	9.36	9.24	9.12	9.00	8.88
8.38	8.18	7.97	7.75	7.65	7.53	7.42	7.31	7.19	7.08
7.21	7.01	6.81	6.61	6.50	6.40	6.29	6.18	6.06	5.95
6.42	6.23	6.03	5.83	5.73	5.62	5.52	5.41	5.30	5.19
5.85	5.66	5.47	5.27	5.17	5.67	4.97	4.86	4.75	4.64
5.42	5.24	5.05	4.86	4.76	4.65	4.55	4.44	4.34	4.23
5.09	4.91	4.72	4.53	4.43	4.33	4.23	4.12	4.01	3.90
4.82	4.64	4.46	4.27	4.17	4.07	3.97	3.87	3.76	3.65
4.60	4.43	4.25	4.06	3.96	3.86	3.76	3.66	3.55	3.44
4.42	4.25	4.07	3.88	3.79	3.69	3.58	3.48	3.37	3.26
4.27	4.10	3.92	3.73	3.64	3.54	3.44	3.33	3.22	3.11
4.14	3.97	3.79	3.61	3.51	3.41	3.31	3.21	3.10	2.98
4.03	3.86	3.68	3.50	3.40	3.30	3.20	3.10	2.99	2.87
3.93	3.76	3.59	3.40	3.31	3.21	3.11	3.00	2.89	2.78
3.85	3.68	3.50	3.32	3.22	3.12	3.02	2.92	2.81	2.69
3.77	3.60	3.43	3.24	3.15	3.05	2.95	2.84	2.73	2.61
3.70	3.54	3.36	3.18	3.08	2.98	2.88	2.77	2.66	2.55
3.64	3.47	3.30	3.12	3.02	2.92	2.82	2.71	2.60	2.48
3.59	3.42	3.25	3.06	2.97	2.87	2.77	2.66	2.55	2.43
3.54	3.37	3.20	3.01	2.92	2.82	2.72	2.61	2.50	2.38
3.49	3.33	3.15	2.97	2.87	2.77	2.67	2.56	2.45	2.33
3.45	3.28	3.11	2.93	2.83	2.73	2.63	2.52	2.41	2.29
3.41	3.25	3.07	2.89	2.79	2.69	2.59	2.48	2.37	2.25
3.38	3.21	3.04	2.86	2.76	2.66	2.56	2.45	2.33	2.21
3.34	3.18	3.01	2.82	2.73	2.63	2.52	2.42	2.30	2.18
3.12	2.95	2.78	2.60	2.50	2.40	2.30	2.18	2.06	1.93
2.90	2.74	2.57	2.39	2.29	2.19	2.08	1.96	1.83	1.69
2.71	2.54	2.37	2.19	2.09	1.98	1.87	1.75	1.61	1.43
2.52	2.36	2.19	2.00	1.90	1.79	1.67	1.53	1.36	1.00

附表 7 检验相关系数的分位数表

$P\{|r| > r_\alpha\} = \alpha$

$n-2$ \ α	0.10	0.05	0.02	0.01	0.001
1	0.98769	0.99692	0.999507	0.999877	0.999998
2	0.9000	0.9500	0.9800	0.9900	0.9990
3	0.8054	0.8783	0.9343	0.9587	0.9912
4	0.7293	0.8114	0.8822	0.9172	0.9741
5	0.6694	0.7545	0.8329	0.8745	0.9507
6	0.6215	0.7067	0.7887	0.8343	0.9249
7	0.5822	0.6664	0.7498	0.7977	0.8982
8	0.5494	0.6319	0.7155	0.7646	0.8721
9	0.5214	0.6021	0.6851	0.7348	0.8471
10	0.4933	0.5760	0.6581	0.7079	0.8233
11	0.4726	0.5529	0.6339	0.6835	0.8010
12	0.4575	0.5324	0.6120	0.6614	0.7800
13	0.4409	0.5139	0.5923	0.6411	0.7603
14	0.4259	0.4973	0.5742	0.6226	0.7420
15	0.4124	0.4821	0.5577	0.6055	0.7246
16	0.4000	0.4683	0.5425	0.5897	0.7084
17	0.3887	0.4555	0.5285	0.5751	0.6932
18	0.3783	0.4438	0.5155	0.5614	0.6787
19	0.3687	0.4329	0.5034	0.5487	0.6652
20	0.3598	0.4227	0.4921	0.5368	0.6524
25	0.3233	0.3809	0.4451	0.4869	0.5974
30	0.2960	0.3494	0.4093	0.4487	0.5541
35	0.2746	0.3246	0.3810	0.4182	0.5189
40	0.2573	0.3044	0.3578	0.3932	0.4896
45	0.2428	0.2875	0.3384	0.3721	0.4648
50	0.2306	0.2732	0.3218	0.3541	0.4433
60	0.2108	0.2500	0.2948	0.3248	0.4078
70	0.1954	0.2319	0.2737	0.3017	0.3799
80	0.1829	0.2172	0.2565	0.2830	0.3568
90	0.1726	0.2050	0.2422	0.2673	0.3375
100	0.1638	0.1946	0.2301	0.2540	0.3211

习题参考答案

习 题 一

1. (1) $\Omega=\{正,反\}$; (2) $\Omega=\{(正,正),(正,反),(反,正),(反,反)\}$; (3) $\Omega=\{0,1,2,\cdots\}$; (4) $\Omega=\{t:t\geq 0\}$.

2. $A\supset D$, $C\supset D$, A 与 B, B 与 D 都互不相容,其中 A 与 B 为对立事件, B 与 C 是相容事件.

3. $\overline{B}=\overline{A_1A_2}\cup\overline{A_1A_3}\cup\overline{A_2A_3}$ 表示至少有两个车间没完成任务; $B-C=A_1A_2A_3$ 表示三个车间都完成了生产任务.

4. A 表示 5 次中至少有一次出现正面; $\overline{A}$ 表示 5 次都出现反面; $A_1A_2\cup A_1A_3\cup A_2A_3$ 表示前 3 次中至少有两次出现正面; $\overline{B}$ 表示 5 次中正面最多出现两次.

5. 略.

6. 否,图略.

7. $A=F\cup C$, $FC=\Phi$,
   $D=A\cup B\supset A\supset F$, $A\supset C$.

8. 15/28

9. 9/14

10. 3/4

11. 8/15

12. (1) 0.105; (2) 0.300.

13. 0.5

14. $P(A)=P(B)=P(C)=1/27$; $P(D)=P(E)=P(F)=8/27$; $P(G)=1/9$; $P(H)=2/9$; $P(I)=8/9$.

15. 0.0073

16. 1/6

17. 1

18. 略

19. $0.7a+b$；$b-0.3a$；$1-0.3a$.

20. 0.2255

21. $1 < b \leqslant a \leqslant e$

22. $P(AB) \leqslant P(A) \leqslant P(A \cup B) \leqslant P(A)+P(B)$

23. 0.2399

24. 0.62

25. （1）0.988；（2）0.058.

26. 0.7；0.7；0.52.

27. 0.375

28. 0.17；0.67；0.33.

29. 0.905

30. 0.0035

31. 0.37

32. 第二次取到1号球的概率最大.

33. 0.25

34. 0.57

35. 0.21

36. 0.5

37. 0.37

38. 略

39. 0.5

40. 否

41. 0.896

42. 0.448

43. 0.42；0.2436；$0.42 \times 0.58^{m-1}$.

44. 0.188；0.212；0.976.

45. 甲先中的概率大，为0.57.

46. 0.998

47. $C_{n-1}^{m-1} p^m (1-p)^{n-m}$

48. 0.407

49. $\dfrac{(\lambda p)^k}{k!} e^{-\lambda k}$, $k = 0, 1, \cdots$

习 题 二

1. $P\{X=0\} = 0.2$；$P\{X=1\} = 0.8$．

2.
X	0	1	2
p	21/38	15/38	2/38

3.
X	0	1	2
p	9/16	6/16	1/16

4. $P\{X=m\} = 0.25 \times 0.75^{m-1}$, $m = 1, 2, \cdots$

5. （1）
X	1	2	3	4
p	1/4	9/44	9/220	1/220

（2）
Y	0	1	2	3
p	1/4	9/44	9/220	1/220

6.
X	0	1	2	3
p	1/220	27/220	108/220	84/220

7. $p = 0.5$．

8. $p = \pm\sqrt{2}/2$．

9. $C = 1/5050$．

10. 可以

11.
X	1	2	3
p	$\dfrac{1}{3} - d$	$\dfrac{1}{3}$	$\dfrac{1}{3} + d$

其中 $0 < |d| < \frac{1}{3}$.

12. $C = (1 - e^{-\lambda})^{-1}$

13. （1） $P\{Z=n\} = \begin{cases} 0.4 \times 0.3^{m-1}, & \text{当 } n=2m-1, \\ 0.3^m & \text{当 } n=2m, \end{cases} m=1,2,\cdots$

　　（2） $P\{X=m\} = 0.7 \times 0.3^{m-1}, \quad m=1,2,\cdots$

　　（3） $P\{Y=m\} = \begin{cases} 0.4, & m=0, \\ 0.42 \times 0.3^{m-1}, & m=1,2,\cdots \end{cases}$

14.

X	0	1	2	3	4
p	0.4	0.24	0.144	0.0864	0.1296

15. （1）是；（2）与（3）不是．

16. 是

17. 不是

18. $a=0$；$b=1$.

19. $8/27$

20. $a=0.5$；$P\{|X|\leqslant 1\} = 1 - e^{-1}$.

21. 0.6

22. $C = \frac{1}{\pi}$；$P\left\{|X| \leqslant \frac{1}{2}\right\} = \frac{1}{3}$.

23. $a=1$；$P\{0 \leqslant X \leqslant 0.25\} = 0.5$；$f(x) = \begin{cases} \dfrac{1}{2\sqrt{x}}, & 0 < x < 1, \\ 0, & \text{其他}. \end{cases}$

24. $F(x) = \begin{cases} \dfrac{1}{2}e^x, & x < 0, \\ 1 - \dfrac{1}{2}e^{-x}, & x \geqslant 0. \end{cases}$

25. 否

26. $a=1$；$F(x) = \dfrac{1}{2} + \dfrac{1}{\pi}\arctan x$；$P\{|X| < 1\} = \dfrac{1}{2}$.

27. $a=4$；$P\{0 \leqslant X \leqslant 4\} = 0.75$.

28. $a = \dfrac{2}{\pi}$; $F(x) = \dfrac{2}{\pi}\arctan e^{x}$.

29. $a = \pi$;

$$F(x) = \begin{cases} 0, & x < 0, \\ \dfrac{x^{2}}{\pi^{2}}, & 0 \leqslant x < \pi, \\ 1, & x \geqslant \pi. \end{cases}$$

30. $f(x) = \begin{cases} \dfrac{a^{3}x^{2}}{2}e^{-ax}, & x > 0, \\ 0, & x \leqslant 0; \end{cases}$ $P\left\{0 < X < \dfrac{1}{a}\right\} = 0.08$.

31.

Y_1	0	1
p	$\dfrac{3}{4}$	$\dfrac{1}{4}$

Y_2	0	1	2
p	$\dfrac{9}{16}$	$\dfrac{6}{16}$	$\dfrac{1}{16}$

Y_4	0	1	2	3	4
p	$\dfrac{81}{256}$	$\dfrac{108}{256}$	$\dfrac{54}{256}$	$\dfrac{12}{256}$	$\dfrac{1}{256}$

Y_8	0	1	2	3	4	5	6	7	8
p	$6561a$	$17496a$	$20412a$	$13608a$	$5670a$	$1512a$	$252a$	$24a$	a

其中 $a = 1/65536$. 图略.

32. $X \sim B(4, 0.2)$

33. 0.009; 0.9984.

34. 略

35. 0.999986

36. e^{-8}

37. e^{-1}

38. $(36e^{-2} - 80e^{-1} + 45)e^{-8}$

39. $P\{X \leqslant 3\} = 0.9987$; $P\{2.35 \leqslant X \leqslant 5\} = 0.0094$;
    $P\{X \leqslant 1\} = 0.8413$; $P\{X \leqslant -7\} = 0$.

40. （1）$a = 1.28$;   （2）$a = 1.64$;   （3）$a = 2$;   （4）$a = 0.13$.

41. $P\{5 < X < 8\} = 0.4332$； $P\{X \leq 0\} = 0.0062$；

   $P\{|X-5| < 2\} = 0.6826$．

42. $\mu = 5.08$； $\sigma = 2$； $P\{X > 6\} = 0.3228$．

43. $C = 3.92$； $d = 6$．

44. （1）$a = 1.64$； （2）$a = 1.96$； （3）$a = 2.58$．

45. 79.6 分

46.

X^2	0	1	$X^2 - 2X$	-1	0
p	0.3	0.7	p	0.7	0.3

47. $P\{Y = -n\} = P\{Y = n\} = 1/3^n$， $n = 1, 2, \cdots$

Y	$\cdots$	$-n$	$\cdots$	-2	-1	1	2	$\cdots$	n	$\cdots$
p	$\cdots$	$\dfrac{1}{3^n}$	$\cdots$	$\dfrac{1}{3^2}$	$\dfrac{1}{3}$	$\dfrac{1}{3}$	$\dfrac{1}{3^2}$	$\cdots$	$\dfrac{1}{3^n}$	$\cdots$

48. 略

49. $f_Y(y) = \begin{cases} \dfrac{2}{\pi \sqrt{1-y^2}}, & 0 < y < 1, \\ 0, & \text{其他}. \end{cases}$

50. $f_Y(y) = \begin{cases} \dfrac{1}{y}, & 0 < y < \mathrm{e}, \\ 0, & \text{其他}; \end{cases}$ $f_Z(z) = \begin{cases} \mathrm{e}^{-z}, & z > 0, \\ 0, & z \leq 0. \end{cases}$

51. $f_Y(y) = \begin{cases} 2y\mathrm{e}^{-y^2}, & y > 0; \\ 0, & y \leq 0; \end{cases}$ $f_Z(z) = \begin{cases} \dfrac{1}{2\sqrt{z}} \mathrm{e}^{-\sqrt{z}}, & z > 0, \\ 0, & z \leq 0. \end{cases}$

52. $f_Y(y) = \begin{cases} \dfrac{2}{\pi}, & 0 < y < \dfrac{\pi}{2}, \\ 0, & \text{其他}; \end{cases}$ $f_Z(z) = \begin{cases} \dfrac{2}{\pi(1+z^2)}, & z > 0, \\ 0, & z \leq 0. \end{cases}$

53. $f_X(x) = \begin{cases} \dfrac{1}{\pi \sqrt{R^2 - x^2}}, & |x| \leq R, \\ 0, & |x| > R. \end{cases}$

54. 第 2 题中的 $EX = 0.5$；

   第 3 题中的 $EX = 0.5$；

第 5 题中的 $EX=1.3$，$EY=0.3$；

第 6 题中的 $EX=2.25$；

第 11 题中的 $EX=2+2d$，$0<|d|<\dfrac{1}{3}$．

55. $C=\dfrac{60}{137}$； $EX=\dfrac{300}{137}$

56. $EX=\dfrac{1}{3}$

57. 否

58. $EX^n=\begin{cases} n!, & \text{若 } n=2m, \\ 0, & \text{若 } n=2m-1, \end{cases} \quad m=1,2,\cdots$

59. $EX^n=\dfrac{2(2^{n+1}-1)}{(n+1)(n+2)}$．

60. 否

61. 0.46；1.77．

62. 第 23 题中 $EX=\dfrac{1}{3}$，$DX=\dfrac{4}{45}$； 第 29 题中 $EX=\dfrac{2}{3}\pi$，$DX=\dfrac{\pi^2}{18}$．

63. $EY=\dfrac{2}{\pi}$； $DY=\dfrac{\pi^2-8}{2\pi^2}$．

64. $EX=0$； $DX=\dfrac{1}{6}$．

65. $EY=0$，$DY=1$．

66. X 可以取 $0,1,2,\cdots,9$ 共 10 个可能值，$P\{X\le 8\}=0.9999$．

67. $EY=(q+pe^a)^n$； $DY=(q+pe^{2a})^n-(q+pe^a)^{2n}$．

68. X 服从 $n=4$，$m=26$，$N=52$ 的超几何分布．$Y\sim B\left(4,\dfrac{1}{2}\right)$

$P\{X=m\}=\dfrac{C_{26}^m C_{26}^{4-m}}{C_{52}^4}$， $m=0,1,2,3,4$；

$P\{Y=m\}=C_4^m\left(\dfrac{1}{2}\right)^m\left(\dfrac{1}{2}\right)^{4-m}=\dfrac{1}{16}C_4^m$， $m=0,1,2,3,4$；

$EX=2$， $DX=\dfrac{16}{17}$； $EY=2$， $DY=1$．

69. （1）0.001412； （2）9.61 元．

70. $E(2X) = 5$； $D(2X) = 0.33$； $D(2X)^2 = 33.42$.

71. $a = 4$.

72. (1) $f_Y(y) = \begin{cases} \dfrac{1}{2\sqrt{y}}\left[\mathrm{e}^{-2\sqrt{y}} + \varphi(-\sqrt{y})\right], & y > 0, \\ 0, & y \leqslant 0; \end{cases}$

(2) $EY = \dfrac{3}{4}$.

习　题　三

1.

X \ Y	2	3	4	$p_{i\cdot}$
1	$\dfrac{1}{6}$	$\dfrac{1}{6}$	$\dfrac{1}{6}$	$\dfrac{3}{6}$
2	0	$\dfrac{1}{6}$	$\dfrac{1}{6}$	$\dfrac{2}{6}$
3	0	0	$\dfrac{1}{6}$	$\dfrac{1}{6}$
$p_{\cdot j}$	$\dfrac{1}{6}$	$\dfrac{2}{6}$	$\dfrac{3}{6}$	

2.

X \ Y	0	1	2	$p_{i\cdot}$
0	0	$\dfrac{5}{45}$	$\dfrac{10}{45}$	$\dfrac{15}{45}$
1	$\dfrac{4}{45}$	$\dfrac{20}{45}$	0	$\dfrac{24}{45}$
2	$\dfrac{6}{45}$	0	0	$\dfrac{6}{45}$
$p_{\cdot j}$	$\dfrac{10}{45}$	$\dfrac{25}{45}$	$\dfrac{10}{45}$	

3.

X_1 \ X_2	0	1	2
0	$\dfrac{12}{90}$	$\dfrac{20}{90}$	$\dfrac{4}{90}$
1	$\dfrac{20}{90}$	$\dfrac{20}{90}$	$\dfrac{5}{90}$
2	$\dfrac{4}{90}$	$\dfrac{5}{90}$	0

$P\{X_1 = X_2\} = \dfrac{16}{45}$.

4.

X_1 \ X_2	0	1	2
0	0.16	0.20	0.04
1	0.20	0.25	0.05
2	0.04	0.05	0.01

5.

X_1 \ X_2	0	1	2	3
0	$\dfrac{8}{64}$	$\dfrac{12}{64}$	$\dfrac{6}{64}$	$\dfrac{1}{64}$
1	$\dfrac{12}{64}$	$\dfrac{12}{64}$	$\dfrac{3}{64}$	0
2	$\dfrac{6}{64}$	$\dfrac{3}{64}$	0	0
3	$\dfrac{1}{64}$	0	0	0
$p_{\cdot j}$	$\dfrac{27}{64}$	$\dfrac{27}{64}$	$\dfrac{9}{64}$	$\dfrac{1}{64}$

6.

X \ Y	1	2	3
0	$\dfrac{3}{64}$	$\dfrac{18}{64}$	$\dfrac{6}{64}$
1	0	$\dfrac{9}{64}$	$\dfrac{18}{64}$
2	0	$\dfrac{9}{64}$	0
3	$\dfrac{1}{64}$	0	0

7. (X,Y) 的概率分布表略.

Y	0	1	2
p	$\dfrac{1}{2}$	$\dfrac{1}{6}$	$\dfrac{1}{3}$

$X+Y$	0	1	2
p	$\dfrac{1}{4}$	$\dfrac{1}{3}$	$\dfrac{5}{12}$

8.

X_1 \ X_2	1	2	3	4
1	0	2/90	3/90	4/90
2	2/90	2/90	6/90	8/90
3	3/90	6/90	6/90	12/90
4	4/90	8/90	12/90	12/90

$X_1 + X_2$	3	4	5	6	7	8
p	2/45	4/45	10/45	11/45	12/45	6/45

$X_1 X_2$	2	3	4	6	8	9	12	16
p	2/45	3/45	5/45	6/45	8/45	3/45	12/45	6/45

9. $a = \dfrac{4}{\pi^2}$; $F(x,y) = \begin{cases} \dfrac{4}{\pi^2}\arctan x \cdot \arctan y, & x, y > 0, \\ 0, & \text{其他}. \end{cases}$

10. (1) $f(x,y) = \begin{cases} 0.5 & -1 \leqslant x \leqslant 1,\ 1 \leqslant y \leqslant 2, \\ 0, & \text{其他}; \end{cases}$

(2) $f(x,y) = \begin{cases} \dfrac{1}{6\pi}, & \dfrac{x^2}{4} + \dfrac{y^2}{9} \leqslant 1, \\ 0, & \text{其他}. \end{cases}$

11. (1) $f_X(x) = \begin{cases} 0.5, & |x| \leqslant 1, \\ 0, & |x| > 1; \end{cases}$ $f_Y(y) = \begin{cases} 1, & 1 \leqslant y \leqslant 2, \\ 0, & \text{其他}; \end{cases}$

(2) $f_X(x) = \begin{cases} \dfrac{\sqrt{4-x^2}}{4\pi}, & |x| \leqslant 2, \\ 0, & |x| > 2; \end{cases}$ $f_Y(y) = \begin{cases} \dfrac{2\sqrt{9-y^2}}{9\pi}, & |y| \leqslant 3, \\ 0, & |y| > 3. \end{cases}$

*12. 对于区域 D_1: $f(x,y) = \begin{cases} 1, & (x, y) \in D_1, \\ 0, & (x, y) \notin D_1; \end{cases}$

$$f_X(x) = \begin{cases} 1+x, & -1 \leq x < 0, \\ 1-x, & 0 \leq x \leq 1, \\ 0, & 其他; \end{cases}$$

$$f_Y(y) = \begin{cases} 2(1-y), & 0 \leq y \leq 1, \\ 0, & 其他; \end{cases}$$

对于区域 D_2: $f(x,y) = \begin{cases} 1/\pi, & (x,y) \in D_2, \\ 0, & (x,y) \notin D_2; \end{cases}$

$$f_X(x) = \begin{cases} \dfrac{2}{\pi}\sqrt{1-x^2}, & |x| \leq 1, \\ 0, & |x| > 1; \end{cases}$$

$$f_Y(y) = \begin{cases} \dfrac{2}{\pi}\sqrt{2y-y^2}, & 0 \leq y \leq 2, \\ 0, & 其他; \end{cases}$$

对于区域 D_3: $f(x,y) = \begin{cases} 1/2, & (x,y) \in D_3, \\ 0, & (x,y) \notin D_3, \end{cases}$

$$f_X(x) = \begin{cases} 1+x, & -1 \leq x < 0, \\ 1-x, & 0 \leq x \leq 1, \\ 0, & 其他; \end{cases} \quad f_Y(y) = \begin{cases} 1+y, & -1 \leq y < 0, \\ 1-y, & 0 \leq y \leq 1, \\ 0, & 其他. \end{cases}$$

13. (1) $f_Y(y) = \begin{cases} \dfrac{3}{8\sqrt{y}}, & 0 < y < 1, \\ \dfrac{1}{8\sqrt{y}}, & 1 \leq y < 4, \\ 0, & 其他. \end{cases}$ (2) $F\left(-\dfrac{1}{2}, 4\right) = \dfrac{1}{4}$.

14.

Y_1 \ Y_2	0	1
0	0.72	0.216
1	0.064	0

15.

X_2 \ X_1	1	2	3
0	0.30	0.18	0.12
1	0.20	0.12	0.08

$X = X_1 + X_2$	1	2	3	4
p	0.30	0.38	0.24	0.08

$Y = X_1 X_2$	0	1	2	3
p	0.60	0.20	0.12	0.08

16. 三个题中的随机变量 X 与 Y 均不独立.

17. 第 9 题及第 10 题 (1) 中的 X 与 Y 都是独立的, 而第 10 题 (2) 中的 X 与 Y 不独立.

18. X 服从参数为 2 的泊松分布.

19. $X \sim B(4, 0.8)$

$Y = X_1 X_2$	0	1	2	3
p	0.0784	0.1024	0.4096	0.4096

20.

Y_1 \ Y_2	-2	0	2
-1	0.02275	0.13595	0
0	0	0.6826	0
1	0	0.13595	0.02275

$Y_3 = Y_1 Y_2$	0	2
p	0.9545	0.0455

21.

X	-1	0	1
p	0.1344	0.7312	0.1344

22. $f_T(t) = \begin{cases} 2\lambda e^{-2\lambda t}, & t > 0, \\ 0, & t \leq 0. \end{cases}$

*23. $f_S(s) = \begin{cases} \dfrac{1}{2}(\ln 2 - \ln s), & 0 < s < 2, \\ 0, & \text{其他}. \end{cases}$

24. 第 1 题中 $E(X+Y)=5$； 第 4 题中 $E(X_1+X_2)=1.4$.

25. 第 1 题中 $\text{Cov}(X,Y)=5/18$； 第 4 题中 $\text{Cov}(X_1,X_2)=0$.

26. 0.9

27. 6

28.

(1)

X \ Y	0	1
0	2/3	1/12
1	1/6	1/12

； (2) $\rho_{XY}=\dfrac{1}{\sqrt{15}}$.

*29. $D(X_1+Y)=\dfrac{n+3}{n}\sigma^2$； $\text{Cov}(X_1,Y)=\dfrac{1}{n}\sigma^2$.

30. $f(x,y)=\dfrac{1}{32\pi}e^{-\frac{1}{512}(25x^2-24xy+16y^2)}$

31. $\mu=\begin{pmatrix}EX\\EY\end{pmatrix}=\begin{pmatrix}0\\1\end{pmatrix}$； $V=\begin{pmatrix}1 & -\sqrt{3}\\-\sqrt{3} & 4\end{pmatrix}$.

32. $a=\dfrac{3}{\pi}$； $R=\begin{pmatrix}1 & -0.8\\-0.8 & 1\end{pmatrix}$.

33. $\mu=\begin{pmatrix}E(9X+Y)\\E(X-Y)\end{pmatrix}=\begin{pmatrix}9\mu_1+\mu_2\\\mu_1-\mu_2\end{pmatrix}$；

$V=\begin{pmatrix}81\sigma_1^2+18\rho\sigma_1\sigma_2+\sigma_2^2 & 9\sigma_1^2-8\rho\sigma_1\sigma_2-\sigma_2^2\\9\sigma_1^2-8\rho\sigma_1\sigma_2-\sigma_2^2 & \sigma_1^2-2\rho\sigma_1\sigma_2+\sigma_2^2\end{pmatrix}$

*34. $\mu=\begin{pmatrix}EX_1\\EX_2\\EX_3\end{pmatrix}=\begin{pmatrix}0\\1\\0\end{pmatrix}$； $V=\begin{pmatrix}1 & 0 & 3\\0 & 2 & 0\\3 & 0 & 15\end{pmatrix}$.

35. 不满足

36. 0.9954

37. 0.9356

38. 0.9876

39. 0.0062

40. 0.0465

41. 0.9232

42. 良种数在 927 与 1073 之间

43. 0.2736

44. 2265 单位

45. (1) 0.0027; (2) 440.

46. 0.1357

47. 118

48. 0.87

49. 第 36 题 $p \geq 0.875$; 第 37 题 $p \geq 0.709$; 第 38 题 $p \geq 0.84$.

50. $p \geq 0.975$

习题四

1. (1) $\bar{X} \sim N\left(10, \dfrac{3}{2}\right)$; (2) 0.2061.

2. (1) $p, \dfrac{1}{n}p(1-p)$; (2) $mp, \dfrac{m}{n}p(1-p)$;

   (3) $\lambda, \dfrac{\lambda}{n}$; (4) $\dfrac{a+b}{2}, \dfrac{(b-a)^2}{12n}$;

   (5) $\dfrac{1}{\lambda}, \dfrac{1}{n\lambda^2}$.

3. $n \geq 35$

4. 0.95

5. 0.66

6. n 可取 13 或 14

7. (1) 0.98; (2) 0.97.

8. (1) 3.325; (2) 2.088; (3) 27.488; (4) 6.262.

9. (1) 2.228; (2) 1.812; (3) 1.812;

   (4) -2.764; (5) 1.96.

10. (1) 3.23; (2) $\dfrac{1}{3.39}$; (3) $\dfrac{1}{2.85}$; (4) 2.06.

11. $\dfrac{1}{n}$, 1.

12. (1) 0.9213； (2) 0.017.

13. (0.025, 0.05)

14. $n=27$

15. 略

16. $a=\dfrac{1}{8}$， $b=\dfrac{1}{12}$， $c=\dfrac{1}{16}$. 自由度为3.

17. 略

18. 略

19. 略

20. $n \geqslant 68$

21. $\alpha_1=10.932$； $\alpha_2=62.028$； $\beta_1=1.093$； $\beta_2=0.113$； $\gamma_1=0.709$； $\gamma_2=6.0375$.

22. (D)

23. (B)

24. (C)

25. (D)

26. $(1,1)$，F

27. $i=2$

习 题 五

1. (1) $\dfrac{(b-a)^2}{12}$； (2) λ； (3) $mp(1-p)$.

2. ~4. 略

5. 30892.49

6. $\dfrac{1}{2(n-1)}$

7. $-\dfrac{n}{\sum\limits_{i=1}^{n}\ln x_i}$

8. $\dfrac{n}{\sum\limits_{i=1}^{n}X_i^{\alpha}}$

9. $\left(\dfrac{2}{3n}\sum_{i=1}^{n}X_i^2\right)^{\frac{1}{2}}$

10. $\dfrac{1}{2013}$

11. $\hat{a} = \min\{X_1, X_2, \cdots, X_n\}$, $\hat{b} = \max\{X_1, X_2, \cdots, X_n\}$.

12. 是

13. (1) $\dfrac{\bar{X}}{1-\bar{X}}$; (2) $\dfrac{\sqrt{\pi}}{2}\bar{X}$; (3) $\dfrac{1}{2013}$.

14. 6.35, 5.5×10^{-4}.

15. (2.226, 2.234), (2.223, 2.237).

16. $n \geq 15.37\dfrac{\sigma^2}{L^2}$

17. $n \geq 97$

18. (0.820, 0.832); (0.818, 0.834).

19. (33.76, 271.56)

20. (6.33, 6.37); (0.00023, 0.00309).

21. (92.65, 207.35)

22. (0.34, 3.95)

23. $a = \dfrac{n_1}{n_1+n_2}$, $b = \dfrac{n_2}{n_1+n_2}$, $(DY)_{\min} = \dfrac{\sigma^2}{n_1+n_2}$.

24. $a = \dfrac{n_1-1}{n_1+n_2-2}$, $b = \dfrac{n_2-1}{n_1+n_2-2}$, $(DZ)_{\min} = \dfrac{2\sigma^4}{n_1+n_2-2}$.

习 题 六

1.~4. 略

5. 可以认为平均重量仍为 15.

6. 可以认为含碳量仍为 4.55.

7. 不能认为抗断强度是 32.50 公斤/厘米^2.

8. $\alpha = 0.05$ 时，单边检验相容，不能认为这批钢筋的强度有明显提高；
$\alpha = 0.10$ 时，可以认为强度提高了.

9. 平均寿命无显著变化.

10. 有显著差异.

11. 可以认为 B 公司交货日期显著比 A 公司短.

12. 标准差无显著变化、平均重量符合规定标准.

13. 标准差符合要求.

14. 无显著差异.

15. 不能同意生产者的自称.

16. 可以认为标准差变大.

17. 可以认为两个总体服从相同的正态分布(期望和方差的检验都相容).

18. 无显著差异.

19. 新工艺的精度比老工艺显著好.

20. 无显著差异.

21. 有显著差异.

22. 无显著差异.

23. 有显著差异.

24. 可以认为滚珠直径服从 $N(15.1, 0.4325^2)$.

25. 可以认为是匀称的.

习 题 七

1. 证明略

2. （1） $\hat{y} = -0.396 + 0.144x$;　　（2）略;

　　（3） $\hat{C} = 0.396 + 0.856x$;　　（4） $\hat{b} + \hat{b}' = 1$.

3. （1） $\hat{y} = 319.086 + 4.1853x$;　　（2）显著;

　　（3） $(362.06, 569.08)$.

4. $\hat{x} = 20 + 0.625y$;　　$(29, 83)$.

5. （1） $\hat{y} = 5.40 + 0.606x$;　　（2）高度显著.

6. $\hat{y} = 9141.38x^{-0.69}$.